次 元	アプリケーションコンテキスト	データと入力	AIモデル		タスクと出力	アプリケーションコンテキスト	人々と地球
ライフサイクルの段階	計画と設計	データの収集と処理	AIモデルの構築と利用	検証と妥当性確認	展開と使用	運用と監視	使用または影響
TEVV※において特に含む活動	監査と影響評価	内部・外部の評価	AIモデルのテスト		統合、準拠性テスト、妥当性確認	監査と影響評価	
活 動	システムの概念と目的を、法的／規制上の要件・倫理的考慮事項に照らし合わせて明確に記述する。また、根底にある前提とコンテキストも記録する	目的・法的／規制上の要件・倫理的考慮事項に照らし合わせて、データを収集・検証・クリーニングし、データセットのメタデータと特性を記録する	アルゴリズムの作成・選択・モデルの訓練	AIモデル出力の検証と妥当性確認・校正・説明	パイロット運用を行い、既存システムとの互換性を確認し、規制準拠を検証し、組織変更を管理し、ユーザーエクスペリエンスを評価する	AIを用いるシステムを運用し、目的・法的／規制上の要件・倫理的考慮事項に照らし合わせて、その推奨事項と影響（意図的な・意図的でない両方）を継続的に評価する	システム／技術の使用；影響の監視と評価；影響緩和の探索、権利の主張
関連するアクター	モデル作成者 (modelers)	−	−	○	○	−	−	−
	モデルエンジニア (model engineers)	−	−	○	○	−	−	−
	システムインテグレータ (system integrators)	−	−	−	−	○	−	−
	開発者 (developers)	−	−	−	−	○	−	−
	システムエンジニア (system engineers)	−	−	−	−	○	−	−
	ソフトウェアエンジニア (software engineers)	−	−	−	−	○	−	−
	調達専門家 (procurement experts)	−	−	−	−	○	−	−
	サードパーティサプライヤ (third-party suppliers)	−	−	−	−	○	−	−
	システム資金提供者 (system funders)	−	−	−	−	−	○	−
	実践者 (practitioners)	−	−	−	−	−	○	○
	オペレータ (operators)	−	−	−	−	−	−	○
	一般的な公衆 (general public)	−	−	−	−	−	−	○
	ポリシー作成者 (policy makers)	−	−	−	−	−	−	○
	標準化組織 (standards organizations)	−	−	−	−	−	−	○
	業界団体 (trade associations)	−	−	−	−	−	−	○
	権利援護団体 (advocacy groups)	−	−	−	−	−	−	○
	環境団体 (environmental groups)	−	−	−	−	−	−	○
	市民社会組織 (civil society organizations)	−	−	−	−	−	−	○
	研究者 (researchers)	−	−	−	−	−	−	○

※TEVVとは、「テスト (testing)」「評価 (evaluation)」「検証 (verification)」

AI・量子コンピュータにかかわるリスク管理

セキュリティからガバナンスへ

IT Systems Affected by
AI and Quantum Computers
- toward Modern Risk
Management -

坂本静生
宇根正志 共著

Ohmsha

本書を発行するにあたって、内容に誤りのないようできる限りの注意を払いましたが、本書の内容を適用した結果生じたこと、また、適用できなかった結果について、著者、出版社とも一切の責任を負いませんのでご了承ください。

　本書は、「著作権法」によって、著作権等の権利が保護されている著作物です。本書の複製権・翻訳権・上映権・譲渡権・公衆送信権（送信可能化権を含む）は著作権者が保有しています。本書の全部または一部につき、無断で転載、複写複製、電子的装置への入力等をされると、著作権等の権利侵害となる場合があります。また、代行業者等の第三者によるスキャンやデジタル化は、たとえ個人や家庭内での利用であっても著作権法上認められておりませんので、ご注意ください。

　本書の無断複写は、著作権法上の制限事項を除き、禁じられています。本書の複写複製を希望される場合は、そのつど事前に下記へ連絡して許諾を得てください。

出版者著作権管理機構
（電話 03-5244-5088, FAX 03-5244-5089, e-mail：info@jcopy.or.jp）

JCOPY ＜出版者著作権管理機構 委託出版物＞

まえがき

　いま、私たちは技術革新の時代に生きています。

　これまでコンピュータで解くことが困難であった問題も、新たに登場しよう
としている量子コンピュータを使えば瞬く間に解けると期待されています。ま
た、2010年代から始まった第3次AIブームではディープラーニング（深層学
習）が中心的な役割を果たしてきました。2020年代に入ると、ディープラー
ニングで強化された生成AIの登場を契機として第4次AIブームに突入しま
した。どちらも格段の技術進化をもたらし、私たちの生活やビジネスに大きな
変革を生み出します。しかし、大きな変革の光は大きな影もつくり出します。

　企業を含むあらゆる組織にとって、量子コンピュータやAIのもたらす技術
革新の光を十分享受できるようにしながら、それらがつくり出す影であるリス
クを制御下に置くことは社会的責務です。いいかえると、量子コンピュータや
AIのもたらす技術革新にかかわるリスク管理能力の欠如は、あらゆる組織に
とって致命的なウィークポイントとなりえます。しかし、革新的な技術のもた
らすリスクを網羅的に洗い出すことは難しいのが実状です。また、リスクによ
り生じる損害の大きさや、損害がどの程度の可能性で発生するのかが不明瞭
であることも多く、従来のリスク管理手法がうまく適用できません。一方、影
響範囲も幅広く、例えば組織内の情報システム部といった特定部署だけで対
応できるような問題ではなくなっており、組織のガバナンスに対しても変革が
求められています。

　本書では、絶えず技術革新が起きる私たちの時代におけるリスク管理の手
法を解説します。この、現代に即した適切なリスク管理を学んでいただくこと
で、それぞれのご所属される組織に適する新しいリスク管理の実装にお役立て
いただければ幸いです。

本書の執筆にあたっては、セコム株式会社の伊藤忠彦様、産業技術総合研究所の杉村領一先生、日本アイ・ビー・エム株式会社の細川宣啓様に、筆者らの拙い原稿をレビューしていただきました。本書がより読みやすく、より正確な内容となったのは、お三方によるところが大きく、感謝いたします。

　本書は、オーム社編集局の方と坂本との雑談が端緒となりました。坂本は遅筆ながら、共著者として強力な宇根様が加わられた後は何とか食らいついていくことで、ほぼ予定どおりに脱稿することができました。宇根様の熱意と情熱がなければ本書の刊行はさらに遅れるところでした。

　エンジニアとして、次々と新しい技術が生まれ育っていく時代に立ち会える喜びを感じるとともに、ひとりの人間として、戦争や紛争が絶えない時代に心の痛みを感じます。いつの日にか、誰もが微笑みながら暮らせる日が来らんことを。

2025 年 1 月

坂本 静生

　本書の企画について、坂本様からお声がけをいただいたのは、2023 年 8 月の猛暑の最中のことでした。その時点で、量子コンピュータそのものの原理や研究開発の動向、各分野での応用の可能性について、さまざまな成書がすでに出版されていましたが、量子コンピュータによる暗号へのリスクにどう対処していくかという視点ではほとんど資料が見当たらないという印象がありました。私自身の専門分野でもあり、チャレンジすべきであると考えました。私自身はこうした書籍執筆の経験はほとんどなく、坂本様、オーム社編集局からのアドバイスにはとても助けられました。

　本書が、日本の各組織における今後のリスク管理の参考になれば望外の喜びです。

2025 年 1 月

宇根 正志

> 本書に記載している意見にわたる部分は、著者らの個人的な見解であり、著者らの所属する組織の公式的な見解を示すものではありません。

目　次

第 1 章　ITシステムにおけるリスクと新技術

1.1	量子コンピュータによる暗号へのリスク	2
1.2	AIの脆弱性によるリスク	10
1.3	ITシステムにおけるリスク管理の全体像	16
1.4	ITシステムのリスク管理のフレームワーク	19
1.5	リスク評価の方法	37
1.6	新技術によるリスクへの対応方針	48
［ワーク］	自分の組織の対応を確認してみよう	58

第 2 章　量子コンピュータが暗号にもたらすリスク

2.1	量子コンピュータの開発動向	62
2.2	NISTリスク管理フレームワークに基づく新リスク対応の全体像	72
2.3	リスクアセスメント実施ガイドに基づくリスクの算出	77
2.4	リスク対策手法の検討	98
2.5	海外のセキュリティ当局の動向	113
2.6	金融業界における動向	127
［ワーク］	自分の組織の対応を確認してみよう	133

第3章 AIの発展と規制

3.1 AI研究開発の進展とAIシステムのライフサイクル ·············· 138

3.2 トラストワージネスをもつAIを用いたシステム ·············· 159

3.3 AIを用いたシステムに対する各国および国際的な動向 ·············· 182

第4章 AIシステムにおけるリスク管理

4.1 NIST AIリスク管理フレームワークおよび関連文書 ·············· 212

4.2 統治機能 ·············· 217

4.3 位置付け機能 ·············· 243

4.4 測定機能 ·············· 269

4.5 管理機能 ·············· 304

これからのリスク管理とガバナンス ·············· 321

参考文献 ·············· 328

索　引 ·············· 345

本書の構成と内容

　本書は、最近のトピックスである量子コンピュータとAI（人工知能）を題材にして、これらがもたらすリスクに対して組織はどう向き合い、管理していくのかについて解説しています。

　私たちが使っている従来のコンピュータでは膨大な計算量を必要とするため、解くことが困難な問題が存在します。一方、近い将来、量子コンピュータが出現すれば、膨大な演算処理を高速に実行できるようになります。その結果、これまで解くことが困難であった問題も実用的な時間で解けるようになり、未解決であった最適化問題などの解決や、新薬の効率的な開発につながることが期待されています。しかし、量子コンピュータはポジティブな進展をもたらすだけではありません。従来のコンピュータやスマートフォンがネットワークでクラウドなどと相互に接続され、安心してオンラインショッピングを楽しみ、個人情報や機密情報まで任せられる、信頼できるプラットフォームでありうるための基礎技術の1つに公開鍵暗号方式があります。量子コンピュータはこれを危殆化すること、すなわち私たちが日常的に利用しているプラットフォームの安全性を損なうことがわかっています。

　また、2010年代から始まった第3次AIブームは、ChatGPTに代表される生成AIの登場によって拍車がかかり、そのまま第4次AIブームに突入したともいわれています。AI技術は、これまでの技術では実現できなかった多様な機能をもたらしています。旧来のシステムやサービスがAI技術によって刷新され、まったく新しい機能をもつシステムやサービスが次々に実用化されています。さらなるAI技術の高度化へ向けて世界的に研究開発が活発に進められています。一方で、AI技術の応用の仕方によっては人種や性別の差別など基本的人権の侵害にも発展する問題へとつながりかねない危険性をはらんでいます。また、AI技術自体がまったく新しいタイプの脆弱性をもつことも明らかになってきたことから、AI技術を利用するさまざまなシステムやサービスを設計・開発・運用するにあたって、利用場面（アプリケーションコンテキスト）

に応じたリスクへの考慮と対策が強いられるようになりつつあります。

　このような時代背景を踏まえ、企業を含む組織には適切にリスク管理を行うことが求められています。組織は自組織の目的やアプリケーションコンテキストに合致するリスク管理を採用し、自組織へと実装していくことで、漏れなくかつ最小限のコストでリスクを管理できるようになり、競争力の向上へとつなげていけると考えられます。しかしながら、本書で取り扱う量子コンピュータやAIがもたらすリスクは技術の変革期がもたらす新しいタイプのリスクであって、それらのリスクが顕在化したときの損害の大きさや顕在化する可能性を見積もりづらいという特徴があります。このようなリスクは、従来からのリスク管理では取り扱いづらいことから、リスク管理プロセスは修正や変革を迫られる状況になっています。

　本書は、このような考えを一つにする著者2人がそれぞれ分担して執筆しています。第1章および第2章は宇根が担当し、特に量子コンピュータによるリスク管理について記述しています。第3章から第5章は坂本が担当し、AIを用いたリスク管理に加え、組織としての新しいリスク管理のあり方について記述しています。

　著者の立場・経験および基礎とする文献等の違いから、テーマによっては両者の間で記述内容に違いがあるかもしれません。しかしこれは、どちらが正しいというものではありません。重要なのは、読者の皆さんが自ら新しい技術がもたらす新しいリスク管理がどういうものかを理解し、自組織にとっての適切なリスク管理がどうあるべきかを自ら考え、実践することにあります。そのため、第1章、第2章および第4章では、理解を深めつつ自ら考えてもらうきっかけとなるような演習や質問を設けました。

第1章　ITシステムにおけるリスクと新技術

　第1章は、量子コンピュータやAIによるリスクをどう管理するかについて考えるためのウォーミングアップの章です。まず、量子コンピュータやAIによるリスクがどのようなものかを説明し、それらのリスク管理とはどのような流れでどのような作業を行うかを説明します。標準的なリスク管理フレームワークとして、アメリカ国立標準技術研究所（NIST）の "Risk Management

Framework for Information Systems and Organizations"（NIST Special Publication 800-37 Revision 2）[1]（以下、NISTリスク管理フレームワーク）を用いて、リスク管理のプロセス全体を俯瞰します。また、量子コンピュータやAIといった新しい技術がもたらすリスクへの対応方針を、多重防御、ゼロトラスト、セキュリティアジリティといった考え方を踏まえつつ説明します。

第2章　量子コンピュータが暗号にもたらすリスク

　第2章は、NISTリスク管理フレームワークに沿って、量子コンピュータによる暗号へのリスクに対応する際にどのように検討していけばよいかを説明します。そのためには、組織の各システムで使われている暗号の状況を把握しておく必要がありますので、暗号の使用状況の情報を格納したデータベース（クリプトインベントリ）について説明します。また、リスクを軽減するためには、脆弱な暗号の使用をやめる、すなわち、量子コンピュータに対しても安全な暗号をシステムに導入しなければなりません。したがって、そうした新しい暗号の導入をどのように進めていけばよいかについても説明します。最後に、新しい暗号の導入を検討する際の参考情報として、各国政府のセキュリティ当局や金融業界における推奨事項や取り組みの事例も紹介します。

第3章　AIの発展と規制

　第3章では、AIの歴史的な発展について簡単に説明した後、NISTの"Artificial Intelligence Risk Management Framework（AI RMF 1.0）"[2]（以下、NIST AIリスク管理フレームワーク）に基づいて、設計・開発から運用までも含めた総合的な観点から信頼できるAIシステム、すなわちトラストワージネス（trustworthiness）をもつAIシステムを実現するために考慮すべき、7つの特性を説明します。

　続いて、日本を含め世界中でAIがもたらすリスクに対処するための法制度の整備が進んでいる現状を概観します。特に代表的なものとして、EU・アメリカ・日本・OECD・欧州評議会・国際連合の動きとともに、国際標準（ISO）の動向について説明しています。

ix

第4章　AIシステムにおけるリスク管理

　第4章では、NIST AIリスク管理フレームワーク[2]に基づき、「統治」・「位置付け」・「測定」・「管理」の4つの機能カテゴリーに基づいたリスク管理についてまとめ、各機能カテゴリーで詳しい解説を行います。さらに、機能カテゴリー下のサブカテゴリーに対し、NIST AIリスク管理フレームワークを活用する目的でNISTが発行した、"NIST AI RMF Playbook"[3]および"Artificial Intelligence Risk Management Framework: Generative Artificial Intelligence Profile"[4]を参考にし、AIにかかわるリスクを実際に管理するにあたってヒントとなるような具体的な質問を付与しています。読者の皆さんが、自組織でAIにかかわるリスクを具体的に管理することを想定しながら、業務プロセスのどこで、どの部署が、どういった観点で、どのようにリスク管理を行うのが自組織にとって適しているかを考えながら読んでいただけるように構成しています。

　最後に、これからのリスク管理とガバナンスについてまとめています。
　量子コンピュータ、AIそれぞれにかかわるリスク管理はともに、新しく強力な技術の出現がもたらすリスクであり、従来のリスク管理が対象とする、損害の大きさ、および、損害発生の可能性が推測できるリスクには相当しづらい側面があります。そのため、組織のリスク管理を従来のリスク管理から見直さなければなりません。プロジェクトマネージャーと経営者がそれぞれの役割を踏まえ、組織としてのポリシーを定めて、このような不確かなリスクに対して組織的に対処を行っていくためのアップデートの必要性について解説しています。

1

ITシステムにおける
リスクと新技術

本章では、ITシステムにおけるリスクとリスク管理の全体像について説明します。はじめに、最近注目されている量子コンピュータと人工知能（AI）においてどのようなリスクが考えられるかを簡単にみていきます。

続いて、こうしたリスクをどのように管理するかを説明します。ここでは、代表的なリスク管理のフレームワークにおけるポイントについて述べ、組織としてどのような体制、プロセスでリスクを特定し、対処していくかを示します。詳細については後述しますが、リスク管理のフレームワークとしてアメリカ国立標準技術研究所（NIST：National Institute of Standards and Technology）が公開しているものを利用します。

最後に、「量子コンピュータやAIのような新技術を前提とした場合に、どのようにリスク管理を実施するか」について、いくつかのアプローチを提示します。

ただし、リスクには、「負のリスク」だけでなく、「正のリスク」もあります。**正のリスク**とは、組織の業務や資産に対してメリットとなるような事象が生じる可能性があるリスクをいいます。以下では、負のリスクに絞って説明します。

1.1 量子コンピュータによる暗号へのリスク

1.1.1 ∴※∴ なぜ量子コンピュータなのか

量子コンピュータとは、ひと言でいえば、量子力学の原理に基づいて動作するコンピュータのことです。量子コンピュータの強みは、ある種の数学的問題（すべてではありません）に関して、現在稼働しているスーパーコンピュータよりもはるかに高速に解の候補を見つけることができることです。

例えば、新薬を作り出す創薬分野では、膨大な数の組み合わせの中から目的の化学特性をもつ物質をいかに効率的に見つけるかが長年にわたって課題となっています。しかし、大規模で実用的な量子コンピュータが完成すれば、

人間には到底不可能な計算処理を短時間で実行可能となり、こうした課題を現実的な時間で解くことができるようになると期待されています。同様の理由で、金融分野においても、金融商品をどのように組み合わせて保有すれば価格変動による損失を最小限に抑えることが可能になるかがわかるようになると期待されています。このような現在のスーパーコンピュータを超える性能をもつ量子コンピュータの特性は**量子超越性**（quantum supremacy）と呼ばれています。

　量子コンピュータにはこうしたメリットがありますが、一方で、現在普及している暗号に対しては主に2つの負の影響が懸念されています。

　1つは、現在普及している重要な公開鍵暗号が量子コンピュータによって解読され、暗号によって保護されている情報が第三者に漏洩するリスクです。もう1つは、公開鍵暗号に基づく電子署名が偽造され、電子署名付きのデータが信頼できなくなるリスクです。

1.1.2 ❖ 情報漏洩のリスク

　インターネットなどのオープンなネットワークで通信されている情報の多くは、暗号によって保護されています。情報を暗号化する方法はさまざまですが、そうした方法の1つとして**公開鍵暗号方式**があります。この方法では、データの送信者は受信者があらかじめ公開した鍵（公開鍵〈public key〉）で暗号化し、データの受信者は外部には秘密にしている鍵（秘密鍵〈private key〉）で復号して内容を読み取ります。このような仕組みは、公開鍵から秘密鍵を求めることが難しいことによって成り立っています。ところが、量子コンピュータが実現すると、主要な公開鍵暗号アルゴリズムにおいて公開鍵から秘密鍵を効率的に求めることが可能となり、暗号化によって保護しているはずの情報が第三者の手に渡ってしまいます。

　例えば、皆さんがインターネットバンキングを使って自分の銀行口座から送金する場合について考えてみましょう。まず、自分のIDやパスコードなどを入力して当人確認を実行し、それが成功したら送金内容に関する情報（送金先の口座番号や口座名義など）を入力するとともに、送金を実行するためのパ

スワードを入力します。入力内容はいずれも個人にかかわる機密情報であり、第三者の手に渡ってしまうとなりすましによって不正な送金などが実行されてしまいます。

こうした機密情報を銀行のサーバに送信するには、まずPCやスマートフォンを使って通信しようとしている相手が、確かに銀行のサーバであることを通信者本人が確認、すなわち、それ以外のサーバと区別できなければなりません。そのうえで、通信データを暗号化するための鍵を銀行のサーバとの間で（第三者に盗み見されないように）共有する必要があります。

これらを実現するために必要な処理の取り決めとして、一般に、**TLS**（**Transport Layer Security**[1]）というプロトコルが使われています。TLSは、インターネット上で行われている暗号通信のほとんどで採用されています。TLSでは、通信データを暗号化するための鍵を共有する部分で公開鍵暗号を使用しているほか、サーバの認証でも公開鍵暗号を使用しています。

現在の最新バージョンであるTLS 1.3では、暗号通信の前に、クライアント（先ほどの例では銀行の預金者）とサーバ（銀行）が鍵の共有や認証を行います。この流れの概略は以下のとおりです（図1.1）。

① クライアントが、鍵共有（公開鍵暗号）のためのデータの一部（以下、KCと呼ぶ）を生成し、サーバにそのまま送信する。鍵共有用の公開鍵暗号としては、DH[用語]やECDH[用語]がある。

② サーバが鍵共有（公開鍵暗号）のためのデータの一部（以下、KSと呼ぶ）を生成する。

③ サーバがKCとKSから共有鍵（公開鍵暗号）を生成する。この共有鍵が、クライアントとサーバとの間で秘密に共有される最初の情報となる。

DH（Diffie-Hellman方式）
DHは、1976年にWhitfield DiffieとMartin Hellmanによって提案されたアイデアに基づいて開発された鍵共有方式。安全性は、ある特殊な集合において対数を効率的に計算することが難しいという問題（離散対数問題）に依拠している。

ECDH（楕円曲線Diffie-Hellman方式）
DHを拡張した方式であり、楕円曲線（xy平面上の3次多項式で表される）上の点などによって定義される集合においてDHのアルゴリズムを実現したもの。

1.1 量子コンピュータによる暗号へのリスク

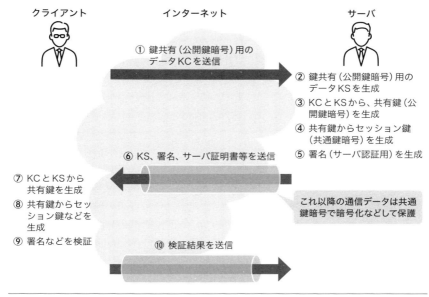

図1.1 TLSにおける処理の流れ：鍵の共有とサーバ認証

④ サーバが共有鍵から**セッション鍵**【用語】（共通鍵暗号）を生成する。

⑤ サーバが電子署名を生成し、クライアントのサーバ認証を実行可能とする（電子署名やサーバ認証については後述）。

⑥ サーバが、KS、電子署名、サーバ証明書（電子証明書）、**メッセージ認証子**【用語】などをクライアントに送信する。このとき、送信データ（KSは除く）はセッション鍵で暗号化される。

セッション鍵（session key）
セッション鍵は、通信当事者間で行われるデータの一連の送受信（セッションと呼ばれます）で用いられる暗号鍵のこと。通常ランダムに設定され、セッションが変わるたびに変更される。

メッセージ認証子（message authentication code）
メッセージ認証子は、通信データが通信途中で改変されていないことを確認するためのデータのこと。共通鍵暗号によって生成される。この鍵も共有鍵などから生成される。

⑦ クライアントが、⑥のメッセージを受信する。KCと送信されたKSから共有鍵を生成する。

⑧ クライアントが、セッション鍵やメッセージ認証子用の鍵を共有鍵から生成する。

⑨ クライアントが、セッション鍵を用いて⑦で受信したデータを復号する。メッセージ認証子を検証する（生成用の鍵で行う）とともに、サーバの署名をサーバ証明書によって検証する。検証が成功すれば、通信相手が銀行のサーバであると判断する。

⑩ クライアントは、⑨の検証が成功したら、その旨のメッセージをサーバに送信する。これ以降の通信は共通鍵暗号によって暗号化され、保護される。鍵として共有鍵などから派生したデータが用いられ、それらはクライアントとサーバの間で同期が取れる仕組みになっている。

　TLSは、インターネットバンキングだけではなく、さまざまな情報通信で使用されています。仮に、量子コンピュータによって鍵共有のセキュリティが失われた（共有鍵が第三者に漏洩した）とすれば、共有鍵から生成されるセッション鍵が漏洩し、そのセッション鍵によって保護されているデータも漏洩することになります。その結果、インターネット上でやり取りされる秘密情報が第三者の手にわたることになり、社会にとって非常に大きな問題となるでしょう。

　情報システムにおける脆弱性の報告が社会にとっての大きな問題となった過去の例として、2021年12月に公表された**Log4j**の脆弱性があります。

　Log4jは、Java（プログラミング言語の1つ）によって作成されたアプリケーションのプログラムがサーバなどで動作している際に、そのプログラムのログを処理するソフトウェアです。オープンソースソフトウェアとして提供されており、比較的手軽に導入することができるため、さまざまなWebアプリケーションのシステムに採用されています。

　Log4jの脆弱性を悪用する攻撃者は、特定のサイトからマルウェアをダウンロードする命令を含むデータをサーバ（Log4jを搭載）へ送信します。サーバはこのデータをログとして記録しますが、その際に、誤って命令を実行してマルウェアをダウンロードしてしまいます。攻撃者はこのマルウェアを操作し、

サーバ内部の情報を盗取したり改変したりする可能性があります。この脆弱性は、2021年12月に確認され、それを修正したバージョンが公開されました[1]。

当時、Log4jはWebアプリケーションにおけるログ処理のソフトウェアとして普及していました。そのため、多くの組織が「自組織のシステムでこの脆弱性が悪用され、サーバ内部の情報が漏洩したり改変されたりする可能性があるか？」を確認し、必要な対応を実施しなければならなくなりました。日本ではニュースとして取り上げられるほど注目を集めました[2]。

情報漏洩の怖さは、本来であれば秘密にしておくべき情報が漏洩したという事実によって、社会からの信頼が損なわれてしまうことです。それだけでなく、大事な顧客情報が漏洩した場合は顧客からの損害賠償請求にまで発展しかねません。また、新しいビジネスや商品に関する情報が漏洩した場合はビジネスチャンスの喪失につながります。さらに、こうした**インシデント**〔用語〕対応には多大なリソースと時間が必要となり、組織の通常業務にも悪影響を与えます。

1.1.3 電子署名偽造のリスク

量子コンピュータの実用化によって、他者のシステムを攻撃しようとする者が公開鍵暗号に基づく電子署名用の鍵（公開鍵暗号の秘密鍵に相当します）を不正に入手することができるようになると、電子署名も偽造されてしまいます。

現在、電子署名の中には、「電子署名及び認証業務に関する法律（電子署名法）」に基づいて書面における押印の役割を果たすものが提供されており、法

インシデント（incident）
用語　組織に損害をもたらす可能性のある事象全般。サイバーセキュリティ分野では、例えば、サイバー攻撃によってシステムが機能しなくなったり重要な情報が漏洩したりする事象が挙げられる。

---

[1] 脆弱性とその対応については、JPCERT/CCのサイト（https://www.jpcert.or.jp/newsflash/2021122401.html（2025年1月現在））にまとめられています。なお、現在では、Log4jのメンテナンスを担当するThe Apache Software Foundationによって脆弱性を解消したバージョンが提供されています。

[2] 例えば、日本経済新聞（2021年12月14日）「Javaライブラリーに深刻な脆弱性　様々なアプリ影響」などにおいて報じられました。
https://www.nikkei.com/article/DGXZQOUC141650U1A211C2000000/

的な効力をもつ場合があります。電子署名法 第2条 [3] では、こうした電子署名の要件として、オンラインでの通信相手を確認できること（本人性）、および、改変されていないことを確認できること（非改ざん性）などが定められています。しかし、量子コンピュータによって電子署名用の鍵が不正に入手可能になると、電子文書の改変が横行するという負の影響が生じる可能性があり、この影響を受ける電子文書の中には電子署名法の要件を満たすものも含まれることになります。これが「電子署名偽造のリスク」です。

電子署名は、公開鍵暗号の秘密鍵（署名生成鍵）を用いて（署名対象の）データに「一定の変換」を施すことによって生成されます。ここで、秘密鍵は利用者が第三者に使用されないように管理することが前提となっています。また、「一定の変換」では、秘密鍵を使用する権限をもたない第三者が正しい電子署名を生成できないように設計されます。電子署名が正しく生成されたか否かの検証は、秘密鍵に対応するように準備される公開鍵（署名検証鍵）によって行われます。この公開鍵（とそれに対応する秘密鍵）の保持者が誰かを示すのが電子証明書です。

例えば、サーバ運営者が自分のサーバに対する電子証明書（サーバ証明書）の発行を受ける流れは以下のとおりです（図1.2）。

① サーバ運営者が、サーバで利用する署名検証鍵（公開鍵）と署名生成鍵（秘密鍵）のペアを生成。そのうち署名検証鍵などを認証局に提出してサーバ証明書の発行を依頼。

② 認証局が、署名検証鍵が適切に生成されているか、サーバ運営者が実在

【3】　電子署名及び認証業務に関する法律（平成12年法律第102号）
　　　第二条　この法律において「電子署名」とは、電磁的記録（電子的方式、磁気的方式その他人の知覚によっては認識することができない方式で作られる記録であって、電子計算機による情報処理の用に供されるものをいう。以下同じ。）に記録することができる情報について行われる措置であって、次の要件のいずれにも該当するものをいう。
　　　　一　当該情報が当該措置を行った者の作成に係るものであることを示すためのものであること。
　　　　二　当該情報について改変が行われていないかどうかを確認することができるものであること。

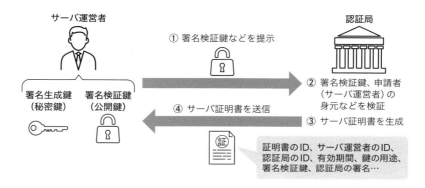

図 1.2　電子証明書と認証局

しているか、といった観点から検証を実施。具体的な検証内容は証明書の種類によって異なる（後述）。
③ 検証に成功した場合、認証局がサーバ証明書を生成。サーバ証明書には、証明書のID、サーバ運営者のID、認証局のID、有効期間、鍵の用途（電子署名の検証）、署名検証鍵などのデータと、これらに対する認証局の電子署名が含まれる。
④ 認証局が、生成したサーバ証明書を申請者に送信。

　認証局による検証（上記の②）の内容は、電子証明書の種類によって変わります。代表的な電子証明書には、**DV証明書**（domain validated）、**OV証明書**（organization validated）、**EV証明書**（extended validation）の3種類があります。DV証明書の場合、申請者が実際に（サーバ証明書の対象となっているサーバが属する）ドメインの管理者であるか否かを主に検証します。また、OV証明書では、申請者が実際に存在しているか否かを登記情報などに基づいて検証します。さらに、EV証明書では、登記情報などでの確認に加えて、存在や運営の状況を直接確かめるなど、申請者の実態をより厳格に検証しま

第1章　ITシステムにおけるリスクと新技術

す[4]。

　また、1.1.2項のTLSの説明の中で、クライアントがサーバの電子署名を（サーバ証明書を用いて）検証すると説明しましたが、このときサーバ証明書の有効性も検証されています。具体的には、証明書に含まれる認証局の署名を検証するほか、無効となった証明書のリスト（certificate revocation list）などを認証局から取得してそれに記載されているか否かを確認します。

　量子コンピュータによる電子署名偽造のリスクは、こうした電子署名や電子証明書（認証局のものも含まれます）の仕組みを大きく揺るがすものとなっています。

1.2　AIの脆弱性によるリスク

　人工知能（AI）、とりわけ、機械学習によるAIとは、既存のデータから一定の傾向や規則性を学習して抽出し、その結果として得られる「モデル」（機械学習モデル）によって、未知の入力に対する出力を予測・推論する技術です。AIの歴史については第3章で詳しく触れますが、2010年代後半に非常に高い精度での予測・推論を可能とする深層学習（ディープラーニング）と呼ばれる機械学習の一手法が登場しました。深層学習を実行するには、それまでの手法と比べて格段に大量の学習データと潤沢な計算資源が必要ですが、コンピュータのパフォーマンスが向上したことなどから、画像認識をはじめとするさまざまな分野で応用されるようになりました。その結果、深層学習の研究は

【4】　近年、偽サーバを用いたサイバー攻撃が深刻化していますが、そうした攻撃の多くで比較的手軽に入手できるDV証明書が用いられています。そのため、DV証明書ではなくEV証明書を採用する場合が一般的となっています。EV証明書を発行する際に求められる検証については、CA/Browser Forumのガイドラインなどで規定されています[2]。CA/Browser Forumは、認証局の運営主体、ブラウザベンダー、電子証明書を使用するアプリケーションのベンダーらによって構成される団体で、電子証明書に関するベストプラクティスの策定などを行っています。

さらに進み、生成AIへと発展していきました。

しかし、AIには、いくつかのリスクがあることが知られています。AIのリスクについては第3章で詳しく説明しますが、以下では次に挙げている代表的なリスクについて説明します。

- 安定性のリスク
- セキュリティのリスク
- 公平性のリスク
- 説明可能性・透明性のリスク
- プライバシーのリスク

1.2.1 ❖ 安定性のリスク

ここで「安定性」とは、AIのモデルを組み込んだシステムが期待どおりに振る舞う特性のことです[3]。

安定性のリスクとは、AIの出力が期待とは異なるものとなり、その結果、システムからの出力も不適切なものになるというリスクです。さらに、システム開発時におけるリスクとシステム運用時におけるリスクに分かれます。

（1）システム開発時におけるリスク

システム開発時には安定性にかかわるいくつかのリスクが存在します。特に問題になるのは、機械学習モデルを生成するために用いられた学習データが適切ではないことによるリスクです。ほかにも、システム開発時に、運用時に入力されるデータと類似のデータがテスト対象に含まれていない場合、予想外の出力が生成されるリスクなどがあります。

機械学習は、使用するモデルの入出力関係を事前に決定するのではなく、与えられたデータからモデルの入出力関係を学習していくという帰納的な手法で動作します。特に深層学習では、パラメータが非常に多いことに加えて非線形の入出力関係（≒簡単な数式で表せない）があるため、モデルがある程度でき上がった時点で入出力の関係を把握するのは困難です。

第1章 ITシステムにおけるリスクと新技術

（2）システム運用時におけるリスク

　システム運用時にAIの挙動が変化するという安定性にかかわるリスクもあります。AIはシステム運用中でも、それまでに生じた入出力から再度学習してモデルをアップデートするのが一般的です。つまり、自身の出力を修正しながら精度を高めていきます。

　ただし、こうした再学習によって逆にモデルの精度が劣化してしまう可能性があります。例えば、モデルへの入力データが偏っている場合、その結果に基づいて再学習するとモデルがその偏りを強調してしまうおそれがあります。つまり、モデルの出力が当初期待していたものと異なってしまうリスクがあります。

　特に、悪意あるユーザーがモデルの出力を故意に歪めるように特定の入力を大量に与えた場合、特定の入力から大きく外れた入力に対するモデルの精度が劣化するリスクがあります。

　実際、ある入力に対するモデルの出力が適切であったとしても、その入力に少量のノイズを加えただけで出力がまったく異なるものになることが知られています。これは、特に自動運転システムでは、重大なインシデントにつながる可能性があります。

　ある研究では、自動運転を行うシステムの安定性を評価する実験を行っています[4]。評価対象のシステムは、自動車に取り付けたセンサーで道路標識を読み取り、それを深層学習モデルに入力して得られた予測・推論結果に基づいて自動運転を行います。実験の結果、道路標識（例えば「止まれ」）の一部に白や黒のステッカーを取り付けたところ、人間の運転手であれば誤認するほどの改変ではないにもかかわらず、深層学習モデルは別の標識（例えば「制限速度時速45マイル」）と高い確率で誤って判定しました。この実験結果は、自動運転システムが重大な事故につながる可能性があることを示唆しています。

1.2.2 ❖❖❖ セキュリティのリスク

　セキュリティのリスクは、一般によく知られているセキュリティの3要素

「CIA」に着目して整理することができます[3]。すなわち、機密性（confidentiality）、完全性[5]（integrity）、可用性（availability）です。以下では、このうち機密性に関するリスクについて説明します。

AIのモデルは学習に用いられたデータから生成されます。つまり、モデルは学習用のデータに関する情報を保持しており、その情報（の一部）がモデルの出力に含まれることになります。したがって、モデルの入出力を大量に集めて分析すれば、おおもとの学習データそのものが漏洩する可能性があります。これがAIモデルの機密性に関するリスクです。

機密性に関するリスクの研究で、学習用のデータにクレジットカード番号などの個人情報が含まれている場合、そのデータをそのままモデルの学習に使用すると、得られたモデルの出力から個人情報が漏洩してしまうという結果が示されました[5]。この研究では、入力として単語をモデルに与えると、その単語の後に続く単語を予想して出力する言語モデルを使っています。

学習用のデータとして大量の英文メールのテキスト文を使用したところ、一部のメールにはクレジットカード番号が含まれていました。これらのデータを用いてモデルを生成してから、ある文字列を入力として与えたところ、それに続く文字列として、16桁のクレジットカード番号が出力されたということです。

最近では、ChatGPTなど、大量のテキストを学習用のデータとして用いて作成された大規模言語モデル（LLM：large language model）が公開され、日常的に用いられるようになりました。公開されているLLMでは、上記の研究で示されているクレジットカード番号の例のように、個人情報が学習用のデータに混入することは通常はないと考えられます。それでも、システム開発において「絶対大丈夫」ということはなく、不適切なデータが混ざっている可能性を完全に排除することはできないという意味で、LLMにも機密性に関するリスクが存在します。

システムの開発・運用においてセキュリティのリスクにどのように対処すればよいかについては、産業技術総合研究所が「機械学習品質マネジメントガイドライン」[6]などを公開しており、対処の方法を検討する際に参照することが

【5】　完全性は「一貫性」と呼ばれることもあります。

できます。このガイドラインは、セキュリティのリスクのほかに、後述する公平性のリスク、プライバシーのリスクに関しても対処の方法を示しています。

1.2.3 ❖ 公平性のリスク

　公平性のリスクとは、AIの予測・推論結果が公平でなく、それが人間の社会生活に悪影響を及ぼす可能性があることをいいます。例えば、ユーザーの性差やジェンダー、あるいは人種などによって特定のユーザーが不利益を被る場合が考えられます。AIのモデルの学習用のデータはすでにこの世に存在するものから選択して使用されるわけですが、もともと存在するデータに含まれるユーザーの属性に偏りがあれば、モデルの出力にもその偏りが反映される可能性があります。特に学習にあたってはデータに内在する微細な傾向をとらえ、それを強調して予測・推論を行う傾向があります。人間にとって学習用のデータの偏りが気にならないほど小さかったとしても、その学習用のデータを用いてAIモデルが作成されたとき、出力が大きな偏りをもつリスクがあります。

　公平性のリスクを考える際には「モデルの出力がどのような状態であれば公平といえるか」、つまり「公平性とは何か」という問いに対して何らかの答えや指針がなければなりません。一方、「公平であるとはどのような状態を指すのか」については古くからさまざまな議論があります。また、これは、時代、国・地域、商慣習、それから個人によっても異なります。

　したがって、あるサービスでAIを活用する際には、ステークホルダー間で公平な状態とはどのようなものなのか明確な基準を定め、そうした状態を達成できるようにシステムを開発・運用する方法を検討する必要があります。

1.2.4 ❖ 説明可能性・透明性のリスク

　説明可能性・透明性のリスクは、AIのモデルの特性を把握することが難しく（透明性が低い）、予測・推論結果が「どうしてそうなったのか？」を説明することが容易ではない（説明可能性が低い）ことによって生じます。

　例えば、顧客に対してあるサービスを提供する際に、AIの推論に基づいてその内容を決定するような場合、その内容に満足しない顧客から、「自分への

サービスがこのような内容になった理由を教えてほしい」と要求されるリスクがあります。一般に、LLMの推論の過程を明確に説明するのは困難です。

しかし、こうしたリスクに対処するための研究開発は活発に行われており、複雑なモデルの挙動を比較的単純なモデルで近似するなど、さまざまな対策が提案されつつあります。推論の過程を検証可能なAIは「説明可能なAI」（explainable AI）と呼ばれています。

1.2.5 ❖ プライバシーのリスク

プライバシーのリスクは、AIのモデルの振る舞いによってユーザーなどのプライバシーが侵害されるリスクを指します。典型的なものは、個人情報が他人に知られてしまうリスクです。特にプライバシーの考え方は、国や地域、時代、個人によって変化するので注意が必要です。前述のとおり、学習用のデータに個人情報が含まれていた場合、モデルの出力からそれが推定されてしまう可能性もあります。

AIを利用するシステムにおいてプライバシーのリスクに対処するためには、そのシステムに関して**プライバシー影響評価**（privacy impact assessment）などを実施し、プライバシー侵害の可能性を特定して対策の必要性を検討します。その結果、対処する必要があるとわかった場合には、学習用のデータを加工したり、一定のノイズを加えたりするなど、モデルの出力から学習用のデータを推定困難にするといった手法を適用します。

第1章　ITシステムにおけるリスクと新技術

1.3 ITシステムにおける リスク管理の全体像

　前節では、量子コンピュータやAIといった新たな技術の進歩によって、IT
システムには新たなリスクが生じていることを説明しました。こうしたリスク
はどのような考え方で取り扱えばよいのでしょうか。まず、「リスク管理とはど
のようなプロセスで実施されるか」について読者の皆さんにイメージをもって
もらえるよう、リスク管理の活動の全体像を説明します。

1.3.1 ░░░ どのようなリスクが存在するかを把握する

　リスクとは、「生じうる事象が、組織の活動や資産に及ぼす負の影響」のこ
とです。組織の立場からは、組織の目的、活動、資産がなるべく負の影響を受
けないようにしたいと考えるのが通常です。

　ITシステムにおけるリスク管理は、「組織のシステムに関連するリスクがど
のような状況になっているか」を把握することからスタートします。それには、
組織の各ITシステムがどのような業務で使用されているか、どのような情報
を取り扱っているか、各ITシステムにおいてどのような問題が発生する可能
性があるのか、それらが組織の業務や資産にどのような影響を及ぼす可能性
があるのかといった点を網羅的に調べる必要があります。

　各ITシステムにおける問題や個々の業務への影響は、その業務を担当する
部署やシステムを担当する部署が把握しています。リスクの洗い出しにはこれ
らの担当部署が関与しなければなりません。一方で、企業のリスク管理を成功
させるには経営トップのコミットメントも不可欠です。これは組織のトップが
リーダーシップを発揮して組織全体として取り組む体制を整えなければ、リス
クの洗い出しやその後のリスク軽減策を有効に実施できないからです。このよ
うに組織のトップから各業務の担当部署までが一丸となって、リスク管理に関
与することが求められます。

16

1.3.2 ❖ 許容できるリスクのレベルを決める

　リスクを把握したら、次に、「リスクをどのように許容できるレベルに軽減するか」が課題となります。

　リスクを軽減するには、組織の業務や資産に対して負の影響を及ぼしうる事象が「起きないようにする」か、その事象の発生が「負の影響につながらないようにする」必要があります。もちろん、リスクはどんなものでも組織に悪影響をもたらすおそれがあるため、すべてのリスクを極限まで軽減することができれば理想的です。そのために、有効と思われるリスク軽減策をすべて実践するというアプローチもありえます。

　しかし、リスクを軽減するには相応のコストがかかります。リスク軽減策のための機器の購入や施策の実施にはコストがかかることに加えて、リスク軽減活動が組織の通常の活動に支障をきたすことになります。

　例えば、外部に潜む攻撃者（脅威の発生源の1つ）による不正侵入（脅威）から社内のITシステムを保護する対策を考えてみましょう。外部のネットワークから社内のITシステムへの入り口にファイアウォールなどのセキュリティ対策機器を設置したとします。このとき、外部の取引先から送られてきた正規の通信データを、「マルウェアが埋め込まれている可能性がある」と誤って判断してしまう可能性があります。つまり、業務に必要な通信データが遮断され、重要な情報を取引先から受け取ることができなくなる別のリスクが発生してしまいます。

　また、社員が外部からのフィッシングメールに引っかからないようにするために、社内でフィッシングメールの特徴などを学ぶ研修会を開催したとします。社員は、リスク軽減策のスキルを高めることができるかわりに、研修会に参加するための時間を本来の業務に使うことができなくなってしまいます。いわば、リスク軽減のために社員の機会費用が発生しているといえます。

　このように、ただやみくもにリスクを軽減することは、組織の活動に大きな影響を及ぼすことになるため現実的ではありません。リスクを極限まで軽減できなくても、「このくらいの負の影響であれば、組織の目的・活動・資産などに支障がない」といえるレベルを決定し、そのレベルを達成できるように対応

すれば十分でしょう。

　ただし、個々の組織にとって支障がない負の影響のレベルは、業務内容、資産などに依存するため、それらを踏まえて検討する必要があります。電力、ガス、水道、交通、金融、情報通信、医療などの、いわゆる重要インフラを担う組織では、自組織のシステムに問題が発生し、業務が遂行できなくなると、社会全体に深刻な影響を及ぼす可能性があります。このような組織では、許容できるリスクのレベルは相対的に低い（大半が許容できない）ことになり、実施すべきリスク軽減策も手厚いものになる傾向があります。

　これは企業規模の大小とは無関係です。中小企業であっても、重要インフラを構成するITシステムのサプライチェーンを担っているのであれば、高いレベルのリスク管理が求められます。

1.3.3 ❖ リスク対策とそれを実施する組織構成を決定する

　許容できるリスクのレベルを決定したら、現状のリスクが許容できるレベルに収まっているかどうかを確認します。許容できるレベルを超えている場合は、リスクを許容できるレベルにまで低下させるための対策（**リスク対策**）を決定して実施します。ただし、リスク対策には相応のコストがかかるほか、内容によっては実際にリスクが軽減されるまでに時間がかかる場合があるので注意が必要です。

　リスク対策の方法にはさまざまな選択肢が存在します。組織はリスク対策にどれだけのコストをかけられるのか、それによって通常業務にどのような影響が及ぶのか、どのようなタイプのリスク対策が自組織にとって導入しやすいのか、などを考慮しつつ具体的なリスク対策の内容を決めることになります。

　また、リスク対策を適切に実施するには、個々のリスク対策を実施する役割を誰が担うのか、誰がその責任者となるのかを決定しなければなりません。特に、ITシステムのリスクは組織全体に重大な影響を及ぼす可能性があるため、通常は組織のトップや役員などの幹部がITシステムのリスク対策の責任を担うことになります。その責任者のもとで、それぞれの部署におけるリスク対策の実施と責任を担う担当者を決定します。こうした役割分担や責任の明確化

によって、リスク対策を行う組織の体制が整います。

1.3.4 ❖ リスク対策の活動を継続する

　リスク対策の内容を決定し、それを実施するための組織構成を整備したら、いよいよ実際にリスク対策を実践する段階になります。

　しかし、リスク対策に関連する施策は、一度実施したらそれで終わりというわけではありません。組織やITシステムを取り巻く環境は日々変化します。量子コンピュータやAIの登場・進化もこうした要素の1つです。

　組織やITシステムを取り巻く環境の変化はリスク対策の有効性に影響を与え、リスクが従来よりも高くなったり、新しいタイプのリスクが発生したりします。そのため、リスク対策を実施した後も、環境の変化を継続的に観察し、そのリスク対策がきちんと機能しているかを確認し続ける必要があります。もしリスクが許容できるレベルを超えている、または、超える可能性が予見される事態となれば、迅速にリスク対策の見直しに着手する必要があります。

　このように、組織のITシステムが稼働している限り、リスクを適切に管理するための活動、すなわち、リスク管理を継続的に行っていかなければなりません。

1.4 ITシステムのリスク管理のフレームワーク

　ここからは、リスク管理をどのように進めるかをより具体的に体系立てて説明していきます。

1.4.1 ✵ アメリカ連邦政府のITシステムのリスク管理フレームワーク

ITシステムのリスク管理の方法論に関しては多種多様な考え方が存在しますが、本書では、システム（ITシステムだけでなく制御システムも含む）に適用可能なリスク管理のフレームワークのガイドラインとしてNISTが公開している"Risk Management Framework for Information Systems and Organizations"（以下、**NISTリスク管理フレームワーク**）を取り上げます[7]。NISTリスク管理フレームワークは、アメリカの連邦政府機関がリスク管理のフレームワークとしているものです。

アメリカ連邦政府は、政府機関のITシステムにおけるセキュリティを適切に確保するために、技術仕様の標準規格である**FIPS**（Federal Information Processing Standards：連邦情報処理規格）を定めています。このFIPSの内容はNISTによって起案され、商務長官の承認後に正式に発行となります。そして、FIPSによって定められた技術やその仕様は、アメリカ連邦政府機関によりITシステム（国家安全保障にかかわるシステムを除く）を開発する際に採用することが義務付けられています。

2024年12月28日時点で、13件の有効なFIPSが存在しています[6]。例えば、FIPS 186-5（Digital Signature Standard）は、公開鍵暗号を用いた電子署名のアルゴリズムを規定しています。また、FIPS 140-3（Security Requirements for Cryptographic Modules）は暗号を実装したモジュールのセキュリティ要件を規定しています。

FIPSに対して、リスク対策に関するガイドラインや推奨事項を記した"Special Publication（**SP**）"も作成されています。2024年12月28日時点では、262件の有効なSPが公開されています[7]。

SPのうち、"SP 800-XX"（XXには数字が入る）という識別番号が付与されているものは「SP 800シリーズ」と呼ばれ、情報資産やITシステムのリスク

【6】 FIPSはNISTのWebサイト（https://csrc.nist.gov/publications/fips）に掲載されています。

【7】 SPはNISTのWebサイト（https://csrc.nist.gov/publications/sp）に掲載されています。

管理やリスク対策を実践する際のサポート文書として開発されています。このシリーズのガイドラインは、アメリカだけでなく日本でも幅広く参照されています。

また、詳しくは第2章で解説しますが、“SP 1800-XX”という識別番号が付与されている「SP 1800シリーズ」もあります。SP 1800シリーズは、FIPSなどに規定されている技術を実装および運用していくときの実践的ガイダンスとなります。主に、NISTが企業などと連携して実施したプロジェクトの成果物として開発されています。

1.4.2 リスクとセキュリティの定義

リスクとセキュリティをNISTリスク管理フレームワークではどのように定義しているかをみてみます。

(1) リスク

NISTリスク管理フレームワークにおける**リスク**の定義を要約すると次のようになります。

エンティティが、発生しうる状態や事象によって脅威にさらされる度合い。典型的には、特定の状態や事象が発生した際に被る影響、および、それらが発生する可能性によって算出される。

ここで、**エンティティ**とは、組織のシステムにおいて情報を取り扱っている実在する人や物のことです。脅威という言葉が使われているように、明らかにリスクの中でも負のリスクに焦点を当てていることがわかります。そのうえで、リスクの値は、組織への敵対的な行為（いわゆる攻撃）が発生した際の影響や被害の大きさ、それらの発生確率によって決まるというように定義しています。

また、リスクには多様なものが存在するとして、セキュリティやプライバシーに関するリスクのほかに、法令や規制に関するリスク、政治的なリスク、ビジ

ネスリスク、レピュテーションリスク（ブランド価値・信用低下のリスク）など
を挙げています。サプライチェーンもリスクに含まれています。NISTリスク管
理フレームワークは、これらのリスクのうち、システムにおけるセキュリティ、
プライバシー、サプライチェーンに関するリスクを主たる対象としています。

（2）セキュリティ

　NISTリスク管理フレームワークにおける**セキュリティ**の定義を要約すると
次のようになります。

> システムの使用に対する脅威によってリスクが存在している状況にあって、組
> 織がミッションや重要な機能を果たすことができるようにする保護手段を確
> 立・維持することで得られる状態。保護手段には、（脅威の）抑止、回避、防止、
> 検知、（被害の）復元、修正といったものが含まれ、これらは組織のリスク管理
> の一環として実施される。

　つまり、セキュリティを実現するためには、まず、「システムを適切に使用で
きなくなることに伴うリスクを特定することが前提」となっています。そのう
えで、適切な保護手段を適用し、「組織のミッションや業務内容に影響が及ば
ない（影響が許容できる範囲にとどまる）状態に制御する」ことが求められる
といえます。

　また、セキュリティという用語がかなり広い意味で使われています。前述
のとおり、システムにおけるセキュリティといえばCIA、すなわち、機密性
（confidentiality）、完全性（integrity）、可用性（availability）という3要素か
らなると考えることが多いのですが、NISTリスク管理フレームワークは異な
ります。これら3要素に直接触れず、システムの使用に対する脅威への保護手
段によって得られる状態としており、より汎用的な定義となっています。

　NISTリスク管理フレームワークのセキュリティの定義に従うと、「システム
におけるセキュリティのリスクとは、システムへの脅威やリスクの見きわめが
甘かったり、選択したリスク対策が適切でなかったりしたことによって、組織
のミッションや重要な機能が受ける負の影響の度合い」といえるでしょう。

1.4.3 リスク管理における7つのステップ

リスク管理の活動として、NISTリスク管理フレームワークは、①準備、②分類、③選択、④実装、⑤検証、⑥認可、⑦監視の7つのステップを挙げています（図1.3）。

① **準備**（prepare）：どのような状況を想定してリスク管理を行うか、管理の優先順位をどうするかなどを決定する。この準備のプロセスがリスク管理フレームワークの出発点となる
② **分類**（categorize）：システムおよびシステムによって処理・保管・伝送される情報に関してリスクを分析し、分析結果に基づいてシステムを分類する
③ **選択**（select）：リスク分析の結果に基づいて、リスクを許容できるレベルまでに軽減するためのリスク対策手法を選択する

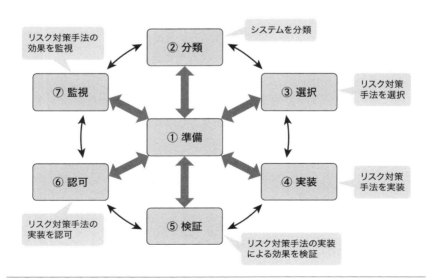

図1.3 システムのリスク管理フレームワークにおける7ステップ[7]
Risk Management Framework for Information Systems and Organizations, NIST Special Publication 800-37 Revision 2, National Institute of Standards and Technology (2018)のFigure 2をもとに作成

④ 実装（implement）：選択したリスク対策手法を実装する。また、そのシステムと運用環境において、リスク対策手法をどのように適用したかを記録する

⑤ 検証（assess）：セキュリティ要件が満たされているか否かという観点から、選択したリスク対策手法が正しく実装されているか、意図したとおりに運用されているか、望ましい結果が得られているかを検証する

⑥ 認可（authorize）：組織の運営やその資産、個人、ほかの組織、国家に関連するリスクが許容されるレベル以下であるか否かを評価し、リスク対策手法を採用してよいか否かを最終的に決定する

⑦ 監視（monitor）：システムとそのリスク対策手法に関して監視を実施する。具体的には、システムや運用環境の変化の記録・文書化、リスク対策手法の効果の評価、リスク評価と影響度分析の実施、リスクの状況の報告を継続的に実施する

　原則、リスク管理は上記の①～⑦の流れで実施していきますが、システムの開発形態によっては別の順序で実施したほうが適切な場合もあります。

　例えば、アジャイル開発の場合、システムの機能要件や仕様が確定していない状態でシステム開発が始まり、ある程度開発が進んだところでテストを実施して機能要件や仕様を見直して開発をさらに進めていきます。この場合、③選択、④実装、⑤検証のプロセスを繰り返し実施することになります。

　また、システムを開発し終わった後でリスクを左右する要素や組織を取り巻く環境が変化し、システムの機能要件を変更する必要が生じた場合には、リスク対策も見直しを検討します。このような場合、⑦監視を実施しつつ、必要に応じて①～⑥のプロセスを再度実施することになります。

　次に、各ステップにおいて実施すべき作業の内容を説明します。

（1）準備ステップ（その1）：組織体制を整備する

　準備ステップにおける作業の内容は組織管理の一環として実施するものと、システム開発・運用の中で実施するものに分けられます。

　まず、組織管理の一環として、リスク管理にあたって必要となる役割を特定

1.4 ITシステムのリスク管理のフレームワーク

し、それらを組織の役職員に割り当てます。

リスク管理において対策漏れを防ぐには、誰が責任をもってどのような役割（それぞれの守備範囲）を果たすのかを明確にしておくことが不可欠です。

NISTリスク管理フレームワークでは、主な役割として以下のものが列挙されています。こうした役割を誰が担うかを事前に定めておくようにします。ちなみに、複数の役割を1人の役職員が兼務して担う場合もあります。

- **組織の長**（head of agency）：社長や代表取締役に相当する組織のトップ。組織の業務、資産、個人やほかの組織におけるリスク管理全体に対して責任を負う
- **認可権限者**（authorizing official）：システムの運用、リスク対策手段の実施、許容できるリスクのレベルの決定、外部のシステム、サービス、アプリケーションの使用に責任を負う上級管理者や役員
- **最高情報責任者**（CIO：chief information officer）：セキュリティポリシーやリスク対策手法の開発およびメンテナンス、リスク管理に関する責任者や担当者の人事、人材の育成、リスク対策の実施計画に関する組織の長への報告などについて責任を負う管理者
- **上級情報セキュリティ責任者**（senior agency information security officer）：組織内の各役職員と連携し、最高情報責任者を補佐しつつ、リスクの評価、リスク対策手法の実装、検証、監視を統括する管理者
- **リスク管理者**（risk executive）：システムにおけるリスク管理のための施策を組織全体で実行・推進する管理者
- **対策検証者**（control assessor）：リスク対策手法の効果を見きわめるために、手法やその促進策を包括的に検証する役割を担う管理者
- **業務責任者**（mission or business owner）：組織のミッションや特定の業務の運営に責任を負う上級管理者や役員
- **システム管理者**（system administrator）：各システムやその構成要素をセットアップするとともに維持管理を担当する管理者。システムの構成管理、ハードウェアやソフトウェアのインストールおよびアップデート、ユー

25

ザーアカウントの管理、バックアップの管理、リスク対策手法のシステムへの導入について責任を負う
- **システムオーナー**（system owner）：各システムの調達、開発、統合、変更、廃棄など、システムのライフサイクル全体に責任を負う管理者
- **システムセキュリティ管理者**（system security officer）：システムオーナーと連携して、システムのセキュリティの確保に責任を負う管理者。セキュリティに関する専門知識と経験を有する

これらの役職員が以下の流れでそれぞれのタスクを実行します（図1.4）。

ポイントは、組織の長がリスク管理戦略を決定し、それをもとに具体的なタスクを進めるというトップダウンでの対応です。

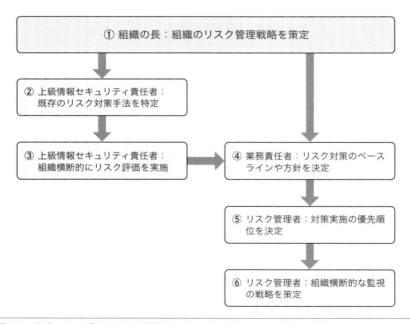

図1.4　準備ステップにおける組織管理レベルでの主なタスクと検討の流れ

① 組織の長は、どのような姿勢でリスクを管理していくか、組織がどの程度のリスクであれば許容できるかなどを決定し、**リスク管理戦略**を策定する

② 上級情報セキュリティ責任者は、各システムに適用されてきた既存のリスク対策手法を特定し文書化する

③ 上級情報セキュリティ責任者は、リスク管理戦略に基づいて、組織横断的にリスク評価を実施する。また、既存のシステムや業務に関してリスク評価結果が存在する場合でも、必要に応じてアップデートする。リスク評価については次の観点がポイントとなる

- **リスク評価の対象が、想定されるシステムのリスクを網羅しているか**：例えば、業務で使用する組織のシステムに関するリスクに加えて、ほかのシステム（外部の組織が保有するものも含む）とやり取りしている情報に関連するリスクや、クラウドなどの外部のシステムを使用することから生じるリスクにも配慮することが必要である

- **同じ組織の内部のシステムであっても運用環境が異なる場合がないか**：システムの所在地がそれを管理・使用する部署の所在地と異なる場合、また、システムを使用する部署が担っている業務やミッションがほかの部署と異なる場合などがある。所在地や業務・ミッションが異なることによって、システムにおいて想定される脅威や脆弱性が異なる可能性があることに留意が必要である

- **サプライチェーンにおけるリスクも評価の対象に含めているか**：組織内部のリスクに加えて、サプライチェーン上のほかの組織における脅威やそれが自組織に及ぼす影響を把握するとともに、リスク対策についての考え方をサプライチェーン上のほかの組織と必要に応じて共有しておく必要がある

④ 業務責任者は、組織独自のリスク対策のベースラインや方針を決定して文書化する

⑤ リスク管理者は、組織に与える影響の度合いが同程度のシステム（群）に関して、リスク対策を実施する際の優先順位を決定する

⑥ リスク管理者は、リスク対策の効果を継続的に監視するための組織横断的な監視戦略を策定する

(2) 準備ステップ（その2）：システムの属性を特定する

リスク管理戦略、リスク対策のベースライン、監視戦略に基づいて、各システムの属性やリスク対策の適用範囲を明確にするとともに、リスク評価の実施、リスク対策手法のセキュリティ要件と対応の優先順位を決定します。

各役職員が実施するタスクは以下のとおりです（図1.5）。

① 業務責任者は、組織のミッション、業務上の機能、それらのプロセスにかかわりがあるシステムとそのかかわり方を特定する
② 業務責任者とシステムオーナーは、システムの設計、開発、実装、評価、運行、メンテナンス、廃止など、システムのライフサイクルにおいて利害

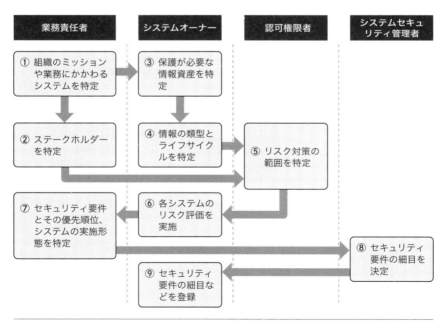

図1.5 準備ステップにおける主なタスクとその流れ

関係を有するステークホルダーを特定する

③ システムオーナーは、保護が必要な情報資産（ソフトウェア、ハードウェア、情報など）を特定する

④ システムオーナーは、システムによって処理、保管、伝送される情報を特定・分類し、各類型のライフサイクルを特定する

⑤ 認可権限者は、既存のリスク対策による保護が及ぶ範囲（または、保護が及ぶ部分と及ばない部分の境界）を特定する

⑥ システムオーナーとシステムセキュリティ管理者は、各システムのリスク評価を実施する。既存のリスク評価結果が存在する場合、それをアップデートする

⑦ 業務責任者とシステムオーナーは、各システムとその運用環境を考慮して、リスク対策のセキュリティ要件と優先順位を決定する。その際、各システムの実装形態（オンプレミスでの実装かクラウドでの実装かなど）を特定する

⑧ システムセキュリティ管理者は、各システムの実装形態を考慮しつつ、リスク対策のセキュリティ要件の細目を決定する

⑨ システムオーナーは、セキュリティ要件の細目などをシステムに関連する情報として登録する

　なお、各システムのリスク評価については、NISTリスク管理フレームワークには具体的な方法が記載されていません。そのかわり、リスク評価のガイドラインとして、NISTの"Guide for Conducting Risk Assessments（SP 800-30 Revision 1)"[8]があります。

　このガイドラインを用いたリスク評価の方法は1.5節で説明します。

（3）分類ステップ：システムを分類する

　分類ステップでは、準備ステップでの検討結果をもとに、システムとそのシステムによって処理・保管・伝送される情報が損なわれたときのリスクを分析し、分析結果に基づいてシステムを分類します。このタスクによる分類結果は、

複数のシステム間でリスク対応の優先順位を検討する際に使用します。

各役職員のタスクは以下のとおりです。

① システムオーナーは、各システムの属性を文書化する

② システムオーナーは、リスクの分析結果をもとにシステムを分類し、その結果を文書化する。分類の観点としては、例えば、許容できるリスクのレベル、リスク対策のセキュリティ要件の内容、リスク対応の優先順位、取り扱う情報の重要度などがある

③ 認可権限者は、分類結果とその決定の内容を評価し、承認する

（4）選択ステップ

選択ステップでは、各システムのリスク対策手法を選択します。それぞれの役職員の主なタスクは以下のとおりです（図1.6）。

① システムオーナーは、システムとその運用環境に関してリスク対策手法を選択する。選択する際に、システムとの相性や実現可能性を考慮する

② システムセキュリティ管理者は、システムの各要素に対してそれぞれリスク対策手法の細目を決定する

③ システムオーナーは、リスク対策手法の細目を、対応するシステムのセキュリティ計画に反映する

④ システムオーナーは、リスク対策手法の効果を監視するためのシステム運用レベルの戦略を立案する。この戦略は、組織管理のレベルでの監視戦略と整合したものとする

⑤ 認可権限者は、リスク対策手法を反映したセキュリティ計画を検証し、適切と判断した場合には承認する

1.4 ITシステムのリスク管理のフレームワーク

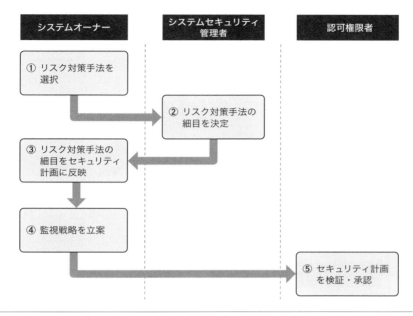

図1.6 選択ステップにおける主なタスクと検討の流れ

(5) 実装ステップ

実装ステップでは、システムオーナーが、セキュリティ計画に従ってリスク対策手法をシステムへ実装するとともに、計画していたものから変更したリスク対策手法が存在する場合にはそれを文書化します。

(6) 検証ステップ

検証ステップでは、リスク対策手法が適切に実装されているか、また、リスク対策手法の効果が期待どおりに発揮されているかを検証します。リスク対策を適切に実施するうえで、選択したリスク対策手法の検証は不可欠であることに注意してください。

タスクの流れは以下のとおりです（図1.7）。

① 認可権限者は対策検証者を選定する

② 対策検証者は、実装したリスク対策手法を検証するための計画（検証計画）を立案する
③ 認可権限者は検証計画を検証し、適切な内容であれば承認する
④ 対策検証者は、検証計画に沿ってリスク対策手法を検証し、得られた知見や推奨事項を文書化（検証レポートの作成）する
⑤ システムオーナーは、リスク対策手法に関する不備が明らかとなった場合には、それを改善するための初動対応を実施する
⑥ 対策検証者は、初動対応の結果を再度検証して検証レポートに反映する。
⑦ システムオーナーは、検証レポートに記述された知見や推奨事項に基づき、必要があれば改善に向けた対応の内容と中間目標（改善対応が完了

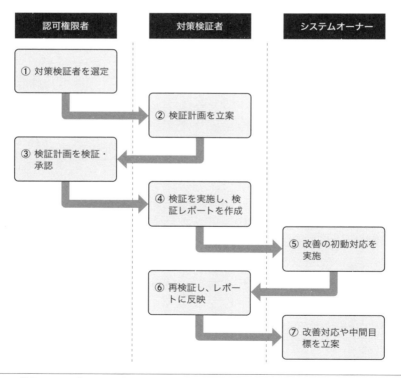

図1.7　検証ステップにおける主なタスクと検討の流れ

する時期の目途）を立案する

　ここで、対策検証者が、システムオーナーなどリスク対策手法を実装する主体とは別となっていることが重要です。検証する主体と実装する主体を分けて複数の目でクロスチェックすれば、検証の漏れを防止できます。

（7）認可ステップ

　認可ステップでは、検証ステップの結果を受けてリスク対策手法の最終的な採用を決定します。主なタスクは以下のとおりです。

① システムオーナーは、検証ステップで得た知見や推奨事項、改善対応案を踏まえ、それらを実施するに際して認可が必要な事項を抽出し認可権限者に提出する
② 認可権限者は、提出された事項に関して、業務の遂行、システムの運行、既存のリスク対策手法などを考慮しつつ、リスクの状況を検証し、それが許容できるレベルか否かを判断する。そのうえで、提出された事項を認可するか否かを決定する
③ 認可権限者は、認可の可否を関係者に報告する。重大なリスクにつながる問題点が見つかれば、それについても報告する。また、そうした問題点に対処するための行動計画を必要に応じて策定する

（8）監視ステップ

　監視ステップでは、リスク対策手法の効果を監視します。
　「リスク対策手法を実装したらリスク対応は終了」というわけではありません。システムの運用環境や技術動向は常に変化しています。そうした変化が個々のリスクにどのような影響を及ぼすかを継続してウォッチし、リスク対策手法の効果が低下していないかなどを見きわめる必要があります。こうした意味で監視ステップは非常に重要です。
　主なタスクは以下のとおりです（図1.8）。

① システムオーナーは、上級情報セキュリティ責任者と連携し、システムの運用環境に関してシステムのリスクに影響を及ぼす変化が生じているか否かを監視する
② 対策検証者は、監視活動の結果に基づき、システムで実装されているリスク対策手法の効果を検証する
③ システムオーナーは、監視活動やリスク対策手法の検証によって判明した新たなリスク、および、リスク対策上留意すべき事項を特定し、必要に応じて対処する
④ システムオーナーは、監視活動の結果をもとに、リスク対策手法の改善や中間目標に関する計画を必要に応じてアップデートする

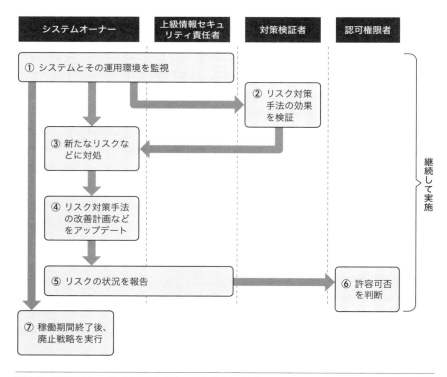

図1.8 監視ステップにおける主なタスクと検討の流れ

⑤ システムオーナーは、上級情報セキュリティ責任者らと連携し、監視戦略に沿ってリスクの状況を認可権限者らに報告する

⑥ 認可権限者は、報告内容を検証し、リスクが引き続き許容できるレベルに収まっているか否かを判断する。もしリスクが許容できないレベルであった場合、必要に応じて、準備ステップや選択ステップなどに移行してリスク軽減のための対応を検討する

⑦ システムオーナーは、システムの稼働期間が終了したら、システムの廃止戦略を実行する。すなわち、システムを停止して業務上使用しない状態にする際には、廃止戦略に沿って対応する

1.4.4 ❖ NISTリスク管理フレームワークにおけるポイント

ここまでNISTリスク管理フレームワークに基づくシステムのリスク管理の内容を紹介してきました。最後にまとめとして、NISTのリスク管理フレームワークにおける重要なポイントを2つ示します。1つはシステムのライフサイクル全体にわたる一貫した管理を実施すること、もう1つはリスクベースでの対応を実施すること（リスクベースアプローチ）です。

（1）システムのライフサイクル全体にわたる一貫したリスク管理

NISTリスク管理フレームワークは、準備ステップでリスク管理の体制を整備したうえで、リスク評価、リスク対策手法の選定・実装、システム運用時の監視、システムの廃止を行うとしています。つまり、システムのライフサイクルの各フェーズに対応したリスク管理のタスクを実行することを求めています。

このようなシステムのライフサイクル全体にわたるリスク管理がなぜ重要かといえば、それによって漏れのないリスク管理が可能になるからです。

「システムの設計・開発・運用段階ではリスクを意識していたけれど、システムの運用時や廃止時、また廃止した後については意識していない」ということはよくあります。しかし、廃止対象のシステムで取り扱っていた重要なデータが適切に消去されずに第三者の手に渡ってしまったという組織の存続にもかかわる事例が少なからず発生しています。また、システムが廃止になったとし

ても、そこで処理されていたデータをその後も重要なデータとして数年間は保護しなければならないと関連の法令で定められているのに、データを破棄してしまったという法令遵守における重大な違反の事例もあります。さらに、機密データを処理していたPCのリース期間が終了した際に、そのハードディスク上の機密データが適切に消去されずに転売され、機密データが外部に漏洩したという組織の信頼を揺るがす事例も生じています。

　一方、ライフサイクル全体にわたってリスク評価結果を意識した対応をしていれば、システムで取り扱うデータのリスクをあらかじめ評価して、それを保護すべき期間を明確にすることができるでしょう。その結果、事前にシステムの廃止戦略を検討することができます。この点は、第2章で取り上げる量子コンピュータによる暗号に対するリスクにも関係してきます。

　また、ライフサイクル全体にわたる管理は、<u>リスク対策手法の実装に関するコストの削減</u>にもつながります。

　仮に、システムの設計段階で、リスク対策手法をシステム運用開始後に見直す可能性があることを考慮していなかったとします。その場合、システム運用後に新たな脅威の出現などによってリスクが高まり、リスク対策手法を見直す必要が生じたとすると、新しいリスク対策手法を導入するためにシステムを大々的に改修しなければならなくなります。このために相応の費用と時間が必要になります。

　システムの設計段階で、「システム運用開始後に当初のリスク対策手法の効果が低下し、リスク対策手法を入れ替えることになるかもしれない」という点に思いがいたっていれば、リスク対策手法の入れ替えを効率的に実施できるようなシステム構成を選択する余地が生まれます。そして、改修が必要となった際の出費を節約することができます。このようなシステムの設計段階からセキュリティに関するリスク対策を意識するという考え方は、**セキュリティバイデザイン**（security by design）と呼ばれています。また、セキュリティ上のリスク対策手段を後から入れ替えやすいというシステムの特性は、**セキュリティアジリティ**（security agility）と呼ばれています。

　セキュリティ バイ デザインやセキュリティアジリティは、現時点では先行きを見通すことが難しいリスクに対処する際の有用な考え方です。

（2）リスクベースアプローチの採用

リスクベースアプローチは、軽減する必要があるリスクの量（現状のリスクのレベルと許容できるレベルとの差分）に応じて、リスク対策手法の内容や優先順位を決定するという考え方に基づいたアプローチです。

NISTリスク管理フレームワークでは、準備ステップで、システムやその運用環境を考慮してリスクを評価し、それぞれのリスクが許容できるレベルか否かを判断します。そして、許容できるレベルを超えているリスクには追加的なリスク対策手法を検討します。準備の段階で評価することで、許容できるレベルに収まっているのであれば対策を新たに実施する必要はなくなり、コスト面でもメリットがあります。さらに、リスク対策手法を実装する際の優先順位付けも、評価結果に基づく個々のリスクの大きさなどをもとに決定します。

一般に、リスクベースアプローチは、NISTリスク管理フレームワークに限らず、さまざまなリスク管理のフレームワークやガイドラインにおいて採用されているアプローチです。システムのリスク管理を実践するときの選択肢として覚えておくとよいでしょう。

1.5　リスク評価の方法

これまで説明してきたNISTリスク管理フレームワークには、リスク評価の具体的な実施方法についての記述はありませんが、そのガイドラインとしてNISTの "Guide for Conducting Risk Assessments（SP 800-30 Revision 1）[8]" があります。以下では、この文書を「**リスクアセスメント実施ガイド**」と呼び、記載されているリスクアセスメントのプロセス、特にリスクの評価方法に焦点を当てて説明します。

1.5.1 リスクアセスメントのプロセス

リスクアセスメントのプロセスは、準備、実施、結果の報告・共有、メンテナンスから構成されます（図1.9）。

- **準備**：組織のリスク管理の方針や範囲を決定し、リスク管理戦略を策定する。**リスク管理戦略**は、リスク管理の目的、適用範囲、関連する想定や制限、アセスメント時に使用する情報の取得先、アセスメント時に採用するアプローチを内容とする
- **実施**：組織に対する脅威、組織の内部と外部に存在する脆弱性、脆弱性が悪用された場合に発生しうる被害、被害が発生する可能性を明らかにして**リスク**を算出する。リスクを算出した結果、リスク管理の範囲やリスクアセスメントのアプローチなどを変更する必要がある場合には、準備プロセスに立ち返り、リスク管理戦略の見直しなどを行う
- **結果の報告と共有**：リスクの算出結果や関連する情報（個々のリスクへの対処を検討する際に参考になるもの）を関係者に報告・共有する。リスクアセスメントの対象を変更する必要が生じた場合には、準備プロセスに立ち返ってリスクを算出し直す
- **メンテナンス**：システムや運用環境など、リスクを左右する要素の変化を監視する。その結果、リスクを改めて算出する必要がある場合、実施プロセスに立ち返る。さらに、リスク管理の範囲やリスクアセスメントのアプ

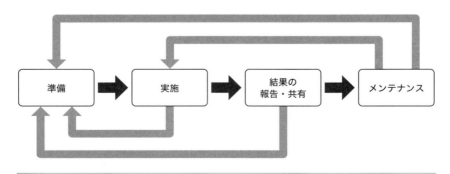

図1.9 リスクアセスメントのプロセス

ローチなどを変更する場合、準備プロセスに立ち返り、リスク管理戦略の見直しなどを行う

1.5.2 リスクアセスメントの実施プロセス

実施プロセスでは、以下の流れでリスクを算出します（図1.10）。

① 脅威の発生源を特定
② 脅威の発生源から生じうる脅威の事象（1つまたは複数）を特定
③ 脅威の事象が発生する可能性を特定
④ 脅威の事象によって悪用されうる脆弱性を特定
⑤ 脅威の事象において脆弱性が悪用される可能性を特定
⑥ 脅威の事象において脆弱性が悪用された場合に、組織の業務や資産、個人、ほかの組織、国家に与える影響とその大きさを特定
⑦ 脅威の事象の発生可能性と、脅威の事象において脆弱性が悪用される可能性をもとに影響が発生する可能性を特定
⑧ 影響の大きさとそれが発生する可能性をもとにリスクを算出

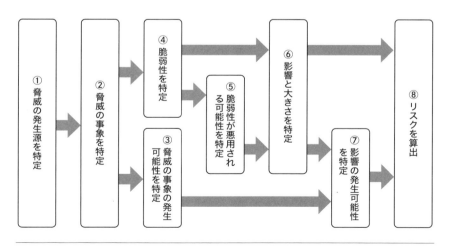

図1.10　リスクを算出するプロセス

このように、リスクの算出では、脅威（発生源、事象）、脆弱性、影響、そして、これらの発生可能性（上記①～⑦の下線部）が鍵となります。リスクアセスメント実施ガイドは、これらを**リスク要素**と呼び、その取り扱い方法を解説しています。以下では、リスク要素のそれぞれについて説明していきます。

1.5.3 ※ 脅　威

（1）脅威の発生源を特定する

リスクアセスメント実施ガイドでは、システムへの**脅威**を次のように定義しています。

システムで処理される情報への無権限者によるアクセス、情報の破壊・暴露・改変、システムに関連するサービスの妨害が発生し、それによって、組織の業務・資産、個人、ほかの組織、国家に負の影響をもたらしうる状況または事象

こうした**脅威の発生源**として以下のものがあります。

- 組織のシステムへのサイバー攻撃や物理的攻撃を引き起こす個人、グループ、外部の組織、国家
- 怠慢や過失によって誤った行動を起こした個人
- 不具合や欠陥を有する資源（IT機器、環境制御機器、ソフトウェアなど）
- 自然災害、人災、事故など、組織が制御困難な事象

こうした点を参考に、各組織が直面している脅威の発生源を検討します。

（2）脅威の事象を特定する

脅威の発生源を特定したら、脅威がどのように発生して組織のミッションや業務に影響を及ぼすか（**脅威シナリオ**）を検討し、その際に起こる事象（**脅威の事象**）を列挙します。この検討の参考として、リスクアセスメント実施ガイドは一般的な脅威の事象例を紹介しています（**表1.1**）。これを自組織に当てはめて脅威の事象を洗い出すことができます。

1.5 リスク評価の方法

表1.1 代表的な脅威の事象 [8]

サイバー攻撃などによるもの	
類　型	脅威の事象の代表例
情報収集	• 組織の公表情報を収集して組織やそのシステムの構成を調査 • ネットワーク経由で組織のシステムへのアクセス方法を調査 • 組織のシステムにマルウェアをしかけてシステムの情報を収集
攻撃手段の作成	• フィッシング攻撃のツールを作成 • 攻撃用のサーバや偽のサイトを準備 • 電子証明書を偽造
攻撃手段の配備	• マルウェアを電子メールなどで送り込む • 組織のシステムで使用予定の機器にマルウェアを組み込む • 悪意のある個人を組織に送り込む
組織やシステムの改変	• 未対応の脆弱性を悪用して組織のシステムを改変 • 複数の職員が共同使用するシステムにおいて、ほかの職員のデータや機能を改変 • 組織のシステムの適切な設計・開発・運用を侵害
攻撃の実施	• マルウェアなどを悪用して重要な情報の盗取・改変を試行 • ランサムウェア攻撃、サービス妨害攻撃などを実施 • 組織の設備を物理的に破壊するなどして機能の停止を試行
悪影響の発生	• マルウェアなどを用いた攻撃によって情報の盗取・改変を達成 • 組織のシステム内部への侵入に成功してシステムの機能を改変 • 組織の設備やシステムの機能を停止
攻撃手段の維持	• 組織のシステムの監視機能を改変して攻撃活動の検知を回避 • 組織のリスク対策手法の変更に対応して攻撃活動を変更
攻撃活動の調整	• 攻撃活動によって得た情報に基づき攻撃の対象や手段を変更 • 攻撃活動の形態を適宜変化させ、監視活動による検知を困難化

サイバー攻撃以外によるもの	
類　型	脅威の事象の代表例
個人の操作・設定ミス	• 組織の個人の操作ミスによって外部に機密データが漏洩 • システム管理者が個人のアカウントの権限を誤って設定
災害の発生	• 地震やハリケーンなどの自然災害により設備の機能が停止 • 組織の施設で火事などが発生し、施設の機能が停止
システムや設備の欠陥	• システムを構成するハードウェアにおいて障害が発生 • システムのソフトウェアのバグによってエラーが発生 • 通信やメモリの容量が不足し、システムの性能が低下 • システムの構成要素が経年劣化して機能が低下

Guide for Conducting Risk Assessments, NIST Special Publication 800-30 Revision 1, National Institute of Standards and Technology, 2012の表E-2, 3をもとに作成

第1章　ITシステムにおけるリスクと新技術

　ただし、留意しなければならないのは、脅威の発生源や事象は時間の経過とともに変化するということです。これら脅威の発生源や事象の検討は、通常、システムの設計段階で行われるのが一般的ですが、NISTリスク管理フレームワークの監視プロセスで説明したように、システムの運用・廃止にいたるライフサイクル全体において脅威の発生源や事象の変化を監視し続ける必要があります。つまり、新たな脅威の発生源を見つけた場合は、それがリスクの変化につながっているか否かを検証し、必要に応じてリスクを算出し直すことになります。

（3）脅威の事象の発生可能性を見積もる

　脅威の事象を列挙したら、それぞれの脅威の事象が発生する可能性を見積もります。具体的には、脅威の発生源となる主体（攻撃者）が意図的に事象を発生させる可能性に加えて、事象が自発的に生じる可能性（災害や事故などの事象）を見積もります。このために、過去の類似の災害や事故の発生状況を調査する、組織のシステムにおける操作ミスや故障の状況を調査するなどします。

　リスクアセスメント実施ガイドでは、脅威の事象の発生可能性を定性的に見積もる方法として、発生可能性に関して「非常に高い」「高い」「中位」「低い」「非常に低い」の5つのレベルを設定しています。このように各事象の発生頻度に応じて対応するレベルが示されており、まずは簡単に見積もりたい場合に参考にすることができます（**表1.2**）。

1.5.4 ❖ 脆弱性

（1）脆弱性を特定する

　脅威の事象を洗い出した後、それらによって悪用される可能性がある脆弱性を特定します。ここで、**脆弱性**とは、脅威の発生源によって悪用される可能性があるシステム、リスク対策手法、組織の管理体制における弱点を指します。

　脆弱性を特定する際には、脆弱性がシステムにのみ存在するのではなく、組織の管理体制に存在する場合があることにも注意が必要です。特に、組織内

42

表 1.2　脅威の事象の発生可能性による分類[8]

分　類	類　型	発生の可能性や頻度
非常に高い	ほぼ確実に発生	• ほぼ確実に発生する • 1年間に100回以上発生
高い	発生する可能性が高い	• 発生する可能性が高い • 1年間に10〜100回発生
中位	発生する可能性が相応にある	• 発生する可能性が相応にある • 1年間に1〜10回発生
低い	発生する可能性が低い	• 発生する可能性が低い • 年間1回未満、10年ごとに2回以上発生
非常に低い	可能性はほとんどない	• 可能性はほとんどない • 10年ごとに1回未満発生

Guide for Conducting Risk Assessments, NIST Special Publication 800-30 Revision 1, National Institute of Standards and Technology, 2012の表G-2〜3をもとに作成

の部門間でのコミュニケーションが不足している、企業のミッションや業務の優先順位の決定が組織内で徹底されていないといった、組織が期待どおりに機能していない状況が脆弱性を引き起こす場合もあります。

　また、外部の組織との関係において、脆弱性が存在している可能性にも留意することが重要です。例えば、クラウドサービスの利用、サプライチェーンの構築など、自組織の活動がほかの組織のリソースに大きく依存している場合、外部の組織が機能しなくなった際に自組織の業務に影響が及ぶという脅威の事象があります。

　さらに、時間の経過とともに、組織のミッションや業務内容、システムの運用環境が変化し、それによって脆弱性が変化することにも注意すべきです。特に、新しい技術が使用されるようになると、システムにおいて新たな脆弱性が発生する可能性があります。そのため、脅威の監視と同様に、脆弱性についてもシステムの設計・開発から運用・廃止にいたるシステムのライフサイクル全体で監視を行い、新たな脆弱性が発生しているか否かを確認することが重要です。

第1章　ITシステムにおけるリスクと新技術

（2）脆弱性が悪用される可能性を特定する

　次に、脆弱性の事象の発生を前提として、脆弱性が悪用される可能性を特定します。リスクアセスメント実施ガイドでは、脆弱性が悪用される可能性を定性的に検討する方法として、「非常に高い」「高い」「中位」「低い」「非常に低い」の5つのレベルに可能性を分類する方法を示しています。具体的には以下のとおりです。

- **非常に高い**：脆弱性が悪用されるのがほぼ確実
- **高い**：脆弱性が悪用される可能性が高い
- **中位**：脆弱性が悪用される可能性がある程度存在する
- **低い**：脆弱性が悪用される可能性が低い
- **非常に低い**：脆弱性が悪用される可能性がほとんどない

1.5.5 ❖ 影　響

（1）影響を特定する

　影響は、無権限者によるアクセスから生じる情報の漏洩、情報の不正な改変や破壊、情報システムの可用性の喪失などによってもたらされる被害を指します。脅威の事象によって影響を受ける対象には、自組織の業務や情報資産だけでなく、組織にとって大切な顧客、組織と協力関係にあるほかの組織、国家など、すべてのステークホルダーの業務資産も含まれます。したがって、これまでに特定した脅威の事象や脆弱性の悪用によって、自組織ばかりではなく、各ステークホルダーがどのような影響を受けるかを特定する必要があります。ステークホルダーへの影響を特定するには、関係先にヒアリングを行うなどして情報を収集するほか、自組織における情報資産の管理方法を各ステークホルダーに必要に応じて事前説明するなどの対応も必要となります。

　リスクアセスメント実施ガイドでは一般的な影響の例が示されており、影響を特定する際の参考にすることができます（**表1.3**）。

表1.3 自組織やステークホルダーへの主な影響 [8]

分　類	影響の代表例
業務への影響	<ul><li>組織のミッションや業務を遂行できない</li><li>将来の組織のミッションや業務の遂行能力が制限される</li><li>法令を遵守できないことによって業務に支障が出る</li><li>金銭的な損害が発生する</li><li>信頼関係やレピュテーション（評判）が損なわれる</li></ul>
資産への影響	<ul><li>組織の施設、システム、ネットワークに損害が生じる</li><li>組織のシステムのハードウェアやソフトウェアが適切に供給されない</li><li>情報資産が損なわれる</li></ul>
個人への影響	<ul><li>身体への危害や精神的な苦痛を受ける</li><li>なりすましを受ける</li><li>個人情報を盗取される</li><li>レピュテーションが損なわれる</li></ul>
ほかの組織への影響	<ul><li>法令を遵守できないことによって、ほかの組織の業務に支障が出る</li><li>ほかの組織に金銭的な損害が発生する</li><li>ほかの組織の信頼関係やレピュテーションが損なわれる</li></ul>
国家への影響	<ul><li>国の重要インフラにおいて損害が発生する</li><li>国家安全保障などの国家の目標を達成することが困難となる</li><li>他国との信頼関係やレピュテーションが損なわれる</li><li>政府の機能を維持できなくなる</li></ul>

Guide for Conducting Risk Assessments, NIST Special Publication 800-30 Revision 1, National Institute of Standards and Technology, 2012の表H-2をもとに作成

（2）影響の大きさを特定する

　特定した各影響に関してそれぞれの大きさを特定します。影響の大きさを特定する方法として、金銭的な被害額の期待値などの定量的に算出する方法や、定性的に見積もる方法があります。

　アセスメント実施ガイドでは、影響の大きさを定性的に表現する方法として、影響の大きさのレベルを「非常に大きい」「大きい」「中位」「小さい」「非常に小さい」の5段階に分ける方法を例示しています（**表1.4**）。

表1.4 脅威の事象による影響の大きさの分類 [8]

分　類	影響の大きさの具体例
非常に大きい	壊滅的な被害が複数発生する
大きい	単一の壊滅的な被害が発生する（組織の主要な機能を遂行できなくなる）
中位	単一の大きな被害が発生する（組織の主要な機能を遂行できるものの、ミッション達成力が大きく低下する）
小さい	単一の限定的な被害が発生する（組織の主要な機能を遂行できるものの、ミッション達成力がある程度低下する）
非常に小さい	問題にならない程度の被害が発生する

Guide for Conducting Risk Assessments, NIST Special Publication 800-30 Revision 1, National Institute of Standards and Technology, 2012の表H-3をもとに作成

（3）影響の発生可能性を特定する

　影響の発生可能性を、脅威の事象が発生する可能性と脆弱性が悪用される可能性を組み合わせて特定します（表1.5）。例えば、ある脅威の事象が発生する可能性が「中位」であり、脆弱性が悪用される可能性が「高い」と判断した場合、影響の発生可能性は「中位」と判断します。

表1.5 影響の発生可能性の特定 [8]

脅威の事象が発生する可能性 ＼ 脆弱性が悪用される可能性	非常に高い	高い	中位	低い	非常に低い
非常に高い	非常に高い	非常に高い	高い	中位	低い
高い	非常に高い	高い	中位	中位	低い
中位	高い	中位	中位	低い	低い
低い	中位	中位	低い	低い	非常に低い
非常に低い	低い	低い	低い	非常に低い	非常に低い

Guide for Conducting Risk Assessments, NIST Special Publication 800-30 Revision 1, National Institute of Standards and Technology, 2012の表G-5をもとに作成

1.5.6 リスクの算出

（1）影響の大きさと発生可能性からリスクのレベルを特定する

脅威、脆弱性、影響についてそれぞれ特定し、その結果に基づいてリスクのレベルを算出します。

リスクアセスメント実施ガイドでは、リスクのレベルを具体的な数値によって示す（定量化する）方法のほか、定性的に示す方法または主観的に評価する方法など、リスクのレベルの算出方法にはさまざまなアプローチがあるとしています。それらのどれによるかは、それぞれの組織が、自組織の文化、リスクの不確実性のとらえ方、ステークホルダーへのリスクの説明方法、リスク管理におけるコストのとらえ方などを考慮しつつ決定します。

例えば、発生可能性に関して不確実性が高い脅威の場合、定量的な算出方法ではリスクの評価値の確度が低くなりますので、定性的な算出方法を採用したほうがよいでしょう。

また、定量的な算出方法を採用する場合には、脅威や発生可能性に関して精密な分析が必要となり、コストがかさむことにもなります。コストを相応にかけてもリスクをなるべく正確に算出する必要があるのであれば、定量的な分析方法を用いることになるでしょう。

リスクアセスメント実施ガイドでは、リスクのレベルを定性的に見積もる方法として、影響の大きさのレベル（5段階）と発生可能性のレベル（5段階）を組み合わせて、リスクのレベルを5段階（「非常に高い」「高い」「中位」「低い」「非常に低い」）のいずれかに対応させる方法を示しています（**表1.6**）。リスクの各レベルが意味する状況は次のとおりです。

- **非常に高い**：複数、かつ、壊滅的な負の影響が予想される
- **高い**：単一、かつ、壊滅的な負の影響が予想される
- **中位**：単一、かつ、大きな負の影響が予想される
- **低い**：単一、かつ、限定的な負の影響が予想される
- **非常に低い**：単一、かつ、問題にならない程度の負の影響が予想される

第1章　ITシステムにおけるリスクと新技術

表1.6　リスクのレベルの定性的な評価 [8]

		影響の大きさ				
		非常に大きい	大きい	中位	小さい	非常に小さい
影響の発生可能性	非常に高い	非常に高い	高い	中位	低い	非常に低い
	高い					
	中位	高い	中位			
	低い	中位	低い	低い		
	非常に低い	低い	低い	非常に低い	非常に低い	

Guide for Conducting Risk Assessments, NIST Special Publication 800-30 Revision 1, National Institute of Standards and Technology, 2012の表I-2をもとに作成

（2）リスク対応の優先順位を決める

　脅威の各事象による影響の大きさと発生可能性からリスクのレベルをそれぞれ算出した後、「非常に高い」に分類されるリスクから優先的に対策を講じていくことになります。このとき、同じレベルに相当するリスクが複数存在する場合がありますが、同じレベルに分類されたリスクに対して対応の優先順位を個別に検討します。

　さらに、許容できると判断したリスクへの対応も検討します。例えば、「非常に小さい」に分類されるリスクを「許容できるレベル」と判断するとすれば、それらに対して当面は対策を講じないという対応も考えられます。ただし、「許容できるレベル」が何を意味するかを明確にしておくことが大切です。

1.6　新技術によるリスクへの対応方針

　量子コンピュータやAIなどの新しい技術を導入することによって業務やシステムにプラスになることが期待されますが、同時に、それらが負の影響を及ぼすことにも配慮する必要があります。新技術が負の影響を及ぼす形態として

は、新技術が組織にとって脅威となる場合と、新技術が組織にとって脆弱性となる場合が考えられます。

- **新技術が脅威となる場合**：新技術を使用できる第三者がそれらを用いて組織のシステムの脆弱性を悪用することで、組織の業務や資産が損なわれる
- **新技術が脆弱性となる場合**：組織のシステムの一部として新技術が導入され、その脆弱性が第三者によって悪用されて組織の業務や資産が損なわれる

こうしたリスクをどのように算出すればよいのでしょうか。

リスクアセスメント実施ガイドにおけるリスクアセスメントの実施プロセスに沿ってみていきます。

1.6.1 ❖ 新技術が脅威となる場合

リスクアセスメントのプロセス（1.5.1項参照）を新技術が脅威となる場合に読み替えて整理すると、次のようになります。

① **脅威の発生源の特定**：「新技術を使用することができる主体が脅威の発生源」となる。新技術を使用できる主体が限定されている場合、脅威の発生源を絞り込むことが可能。一方、新技術がすでに普及している場合、脅威の発生源の絞り込みは難しい
② **脅威の事象の特定**：新技術によって生じる事象のうち、組織の業務や資産に負の影響を与えうるものが脅威の事象となる
③ **脅威の各事象の発生可能性の特定**：②で特定した脅威の事象が発生する可能性を特定する
④ **脆弱性の特定**：新技術によって悪用される可能性がある（組織のシステムにおける）弱点を脆弱性として特定する
⑤ **脆弱性が悪用される可能性の特定**：新技術によって脆弱性が悪用される可能性、および、その可能性を左右する要因を特定する

⑥ **影響とその大きさ、発生可能性の特定**：新技術によって脆弱性が悪用された場合、組織の業務や資産に生じうる影響を特定するとともに、その大きさと発生可能性も特定する

⑦ **リスクの算出**：脅威の事象による影響の大きさと発生可能性を組み合わせてリスクを算出する

1.6.2 ❖ 新技術が脆弱性となる場合

リスクアセスメントのプロセスを新技術が脆弱性となる場合に読み替えて整理すると次のようになります。

① **脅威の発生源の特定**：新技術において用いられるデータ、ソフトウェア、ハードウェアなどにアクセスする主体や、新技術を搭載するシステムにアクセスする主体が脅威の発生源となる

② **脅威の事象の特定**：新技術に用いられるデータにアクセスする主体や、新技術を搭載するシステムにアクセスする主体が、組織の業務や資産に負の影響を与える事象を引き起こす場合、それが脅威の事象となる

③ **脅威の各事象における発生可能性の特定**：②で特定した脅威の事象が発生する可能性を特定する

④ **脆弱性の特定**：システムに組み込まれる新技術における弱点のうち、それが悪用されると組織の業務や資産に負の影響を及ぼす可能性があるものを脆弱性として特定する

⑤ **脆弱性が悪用される可能性の特定**：新技術の脆弱性が悪用される可能性、および、その可能性を左右する要素を特定する

⑥ **影響とその大きさ、発生可能性の特定**：新技術の各脆弱性が悪用された場合に組織の業務や資産に生じうる負の影響とその大きさ、発生可能性を特定する

⑦ **リスクの算出**：影響の大きさと発生可能性を組み合わせてリスクを特定する

1.6.3 ❖ 新技術における脅威と脆弱性の不確実性

上記のとおり、新技術が脅威となる場合と脆弱性となる場合のいずれにおいてもリスクを算出できます。ただし、不確実性が残ります。ここでは、どのような不確実性が残るかをみていきます。

まず、新技術に限ることではありませんが、技術は研究開発の進展に伴って効率化、多機能化していきます。とりわけ新技術の場合、登場して間もないことから、研究開発や実装が進むにつれて効率化、多機能化が急速に進みます。

（1）効率化によって脅威の事象の発生可能性が高まる

新技術の**効率化**とは、新技術の機能が従来よりも少ないリソースで発揮されるようになることです。この結果、脅威の事象の発生可能性が高まることになりますが、どの程度高まるかについては不確実性が残ります。例えば、量子コンピュータの場合、その規模や演算の性能が今後どのようなスピードで向上していくか、そして、暗号の解読などがいつごろ実現するかについて不確実です。

（2）多機能化によって脅威の事象のバリエーションが増える

新技術の**多機能化**とは、発揮できる機能が増えるようになることです。この結果、組織の業務や資産に負の影響を及ぼす脅威の事象が増えます。

例えば量子コンピュータに関して、現時点では一部の公開鍵暗号にのみ深刻な影響が及ぶと考えられていますが、果たして本当にそうなのかはよくわかっていません。いまのところ、共通鍵暗号、ハッシュ関数などの暗号に対しては深刻な影響はないとみられていますが、それは、共通鍵暗号やハッシュ関数に有効な（量子コンピュータで使用する）攻撃アルゴリズムがまだ考案されていないためです。これらを対象とした攻撃アルゴリズムが考案されれば、すなわち、量子コンピュータの機能が増えれば、共通鍵暗号やハッシュ関数によって保護されているシステムの機能やデータも損なわれる事象（脅威の事象）が生じる不確実性が残ります。

これら、新技術の効率化や多機能化が今後進むか、それによって実際にリ

スクが高まるかを予測することは困難です。

（3）未知の脆弱性が潜伏する可能性が高い

　新技術が脆弱性となる場合においても不確実性が存在します。

　どのような技術においても、それを実装する際にあらゆる状況を想定したテストを完ぺきに実施することは実際のところ不可能です。繰り返しのテストによって判明した不具合をすべて解消したとしても、未知の脆弱性が残されている可能性がなお残ります。そうした脆弱性は技術の使用時間が長くなればなるほどさまざまな形で顕在化し、そのつど対処・解消していく必要に迫られます。また、単純に比較できるわけではありませんが、一般に、提案されて間もない技術において未知の脆弱性が存在する可能性は、長期間使用されてきた技術に比べて高いと考えられます。

　特に、暗号の場合、新たに提案されてもすぐに信用できるわけではありません。中立的な立場の専門家や研究者によって、さまざまな角度から検証されておらず、重大な脆弱性が存在する可能性が高いとみられるからです。専門家や研究者が数年かけて分析してもセキュリティ上の致命的な脆弱性が見つからなかったという状態にいたってようやく信頼できる暗号と見なされます。

（4）新しい開発・運用形態に伴って新たな脆弱性が発生しうる

　新技術を実現するソフトウェアやハードウェアの開発・運用形態が従来のものと異なる場合、従来の技術では想定していなかった新たな脆弱性が生まれる可能性があります。

　例えば、AIでは、機械学習モデルを作成するために必要なデータをさまざまな入手先から収集します。フィルタリングをしていないWebサイト上のデータをクローリング（巡回）して収集し、それらにラベルを付与する場合があります。そうして作成した大規模言語モデルを事前学習済みのモデルとしてファインチューニングして使用すると、そのモデルにおいて脆弱性が生じる可能性があります。収集したデータの分布に偏りが存在していた、ラベリングが不適切であった、事前学習済みのモデルのテストが不十分であったなどが原因となることが考えられます。

新技術の使用に関するサプライチェーン上の各主体やその作業内容を信頼できる、または、適切に管理がなされていれば、こういった脆弱性が発生しないかもしれませんが、少なくとも不確実性が存在します。

1.6.4 ❖ 不確実性の対処の方針

脆弱性に関して不確実性が存在する場合、未知の脆弱性が悪用されたとしても組織の業務や資産になるべく影響が及ばないようにするという方針で対処することになります。以下では、具体的な方法を説明します。ただし、いずれの方法も万能というわけではなく、メリットとデメリットを理解したうえで各組織の業務やミッションに適した方法を選択することが重要です。

(1) 脆弱性が悪用されないようにする

リスクのレベルを算出する際に想定していなかった脅威の事象が発生したとしても、それによって脆弱性がなるべく悪用されないようにすることができれば、組織の業務や資産への負の影響を軽減できます。こうした対応に資する対処の考え方として、**多重防御**（defense in depth）があります。

多重防御は、「複数のリスク対策手法を適用することによって、予想外に強力な攻撃が実行されたとしても被害を少なくする」という考え方を適用したものです。

わかりやすい例として、PCにおけるマルウェア対策があります。近年、マルウェアによる攻撃は高度化しており、新しいタイプのマルウェアも次々と登場しています。既存のマルウェアであれば、そのプログラムのパターンなどをブラックリストとして記録（ブラックリスト方式）しておき、インストールされる際などに照合するようにしておけばマルウェアを検知し、排除することができます。しかし、未知のマルウェアの場合にはこの方法は通用しません。

そこで、個々のプログラムの動作を観察して疑わしい動作を実行した際に、システムの脆弱性が悪用される前に動作を停止するというタイプの対策（**振る舞い検知**）を追加することがあります。

また、正規のプログラムをリスト化し、そのリストに記載のあるプログラム以

外は動作を許可しないという方法（**ホワイトリスト方式**）を組み合わせることもあります。こうした方法をブラックリスト方式と組み合わせて使用することが多重防御に基づく対応の例といえます。

　しかし、多重防御で対処すると、通常は冗長な機能をシステムに追加することになるため、システムの使い勝手が悪くなったり、ほかのソフトウェアと競合して不具合が発生したりする可能性があります。何よりも、リスク対策手法を追加するのですから、導入に相応のコストがかかります。導入に際しての稼働確認、運用時におけるツールのアップデートなどもコストになります。このため、自組織におけるリスクの軽減と対策にかかる適度なコストなどを考慮しながら、導入の可否を検討することになります。

（2）脆弱性が悪用された場合でも影響が発生しないようにする

　ゼロトラスト（zero trust）は、「不確実な新技術によって脆弱性が悪用された場合でも組織の業務やミッションに影響が生じないようにする」ための対応のことです。どのようなものかといえば、組織の重要な情報やシステムにアクセスを試みるユーザーがたとえログインに成功していたとしても、ログイン後のユーザーを無条件で信用するのではなく、その後の振る舞いを継続して監視・分析し、重要度の高いデータにアクセスしようとした際に追加で認証を行う、不正な動作が観察された場合には動作を停止させるなどの対応を実施するアプローチです。「ログイン時のユーザーの認証が何らかの脆弱性によって攻撃者に突破されていたのかもしれない」「ユーザーが高度なスキルをもつ攻撃者かもしれない」などと考えて対処します。仮に、新技術を用いた攻撃者がユーザー認証における未知の脆弱性を悪用して不正にログインしたとしても、ゼロトラストの考え方に沿って、あらかじめ指定した端末からの動作を制限したり常時監視したりしていれば、それらも突破して不正な行為を実行することを困難にすることができます。

　また、攻撃者が新技術で用いられるソフトウェアの脆弱性を悪用して不正に操作できる状態になったとしても、そのソフトウェアがゼロトラストの考え方に沿って保護の対象となっていたり、実行可能な機能が制限されていたりした

場合、攻撃者がそのソフトウェアを不正に動作させることは困難となります。

　もちろん、ゼロトラストの考え方によってあらゆる脅威や脆弱性に対処することが現実的というわけではありません。個々の端末に認証手段を複数準備したり、全ユーザーのアカウントの動作を常時監視する仕組みを導入したりするのは容易ではありませんし、相応のコストが必要となります。さらに、監視が常に正確に行われるとは限らず、正常な動作であるにもかかわらず疑わしい動作としてそれを停止することが頻繁に発生すると、業務の遂行に影響が生じます。こういった誤った検知を行った場合のリカバリーの方法もあらかじめ検討し、準備しておかなければなりませんし、それが結局、脆弱性となる可能性もあります。

　AIをシステムに組み込んで使用している場合について考えてみましょう。AIのモデルの脆弱性が悪用され、モデルが不正な値を出力してシステムが正常に動作しなくなるという問題が起きるリスクがあるとします。こうしたリスクに対処するために、ゼロトラストの考え方に沿ってモデルの出力を常時監視し、不適切な値が出力された際にはモデルの使用を即時停止し、マニュアルでの対応に切り替えるようにしておくことが考えられます。

　しかし、ゼロトラストの考え方が適切ではない場合もあります。例えば、周囲の環境をセンサーで計測（センシング）しながら自動運転を行う自動車のAIのモデルについて考えてみましょう。この場合、モデルの不適切な出力を検知したことで自動車が走行中に突然停止してしまうと、後ろを走行中の自動車が追突を免れないなど、重大な事故につながる可能性があります。即時にシステムの機能を停止させることによってどのような結果が生じるかについても十分に検証しておく必要があります。

　つまりは、多重防御と同様に、ゼロトラストも万能ではないということです。不確実性をもつリスクを軽減させることで得られるメリットとデメリットのバランスを考えることが重要です。

（3）脆弱性を発見した時点で解消する

　新技術によって悪用されうる脆弱性や新技術自体の脆弱性が見つかった時

第1章　ITシステムにおけるリスクと新技術

点で、早急にそれらを解消するという対応も考えられます。

　身近な例としては、PCのアプリケーションやOSにおけるパッチ（差分）の適用が挙げられます。また、事前にテストを網羅的に行うことが難しいAIのモデルでは、「まずは使ってみて、問題が見つかればそのつど改善する」というアジャイル開発の考え方に基づいて開発・運用する場合もよくみられます。これもパッチの適用に近い考え方といえます。

　このような脆弱性を見つけ次第解消するという方針を採用する場合、システムの動作を常時監視し、脆弱性をなるべく早期に発見できるようにしておくことが重要です。また、システムの運用中であっても脆弱性を早期に解消する仕組み（**セキュリティアジリティ**）を事前にシステムに組み込んでおく必要があります[9]。また、脆弱性を解消するために新たな機能を追加する場合には、その機能を動作させるためにシステムのリソースを追加する必要もあります。こうした対応をシステム運用中に行うには相応のコストがかかるため、あらかじめ設計段階でシステムのリソースにある程度余裕をもたせるような配慮が重要となります。

（4）影響が及ぶ範囲を小さくする

　しかし、いくら対策を行っていたとしても、新技術の脅威の事象や脆弱性を完全になくしてしまうことは不可能です。したがって、「影響が及ぶ範囲をなるべく小さくする」というアプローチも重要です。

　例えば、新技術をシステムの一部として使用する場合は、新技術が影響を与える業務やサービスを制限するアプローチも考えられます。このとき、新技術を導入した当初は、それを限定した範囲で使用し、新技術の効果や欠点、脆弱性の有無を一定期間チェックすることが重要です。そして、有用性が高い、または脆弱性がないと判断された範囲に、新技術の適用を拡大するようにします。組織のユーザーが新技術の使用に慣れるまでの慣らしの期間を設けるという観点からも有用なアプローチです。

　ただし、このアプローチには、新技術を活用するメリットを当初から十分に享受できないというデメリットがあります。また、新技術の適用範囲を順次拡

大できるように、あらかじめシステムのリソースを十分に確保しておく必要も
あります。

　新技術の使用は、組織の業務や資産に加え、顧客、その組織と協力関係に
あるほかの組織、国家など、すべてのステークホルダーとなる主体の資産に
も影響を与える可能性があります。したがって、ステークホルダーとの間で事
前にリスクコミュニケーションを行うことが重要です。具体的には以下の対応
が考えられます。

- 新技術における未知の脅威の事象や脆弱性が存在しうることをステーク
  ホルダーに事前に説明して理解を得る
- 脅威の事象によって脆弱性が悪用された場合に「ステークホルダーにど
  のような影響が生じうるか」「リスクをどのように認識しているのか」「ど
  のようなリスク対策手法を講じる予定なのか」について、ステークホル
  ダーと情報を共有しておく
- リスクに関する認識を共有して実際の対応に着手した後、各ステークホ
  ルダーとリスクのレベルの算出結果やリスク対策手法の実施状況を共有
  する。その際には、リスクのレベルや対策手法に関して、ステークホル
  ダー間で整合性がとれるように調整する
- リスクが顕在化して損害が発生した場合を想定し、ステークホルダー間で
  責任をどのように分担するかを検討しておき、責任の所在を決定する

　こうした取り組みには、組織がステークホルダーから受けるかもしれない影
響（ステークホルダーが脅威の発生源となるなど）を軽減する効果も期待で
きます。また、事前に責任の所在を明らかにしておくことによって、個々の組
織でリスクのレベルを算出する際の不確実性を小さくすることもできます。

　ただし、ステークホルダーの数が多い場合にはリスクコミュニケーションの
実施は簡単ではありません。よって、リスク対策や責任分担に関する調整・合
意にも相応のコストがかかるでしょう。ステークホルダーとのリスクコミュニ
ケーションにどのように取り組むかは、組織のミッションや業務、リスク管理
の方針、直面しているリスクの性質や大きさに依存することになります。

第1章　ITシステムにおけるリスクと新技術

ワーク　自分の組織の対応を確認してみよう

　本章では、組織におけるシステムのリスク管理のプロセスについて、NISTリスク管理フレームワークとリスクアセスメント実施ガイドを参照しつつ説明しました。

　以下では、本章の主要なポイントとセルフチェックを挙げておきます。自組織における対応と照らし合わせてみてください。

1　**リスク**とは、システムを運用する組織への敵対的な行為、災害やシステムの故障などによって、組織が被る可能性がある影響や被害のことです。
その影響や被害がどのような観点で生じるかによって、セキュリティ、プライバシー、ビジネス、レピュテーション、法令・規制、サプライチェーンなどさまざまなタイプのリスクが考えられます。リスクを漏れなく管理するうえでは、さまざまな観点から個々のリスクをとらえることが重要です。

> 問1　皆さんの組織において、どのようなタイプのリスクを想定していますか？　リストアップして漏れがないか確認しましょう。

2　NISTリスク管理フレームワークは、システムのリスク管理の流れとして、①準備、②分類、③選択、④実装、⑤検証、⑥認可、⑦監視の7つのステップを挙げています。システムのライフサイクル全体にわたってリスクを管理するという考え方に基づいています。

> 問2　NISTリスク管理フレームワークにおけるリスク管理の各ステップではどのようなタスクを実行すればよいでしょうか？
> 主なタスクを確認してみてください。

> 問3　皆さんの組織におけるリスク管理では、上記の各ステップにおいてどのようなタスクを実行することになっていますか？
> 整理して確認してみてください。

58

[ワーク] 自分の組織の対応を確認してみよう

3 リスク管理の準備ステップでは、組織のシステムに関するリスク管理を適切に行うときに必要となる役割を特定し、それらを役職員に割り当てます。これは、リスク管理における個々のタスクに責任をもつ役職員を明確にして確実に実行するために重要です。

> **問4** NISTリスク管理フレームワークに沿ってリスク管理を実施するには、どのような役割が必要でしょうか？

> **問5** 皆さんの組織において、そうしたリスク管理に関する役割分担が明確に行われていますか？　確認してみましょう。

4 リスク管理の分類ステップでは、組織の各システムとそれによって処理される情報が損なわれたときの損失の度合い、すなわち、情報資産の重要度を分析し、分析結果に基づいてシステムを分類します。この分類は、複数のシステム間でリスク対応の優先順位を検討する際に用いられます。

> **問6** 皆さんの組織では、組織のシステムをどのような観点で分類していますか？情報資産の重要度などに基づいてシステムの分類を行っていますか？

5 検証ステップでは、リスク対策手法が適切に実装されているか、また、リスク対策手法の効果が期待どおりに発揮されているかを検証します。このとき、検証の漏れを防止する観点から、検証する主体がリスク対策手法を実装する主体と異なるように設定することが重要です。

> **問7** 皆さんの組織におけるシステムのリスク管理では、リスク対策手法の効果をどのように検証していますか？実装する主体とは別の主体が検証を行っているか確認してみましょう。

6 監視ステップでは、システムの運用環境やリスク対策手法の効果を監視し続けます。リスク対策手法を実装した後も監視をし続けることは、リスクを巡る環境が常に変化する中で、リスクのレベルを維持するために非常に重要です。

> **問8** 皆さんの組織におけるシステムのリスク管理では、監視ステップをどのように実施していますか？

組織で実施しているタスクをリストアップして、NISTリスク管理フレームワークで示されているタスクと比較してみましょう。

7 NISTのリスクアセスメント実施ガイドは、脅威、脆弱性、影響からリスクのレベルを算出する方法を説明しています。

問9 NISTのリスクアセスメント実施ガイドに基づいてリスクのレベルを算出する際に、どのような流れで算出することができるでしょうか？
プロセスをリスト化してみましょう。

問10 皆さんの組織のリスク管理において、どのような流れでリスクを算出していますか？
NISTのリスクアセスメント実施ガイドと照らし合わせながらリスト化してみましょう。

8 脅威の事象によって影響を受けるのは、自組織の業務や情報資産だけでなく、顧客や取引先の組織など、すべてのステークホルダーの資産もです。したがって、これらへの影響を網羅的に特定することが重要です。そのためには、各ステークホルダーがどのようなリスク管理を実施しているかをヒアリングしたり、リスク管理の内容やほかのステークホルダーへの影響に関して情報を共有したりすることが求められます。

問11 皆さんの組織では、リスクを算出したり、算出した結果の妥当性を確認したりする際に、ステークホルダーとどのようなやり取りをしていますか？ 確認してみましょう。

9 新技術によるリスクの対応に関して、新技術が脅威となる場合と新技術が脆弱性となる場合が考えられます。しかし、いずれも不確実性が高く、多重防御、ゼロトラストといった考え方を参考にしつつ、対応を検討する必要があります。

問12 新技術によるリスクへの対処について、皆さんの組織ではどのような方針を採用していますか？ 確認してみましょう。

2

量子コンピュータが
暗号にもたらすリスク

第2章　量子コンピュータが暗号にもたらすリスク

　本章では、量子コンピュータがセキュリティ、特に暗号に与えるリスクについて解説します。まず量子コンピュータの開発状況について説明し、その後でリスクへの対処の道すじを、第1章で紹介したNISTリスク管理フレームワークに沿って説明します。

　最後に、実際にどのように対処するかに関して、海外のセキュリティ当局による推奨事項や金融業界での取り組みとともに説明します。

2.1　量子コンピュータの開発動向

2.1.1 ※ 量子コンピュータの実現と計算の高速化

　コンピュータはさまざまな計算やそれを応用した処理を実行してくれます。さらに、いまやインターネット上のWebサイトにアクセスしたり、メールを送受信したり、動画を再生したり、文書を作成したり、そのほか高度な計算を実行したりする際になくてはならないものになっています。こうした処理を実行するために、その方法や手順を記したプログラムが、コンピュータ内の電子回路（CPUなど）において実行されています。

　例えば、あるデータ（平文）とそれに対応する暗号文から、暗号化に用いられた鍵（64ビット）を見つけるためのプログラムを作成したとします。

　このとき、鍵のバリエーションは2の64乗個存在します。プログラムは鍵の候補の集合から値を1つ選んで鍵として設定し、その鍵で暗号文を復号する処理を行います。次に、その復号結果が平文と一致する否かを検証し、一致する場合には、鍵として設定した値を真の鍵であるとして出力し、処理を終了します。復号結果が一致しない場合は、鍵の候補の集合から別の値を選んで鍵として設定し、同じ処理を行います。

　このようなプログラムを現在広く使われているコンピュータで動作させる場合には、1回の処理で1つの値を選んで処理を行い、答えが見つかるまで処理

を繰り返します。最悪の場合、鍵の候補の数（いまの場合、2の64乗）と同じ回数の処理を実行します。1回の処理が単純なものであれば、2の64乗回の処理を普通のPCで実行してもあまり時間がかかりませんが、処理の内容が複雑なものになればなるほど答えを得るまでの時間が長くなります。

対して、量子コンピュータは計算に量子ビットを使用します。**量子ビット**は、量子コンピュータにおいて取り扱う情報の単位です。私たちが日々使用しているコンピュータのビットでは、1つのビットが0か1かの「いずれか」の値を一度に表現します。これに対して量子ビットでは、1つの量子ビットが「一度に」0と1の両方を表現することができます。つまり、量子ビットの値は量子（電子、イオン、中性原子など）の状態によって表現されますが、ある状態を0、別の状態を1とすると、これらの状態にそれぞれ一定の重み付けをして混ぜ合わせることができるのです[1]。この重み付けを変化させることによって、量子ビットの値を0に変化させたり1に変化させたりするだけでなく、0と1がそれぞれ一定の確率（重みによって表現されます）のもとで同居した状態にもできるのです。また、複数の量子ビットの間に一定の関係をもたせ、一方の量子ビットの状態を変化させると他方の量子ビットも同時に変化させる（**量子もつれ**といいます）こともできます。

最初のプログラムの例に戻ります。仮に、64個の理想的な量子ビットを備えた量子コンピュータが実現したとすると、64個の量子ビットによって、鍵がとりうる値の候補すべてを一定の重み付けで「一度に」表すことができます。そして、入力の計算やその結果の検証、検証がうまくいかない場合の処理の繰り返しなどを、各量子ビットの一連の制御プロセスとして表現できたとすると、現在使用しているコンピュータで行うような処理の繰り返しが不要になります。

このように、膨大な繰り返しが発生する計算が量子コンピュータによって効率的に実行できるようになる可能性があります。

ただし、どんな計算でも量子コンピュータで実行できるというわけではあり

【1】　このような量子の状態は**量子重ね合わせ**と呼ばれています。量子重ね合わせなどの量子に特有の性質や量子コンピュータの処理の方法に関してはここでは詳しく触れません。これらの原理や基本的なアイデアについては、例えば文献[1]、[2]、[3]のほか、さまざまな文献で解説されています。興味がある読者はこれらを参照してください。

ません。膨大な繰り返しが発生する問題の答えを量子コンピュータを使って効率的に得るためには必要な量子ビットの制御プロセスを特定する必要がありますが、その特定がどのような問題に対しても可能というわけではないのです。また、解きたい問題で膨大な繰り返しが発生しないのであればPCを使えば十分ですから、量子コンピュータには、現在普及しているコンピュータが現実的な時間で解くことができないと考えられている問題を解いてほしいわけです。しかし、そうした問題の解法を量子ビットの制御プロセスに置き換えるのはそう簡単ではありません。暗号解読に適用できるショアのアルゴリズムやグローバーのアルゴリズムと呼ばれる制御プロセス（2.1.3項参照）は、高度な暗号を解くために量子ビットを適切に制御する方法の開発に成功した代表例といえます。

　暗号解読に使用できるような量子コンピュータの実現には、ほかにも課題があります。例えば、量子コンピュータによる計算結果を得るには、量子ビットの制御プロセスの最終段階で量子ビットの状態を観測する必要があります。これは、現在普及しているコンピュータにはない処理です。また、量子コンピュータの中には量子ビットを絶対零度に近い低温の環境で制御する必要があるものもあります。そうした環境を準備するためのリソース（設備、時間、エネルギーなど）も場合によっては求められます。さらに、量子コンピュータ内の処理では物理的なエラーが発生しますが、効率的な処理を実現するためにはエラーを極力小さくしたり効率的に訂正したりする仕組みが必要となります。こうした技術的な課題をどのようにクリアしていくかも注目されています。

2.1.2 ❖ 量子コンピュータの種類

　量子ビットの実現方法としてこれまでさまざまな方式が提案され、それらの方式を組み込んだ量子コンピュータの開発が進められてきました。ここでは主な量子コンピュータの方式として、量子ゲート型と量子アニーリング型を紹介します。

（1）量子ゲート型

　量子ゲート型は、量子ビットを制御することで、AND（論理積）やOR（論理和）のような論理素子（論理ゲート）で表現できる演算を実現することができるタイプの量子コンピュータです。論理素子で表現できる処理なら何でも実行することができるという特徴があります。さらに量子ゲート型の量子コンピュータは、量子ビットの実現方式によって以下のものが開発されています。

- 超伝導方式
- イオントラップ方式
- 中性原子方式
- シリコン方式
- 光方式

　超伝導方式は電子を量子として使用する方式です。電子回路を超伝導状態としたうえで、その回路に蓄えられるエネルギーのレベルを量子状態として量子ビットに利用しています。IBM、Google、理化学研究所がこのタイプの量子コンピュータの開発を進めています。IBMは、2023年12月に133量子ビットの回路を組み合わせて1000量子ビットを超える規模の量子コンピュータを開発したと発表しています[2]。

　イオントラップ方式はイオンを量子として使用する方式です。個々のイオンの振動やスピンによって表現される状態を量子状態として量子ビットに利用しています。NIST、Honeywell、IonQがこのタイプの量子コンピュータの開発を進めています[3][4][5]。

　中性原子方式は電荷をもたない原子（中性原子）を量子として使用する方式です。中性原子のエネルギーの状態を量子状態として量子ビットに利用して

【2】　https://research.ibm.com/blog/quantum-roadmap-2033

【3】　https://www.nist.gov/programs-projects/quantum-computing-trapped-ions

【4】　https://www.honeywell.com/us/en/company/quantum/quantum-computer

【5】　https://ionq.com/quantum-systems/forte

います。Atomic Computing がこのタイプの量子コンピュータの開発を進めています[6]。

　また、シリコン方式は電子を量子として使用する方式です。シリコン上の小さな領域（量子ドットと呼ばれます）に電子を配置し、その電子のスピンによって表現される状態を量子状態として量子ビットに利用しています。日本の産業技術総合研究所や日立製作所がこのタイプの量子コンピュータの開発を進めています[7]。

　光方式は光のパルスの状態を量子状態として量子ビットに利用する方式です。光のパルスが通る通信路を量子回路として使用し、複数の光のパルスを干渉させることによって演算を行います。東京大学や NTT がこのタイプの量子コンピュータの開発を進めています[8][9]。

（2）量子アニーリング型

　量子アニーリング型は、量子の位置が確定せず確率的に表されるという性質（量子ゆらぎ）を利用して、ある種の組み合わせ最適化問題の答えを得ることができる量子コンピュータです。ここでの組み合わせ最適化問題とは、2値（1と−1）のいずれかの値をとる変数からなる2次多項式の最小化問題のことです。いいかえれば、解きたい問題を2次多項式の最小化問題として表現することができれば、量子アニーリング型の量子コンピュータで解くことができます。

　量子アニーリング型の量子コンピュータとしてはカナダの D-Wave Systems のものが有名です。同社は 2020 年には 5000 量子ビット規模の量子コンピュータの開発に成功しています[10]。

【6】 https://atom-computing.com/quantum-startup-atom-computing-first-to-exceed-1000-qubits/

【7】 https://www.hitachi.co.jp/rd/sc/qc/index.html

【8】 https://www.t.u-tokyo.ac.jp/press/pr2023-07-26-001

【9】 https://group.ntt/jp/newsrelease/2021/12/22/211222a.html

【10】 https://www.dwavesys.com/company/newsroom/press-release/show-your-work-d-wave-opens-the-door-to-performance-comparisons-between-quantum-computing-architectures/

このように、さまざまなタイプの量子コンピュータの開発が進められていますが、暗号への影響という点で、暗号解読に適用できるアルゴリズムが提案されている量子ゲート型の量子コンピュータが注目を集めています[11]。そのため、以下では量子ゲート型に焦点を当てることとします。

2.1.3　暗号解読のアルゴリズム

暗号解読に適用できるアルゴリズムとしては、ショアのアルゴリズムとグローバーのアルゴリズムが挙げられます[12]。

例えば、ショアのアルゴリズムを用いることで、RSA暗号【用語】の安全性の根拠となっている素因数分解問題や、ECDH（1.1.2項参照）やECDSA【用語】の安全性の根拠となっている離散対数問題を効率的に解くことができることが理論的に示されています。

RSA暗号では、同じくらいの桁数の2つの素数が復号用の鍵（**秘密鍵**）として準備され、これらの素数からなる大きな合成数が暗号化用の鍵（**公開鍵**）として生成されます。合成数は公開鍵として公開されますので、素因数分解問題が解けてしまうと合成数から2つの素数（復号用の秘密鍵）を求めることができ、RSA暗号が破られることになります。合成数の素因数分解に必要な計算量は合成数の桁数に依存します。現在は、600桁以上の合成数が広く利用され

RSA暗号
Ronald Rivest、Adi Shamir、Leonard Adlemanによって1978年に提案された公開鍵暗号。暗号化、署名の両方で使用することができ、DH、ECDHとともに、現在、公開鍵暗号として広く使用されている方式の1つ。

ECDSA（Elliptic Curve Digital Signature Algorithm）
ECDHと同様に、楕円曲線上の点の集合における離散対数問題の困難性に依拠した署名用のアルゴリズム。アメリカ連邦政府の署名アルゴリズムの標準（FIPS 186-5）に指定されるなど、RSA暗号と同様に、代表的な署名アルゴリズムの1つ。

【11】一方、最近では、量子アニーリング型の量子コンピュータで素因数分解問題を解く研究も進められています（例えば文献［4］）ので、量子アニーリング型の動向についてもフォローしておくほうがよいでしょう。

【12】これらのアルゴリズムについては、例えば、文献［1］や文献［5］でアイデアが説明されています。興味のある読者はこれらを参照してください。

ています。

　仮に、現在使用されているスーパーコンピュータを用いてRSA暗号の解読を試みる攻撃者がいたとして、そのスーパーコンピュータの技術進歩によって近い将来、計算能力が2倍になる可能性が高いとします。このとき、RSA暗号によって暗号通信を行っている組織にとっては、スーパーコンピュータの性能向上後も暗号通信のデータの守秘性を同じ程度に維持するために、解読に必要な計算量を2倍になるように合成数の桁数を増やしたいと考えます。しかし、RSA暗号の合成数の桁数が2倍になると、現在知られている解法において素因数分解の計算量が2倍をはるかに超えて大きくなることが知られています。したがって、対策を検討している組織は実際は合成数の桁数を2倍にする必要がありません。合成数を大きくすると暗号化や復号に必要な計算量も増えますが、合成数をそれほど大きくしなくても解読に必要な計算量は大きく増えることになるため、RSA暗号は実用性が高いといえます。

　しかし、攻撃者が量子コンピュータを使用してショアのアルゴリズムを実行できるようになると、RSA暗号を使用する組織が合成数の桁数を2倍にしたとしても、スーパーコンピュータのときのように素因数分解の計算量が2倍をはるかに超えて大きくなるということはありません。このため、RSA暗号を使い続けたいとすれば、合成数の桁数を大幅に増やす必要があります。その結果、暗号処理に必要な計算量も大幅に増えて処理時間が長くなり、性能要件やサービス要件が満たされなくなるなど実用性が低下してしまいます。こうしたことから、攻撃者が量子コンピュータを使用することを前提とする場合、鍵長を増やすという対応は現実的ではないとみられています。

　また、グローバーのアルゴリズムは共通鍵暗号やハッシュ関数に適用できます。しかし、グローバーのアルゴリズムによる影響は、現時点では、公開鍵暗号におけるショアのアルゴリズムの影響ほど大きくはありません。鍵長を2倍にするなどの対応で問題ないと考えられています[6]。一般に、共通鍵暗号としては現在128ビットの鍵の採用が主流となっていますが、攻撃者がグローバーのアルゴリズムを使用することを前提にセキュリティを維持するためには鍵長を256ビットに増やすことが効果的と考えられています。

2.1.4 ❖ 開発の先行き

　しかし、これまでに開発されてきた量子コンピュータは、いずれも量子ビットによる処理中に発生するエラーに対して十分な耐性をもっているわけではありません。また、量子ビットの数も比較的小さいのが実状です。つまり、計算過程にノイズが生じる可能性が高く、かつ、規模面では開発途上にあるといえます。こうしたことから、現在実現されている量子コンピュータはNISQ（noisy intermediate-scale quantum computer）と呼ばれています。

　ショアのアルゴリズムやグローバーのアルゴリズムを効率的に動作させるためには、処理中に発生するエラーを極力少なくしたり訂正したりする機能を有していることが前提となります。そうしたエラーへの耐性をもつ量子コンピュータはFTQC（fault-tolerant quantum computer）と呼ばれています。さらに、ショアのアルゴリズムなどを用いて現実的な時間でRSA暗号などを解読する性能をもつ規模の大きな量子コンピュータは、FTQCの中でも、**CRQC**（cryptanalytically relevant quantum computer）[13] と呼ばれています。FTQCやCRQCは、本書の執筆時点で実現しているわけではなく、今後の量子コンピュータ開発の目標となる概念です。

　どの程度の規模のFTQCをCRQCと呼ぶかについてはまだ明確な答えはありませんが、さまざまな試算が行われています。例えば、2048ビットの鍵のRSA暗号を解読する場合について、CRYPTREC暗号技術評価委員会（次ページのコラム1を参照）は、2020年2月の時点で、「量子誤りが一切ないという理想的な環境下において4098量子ビットが必要であり、10^{12}〜10^{13}回の量子ゲートの演算が必要であると見積もられている」としています[14]。また、NISQを用いて解読する場合に関して、「量子誤りがあるという現実的な環境下では、2000万量子ビットが必要であるという見積もりもある」と説明しています。

【13】 CRQCはcryptographically relevant quantum computerの略語として用いられることがありますが、意味は同じです。

【14】 https://www.cryptrec.go.jp/topics/cryptrec-er-0001-2019.html

第2章　量子コンピュータが暗号にもたらすリスク

コラム1　CRYPTRECとは？

　日本でどのような暗号が広く使われているか、皆さんはご存じでしょうか？

　暗号は、PCやスマートフォン、ICキャッシュカードやマイナンバーカードなど、私たちの身近な端末やハードウェアに組み込まれています。一般の個人は、十分な安全性が確保されているものが機器や端末に搭載されているのであろうと信じて、あまり気に留めていないと思われます。実際、どうなのでしょうか？

　日本では、政府が使用する暗号の安全性がCRYPTRECにおいて評価されるとともに、その適切な運用方法も検討・推奨されています。CRYPTRECは、Cryptography Research and Evaluation Committeesの略称で、「Committees」とあるように複数の委員会（暗号技術検討会と、その下部組織である暗号技術評価委員会および暗号技術活用委員会）によって構成されるプロジェクトです。CRYPTRECでは、著名な暗号の研究者、技術者、実務者などが多数集まって、セキュリティ、処理性能、普及度合いなどの観点からさまざまな暗号を評価し、政府のシステムでの使用を推奨できるもののリスト化（**電子政府推奨暗号リスト**）をして公表しています。

　電子政府推奨暗号リストに掲載されている暗号は、政府のシステムで使用される暗号を決定するときの参考にされていますが、民間の企業でもよく参照されています。例えば、金融分野では、金融機関が暗号を選択する際に電子政府推奨暗号リストに掲載されているものを候補とするのが一般的です。

　最新の電子政府推奨暗号リスト[15]は2023年3月30日に定められています。公開鍵暗号に関しては、暗号化のアルゴリズム1件（RSA-OAEP）、鍵共有のアルゴリズム2件（DH、ECDH）、署名のアルゴリズム5件（DSA、ECDSA、EdDSA、RSA-PSS、RSASSA-PKCS1-v1_5）がリストに含まれています。これらの暗号は日本の政府や金融分野をはじめとする各分野で広く使用されていると考えられるでしょう。

　本書にかかわる話としては、仮に、CRQCといえる量子コンピュータが実現した場合、電子政府推奨暗号リストに現在記載されている公開鍵暗号すべてが深刻な影響を受けることが予想されます。しかし、そうしたことが事前の情報なしに起きると

【15】　https://www.cryptrec.go.jp/list/cryptrec-ls-0001-2022.pdf

は考えにくいとみられます。なぜならば、CRYPTRECの暗号技術評価委員会が量子コンピュータの開発動向やその影響に関して監視を続けており、量子コンピュータの開発や公開鍵暗号の安全性に関して顕著な動きがあれば、CRYPTRECが注意喚起を発表すると考えられるからです。ちなみに、CRYPTRECは、電子政府推奨暗号リストに掲載されている暗号に関して当面影響はない旨を2020年2月に発表しています[16]。今後もCRYPTRECからの情報に留意するようにしておきましょう。

　金融分野におけるリスク管理の調査・研究を行っているカナダのシンクタンク Global Risk Institute は、2024年12月、量子技術分野の専門家32名（リストが公表されています）を対象に、CRQCが実現すると見込まれる時期に関するアンケート調査の結果を発表しています[7]。アンケートでは、「鍵長が2048ビットのRSA暗号を1時間で解読できる量子コンピュータが実現する可能性は何パーセントか？」という問いに対して、5年後、10年後、15年後、20年後、30年後に分けて回答が寄せられています。その結果、10年後（2034年）、15年後（2039年）、20年後（2044年）までに実現する可能性として50%またはそれ以上と回答した専門家の割合は、それぞれ約31%、約66%、約91%でした。これらの数値には、アンケート回答者の主観が反映されているとみられますが、専門家の意見であり、「客観性に乏しく無視できる数値」とはいえないでしょう。
　また、IBMの「量子ロードマップ」（2024年9月27日付）[17] では、先行きの量子コンピュータの開発目標を次のように示しています。

- **2025年**：複数のプロセッサで構成された1000量子ビット以上の量子コンピュータのシステム（7500量子ゲートを実行）の実証
- **2027年**：1000以上の量子ビットと最大1万量子ゲートを備えた量子回路の実行

【16】 https://www.cryptrec.go.jp/topics/cryptrec-er-0001-2019.html

【17】 https://www.ibm.com/blogs/solutions/jp-ja/quantum-roadmap/

第2章　量子コンピュータが暗号にもたらすリスク

- **2029年**：エラー訂正を実行可能な200論理量子ビットと1億量子ゲートを備えたシステムの提供
- **2030年以降**：2000論理量子ビットと10億量子ゲートを実行可能な量子コンピュータの実現

　さらに、Googleの量子コンピュータの開発については、2021年5月18日付のウォールストリートジャーナル紙にGoogleの幹部のインタビュー記事が掲載されています。「2029年までに商用での使用が可能な（commercial-grade）規模の量子コンピュータを開発する目標を掲げている」と報じられています[8]。

　CRQCといえる量子コンピュータが実現するタイミングを高い精度で見積もるのは現時点では困難ですが、専門家やベンダーがさまざまな目標や見通しを公表しています。それらを手がかりに量子コンピュータの開発・実現の先行きの見通しを立てておくことが大切です。また、今後の開発動向をフォローしつつ、先行きの見通しをアップデートすることも重要です。

2.2 NISTリスク管理フレームワークに基づく新リスク対応の全体像

　上記のとおり、量子コンピュータの開発はさまざまな分野においてメリットをもたらす反面、暗号を利用したシステムに関してはリスクをもたらすこととなります。それでは、第1章で説明したNISTリスク管理フレームワークを用いてリスク管理を実施している組織では、量子コンピュータによる暗号へのリスクにどのように対応することになるのでしょうか。

　本節では、ある組織が暗号を使用して情報を保護しているシステムを運用しており、NISTリスク管理フレームワークを用いてリスク管理を実施しているという状況を想定して、量子コンピュータによる新たな脅威にどのように対応することになるかについて全体像を説明します。NISTリスク管理フレーム

2.2 NISTリスク管理フレームワークに基づく新リスク対応の全体像

ワークでは、組織は監視戦略に沿ってシステムやその運用環境を常時、監視していることを求めています（1.4.3項で述べた監視ステップの状況です）。したがって、組織は、量子コンピュータによって暗号が解読されるリスクが新たに生じたことに気づいた場合、運用環境の変化を即座に認識することとなり、それを脅威の発生源としてとらえ、選択ステップ、実装ステップ、検証ステップをそれぞれ実施することになります（図2.1）。以下では、各ステップにおいてどのようなタスクが発生するかを解説します。

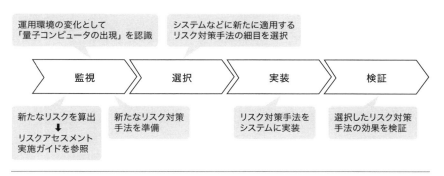

図2.1　NISTリスク管理フレームワークに基づく量子コンピュータによる
　　　リスクへの対応の全体像

2.2.1 監視ステップ

監視ステップのタスクは以下のようになります（図2.2）。

① システムオーナーや上級情報セキュリティ責任者は、量子コンピュータ（特にCRQC）がシステムへの新たな脅威の発生源となりうることを認識する
② 対策検証者は、量子コンピュータを脅威の発生源とするリスクを算出する。そして、既存のリスク対策手法によって当該リスクを許容可能なレベルまで軽減できるか否かを検証する

③ リスクが許容可能なレベルを超えていた場合、システムオーナーは、当該リスクを許容可能なレベルまで軽減するためのリスク対策手法を検討する。例えば、量子コンピュータへの耐性を有する暗号を導入するなどを検討する

④ システムオーナーは、新たなリスク対策手法を反映するように、既存のリスク対策手法の改善や中間目標に関する計画をアップデートまたは新たに作成する。例えば、リスク対策手法を見直して、セキュリティがより強固な暗号を採用することを取り決めた場合には、その新しい暗号が量子コンピュータに対して十分な耐性を確かに有しているか否かを検証する。有していないと判断した場合、別の暗号の採用を検討することになる

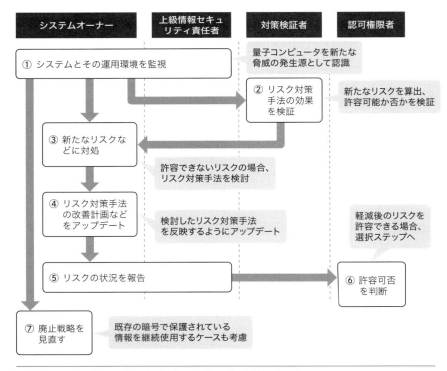

図2.2 量子コンピュータ対応での監視ステップにおけるタスク

⑤ システムオーナーや上級情報セキュリティ責任者は、量子コンピュータによるリスクの状況をそれまでの検討結果とともに認可権限者らに報告する

⑥ 認可権限者は、リスク対策手法の見直しなどによってリスクを許容可能なレベルに軽減できるか否かを判断する。許容可能なレベルに軽減できる場合、選択ステップに移行し、リスク対策手法の細目などを検討する。軽減できない場合、①に戻ってリスク対策手法を再度検討する

⑦ リスク対策手法の見直しとして量子コンピュータに耐性を有する新しい暗号を導入する場合、システムオーナーは、既存の暗号によって保護されている情報を取り扱わざるをえない状況の存在を把握したうえで、それを取り扱っている機器の廃止戦略（廃止するとそれらの情報を取り扱えなくなる）を見直す

　以上、監視ステップのうち、リスクの算出とリスク対策手段の検討については、2.3節、2.4節でそれぞれ詳しく説明します。

2.2.2 ❖ 選択ステップ

　リスク対策手法が認可権限者から承認された後、選択ステップに移行して以下の各タスクを実行します。

① システムオーナーは、選択したリスク対策手法をシステムとの相性や実現可能性を踏まえて必要に応じて修正する

② システムセキュリティ管理者は、リスク対策手法をシステムに適用する際に、システムの各コンポーネントに対してどのような対応が必要かをそれぞれ検討する

③ システムオーナーは、リスク対策手法を適用する各コンポーネントの動作状況を監視するように監視戦略を立案する。例えば、データの暗号化や復号の機能が適切に動作しているか、これらの処理を実行するための鍵の生成・保管・廃棄の機能が適切に動作しているかといった事項が監視

第2章　量子コンピュータが暗号にもたらすリスク

対象となる。そして、これらの監視業務をシステムレベルの監視戦略に
含める

④　認可権限者は、システムとその運用環境に関するリスク対策手法が反映
されたセキュリティ計画や監視戦略を検証し承認する。ここで決定され
たリスク対策手法は、次の実装ステップで実装されることとなる

2.2.3 ❖ 実装ステップと検証ステップ

　実装と検証のステップの内容は、それぞれ既存の開発サイクルにおける場
合とそれほど変わらず、量子コンピュータによるリスクに特有の事項も少ない
ため、まとめて説明します。

　実装ステップでは、システムオーナーらが、量子コンピュータへのリスク対
策手法をシステムに実装します。その際、リスク対策手法の実装状態に関して、
当初の実装計画からの変更が存在する場合、それを記録・文書化します。

　検証ステップでは、まず認可権限者らが、リスク対策手法を検証する評価
者や評価チーム（**対策検証者**）を選定します。対策検証者は、リスク対策手法
を検証するための計画（**検証計画**）を立案します。検証計画の内容はリスク対
策手法に依存しますが、主に検証する事項は、リスク対策手法を実装したシス
テムが正常に動作するか、システムの性能が低下していないかなどです。

　認可権限者らが検証計画を確認して承認した後に、対策検証者が、検証計
画に沿ってリスク対策手法を検証します。実装後のシステムに不備があった
場合には、システムオーナーらが改善のための初動対応を実施するとともに、
必要があればさらなる対応を検討します。

2.3 リスクアセスメント実施ガイドに基づくリスクの算出

以下では、まず2.3.1項においてリスク算出の全体像を説明し、2.3.2項以降ではリスク算出の各ステップについて説明します。

2.3.1 ❖ リスク算出の全体像

第1章で紹介したNISTのリスクアセスメント実施ガイドにおけるリスク算出のプロセスは、準備、実施、結果の報告と共有、メンテナンスの4つから構成されます。

準備プロセスでは、組織のリスク管理の方針や範囲を決定し、まずリスク管理戦略を策定します。ただし、組織のシステムにおいて暗号がすでに使用されているのであれば、リスク管理の方針や範囲などを定めたリスク管理戦略が存在しているはずです。そのリスク管理戦略において量子コンピュータを脅威の発生源として考慮していない場合には、考慮するようにリスク管理戦略を見直します。

実施プロセスでは、1.5.2項で説明したプロセスを通じてリスクを算出します。

特に、量子コンピュータによる暗号のリスクの算出をどのように進めるかについては後ほど詳しく説明します。

結果の報告と共有プロセスでは、システムオーナーが、リスクアセスメントを実施した結果として、リスクのレベルや対応の優先順位、各リスクに関連する脅威の事象や脆弱性などを組織の関係者に報告します。

また、メンテナンスプロセスでは、脅威源、脅威の事象、悪用される可能性がある脆弱性などに関して、留意すべき変化が発生しているか否かを確認するために監視を行い、そうした変化が発生した際にはリスクアセスメントの準備や実施のプロセスに移行します。

2.3.2 ❖ 脅威の発生源の特定

　脅威の発生源は量子コンピュータと量子コンピュータを使用できる主体（攻撃者）です。量子コンピュータを使用できる主体は、当初は、開発したベンダーや国家機関など一部に限定されると考えられます。しかしながら、今後一定の期間が経過した後にはクラウドなどから誰でも気軽に利用できるようになると考えられます。その段階になると、想定される攻撃者の範囲が拡大します。

　また、攻撃の目的として、主に考えられるのは、暗号によって保護されている情報（暗号化データ）を解読したり、電子署名によって保護されている情報（署名付きデータ）を改変したりして、何らかの金銭を不正に取得することです。さらに、攻撃によって得た情報を悪用し、サイバー攻撃を行うなどして組織に損害を与えようとすることも考えられます。攻撃者の目的を推測する際には、自組織の業務内容や取り扱う情報などを深掘りして考慮する必要があります。

2.3.3 ❖ 脅威の事象の特定

　脅威の事象とは、攻撃者（脅威の発生源）が仕掛ける攻撃の内容を意味しています。また、**脅威の事象の特定**とは、「攻撃者が、何を、いつ、どうするか」を明らかにすることです。

　典型的な攻撃者は、暗号化データを、CRQCといえる量子コンピュータが実現するタイミングで、解読して悪用する（その結果、金銭を不正に得る）ことを狙っていますが、CRQCが実現したからといっても、何の準備もなしに一足飛びにそのような企みを実現することはできません。つまり、まず組織にかかわる情報を収集し、次に攻撃手段を準備して、最後に暗号化データを解読するというように、ステップ バイ ステップで攻撃を仕掛けてきます。これら一連の行為を特定することは攻撃者の行動を察知して適切な対応につなげるために重要です。以下では、これら一連の行為についてそれぞれ詳しくみていきます。

（1）攻撃者に悪用されうる情報を特定する

　脅威の事象を特定するときは、まず攻撃者の最終的な標的を特定します。すなわち、攻撃者が量子コンピュータを用いて解読したい情報、または、改変したい情報を特定します。

　このような情報を大きく分けると、機密性を確保する必要があるもの、完全性を確保する必要があるもの、認証を目的として生成されるもの（署名）の3つがあると考えられます。特に、CRQCといえる量子コンピュータが実現するタイミング（このタイミングについてはすぐ後で説明します）以降において、攻撃者にとって悪用する価値があると考えられる情報を攻撃の標的として特定することになります。ここで、「攻撃者にとって価値があると考えられる情報」とは、例えば、それを競合他社に渡すことによって、攻撃実行に必要なコストに見合った金銭などを得ることができる情報、あるいは当該企業の信用の失墜につながりうる情報（例えば、それを開示することで株価を下落させ、大量の空売りなどによって不当な利益を得る）、それから、サイバー攻撃に使用することができる情報です。自組織が取り扱う情報の中でどれがこれらに当てはまるかを特定する必要がありますが、一般的には以下のような情報が考えられます。

- **組織の収益にプラスになる情報であって、競合他社もその情報から恩恵を受ける可能性があるもの**：新製品の開発の鍵となる情報、マーケティングによって得た営業戦略に関する情報、取引先との契約締結や新ビジネス立ち上げに関する情報など。攻撃者は、こうした情報を競合他社に売り渡すことによって金銭を得ることができる

- **組織の運営やシステムのリスク管理に関する情報**：システムの設計図や仕様書、リスク対策として採用されているセキュリティ技術の仕様書、対処すべき脆弱性と対応状況のリスト、リスク対策の運営体制を記載した文書などの情報。攻撃者はこれらの情報を反社会的な組織などに売り渡すことによって金銭を得ることができるほか、組織へのサイバー攻撃を計画している場合には攻撃実行のための情報として用いることができる

- **顧客の個人情報や取引先企業の情報**：顧客の属性情報（氏名、住所、年

齢、メールアドレス、携帯電話番号、商品やサービスの購入・利用履歴、健康状態に関する情報など）、決済に関する情報（クレジットカード番号、銀行口座番号など）、取引先企業の職員の属性情報、取引内容などの情報。こうした情報を、攻撃者は、顧客に対して詐欺などの犯罪行為を計画している個人や組織に売り渡したり、取引先企業にサイバー攻撃を計画している組織に売り渡したりすることができる

（2）CRQCといえる量子コンピュータが実現するタイミングを想定する

　脅威の事象を特定するうえで、攻撃者が「いつ攻撃を行うか」を想定する、すなわち、CRQCといえる量子コンピュータが実現しうるタイミングを想定することも必要です。これによって、攻撃者が解読した情報などをいつ悪用するか、そして、どのような情報が悪用の対象となりうるかを推測することができます。あらかじめ悪用の価値がない情報であることがわかれば、それらは攻撃の対象から外れるため保護する必要がなくなります。

　一方、CRQCといえる量子コンピュータが実現するタイミングについては、いろいろな見方があります。ベンダーによる量子コンピュータの開発ロードマップでは、早ければ2030年代前半に完成するとの見通しが示されています。アメリカ国内における金融サービスに関する標準規格を策定するASC X9（Accredited Standards Committee X9, Inc.）は、2022年時点の報告書（Informative Report）では、2027年から2052年ごろとの見通しを示しています[9]。アメリカ連邦政府は、2022年5月に国家安全保障覚書（National Security Memorandum）を公表し、2035年までにリスク対応を完了させるとの対応方針を示しています。この方針は、2036年よりも早いタイミングでCRQCといえる量子コンピュータが実現する可能性は低いという判断に基づいていると解釈することもできます。また、2.1.4項で紹介したGlobal Risk Instituteによる有識者向けのアンケート調査では、「鍵長が2048ビットのRSA暗号を1時間で解読できる量子コンピュータが実現する可能性が何％か？」という問いに対して、全体の6割以上の専門家が15年後（2039年）までに実現する可能性が50％またはそれ以上と回答しています。

どの情報が最も確からしいかを判断するのは難しいですが、仮にアメリカ連邦政府による見通しを信頼するのであれば、現時点では、CRQCといえる量子コンピュータが実現するタイミングは2036年以降と考えられます。ただし、今後の開発動向などによって見通しは変化するため、量子コンピュータの開発動向に関する情報を継続して収集し、見通しを随時アップデートする必要があります。

（3）暗号化データを標的とする脅威の事象を特定する

暗号化データを標的とする脅威の事象は、リスクアセスメント実施ガイドでは、情報収集、攻撃手段の作成・配備、組織やシステムの改変、攻撃の実行と影響の発生のそれぞれに分けて例示されています（**表1.1**、41ページ）。考えられる主な脅威の事象を**図2.3**にまとめます。

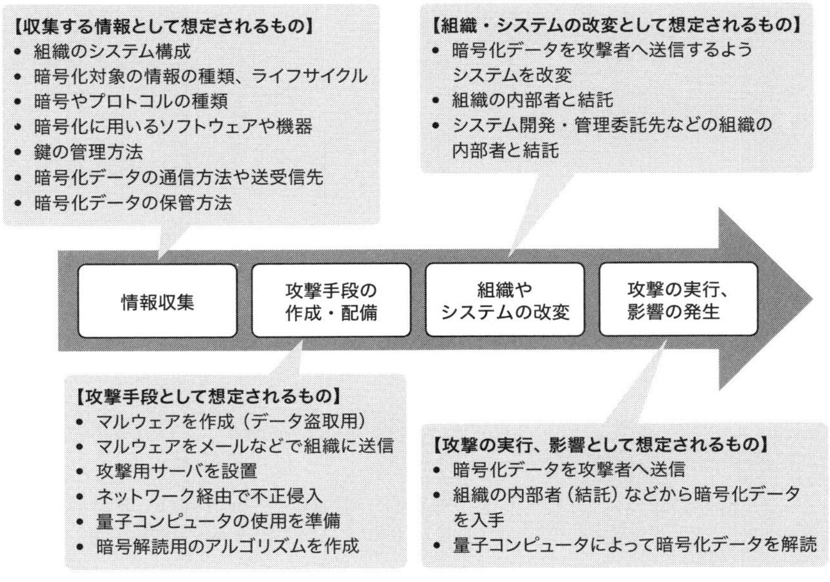

図2.3 量子コンピュータを発生源とする暗号化データへの脅威の事象の例

まず、攻撃者は、攻撃対象の組織がどのような情報を保持しているか、システムの構成やリスク対策はどのようになっているかなどの情報を収集します。この段階で収集の対象となりうる情報の代表例は次のとおりです。

- 暗号を使用しているシステムの構成やセキュリティ対策の内容
- 暗号化対象の情報とその種類、ライフサイクルとその管理方法
- 暗号アルゴリズムやプロトコルの種類
- 暗号化に用いるソフトウェア（暗号ライブラリなど）や機器（**ハードウェアセキュリティモジュール**[用語] など）とそれらの管理方法
- 暗号用の鍵の管理方法
- 暗号化データの通信方法、通信量や頻度、送受信先（取引先の組織やクラウドなど）
- 暗号化データの保管方法（ストレージの種類）
- 暗号化データや暗号化の機能を使用・管理する主体（組織の役職員など）

攻撃者は収集したこうした情報に基づいて攻撃の手段を作成し、配備します。このために、次のような事前準備を行います。

- 組織のシステム内部で活動するマルウェアを作成する。マルウェアは、攻撃用サーバ（外部）と通信する機能、組織のシステム内部の情報を収集する機能、システムの管理者権限を奪う機能、システム内部の暗号化データを収集して攻撃用サーバに送信する機能などを備えるものとする
- マルウェアを遠隔操作したり、暗号化データを受信したりするための攻撃用サーバを設置
- 攻撃用サーバからメールなどを介して組織のシステムにマルウェアを送

ハードウェアセキュリティモジュール
暗号処理を実行するためのソフトウェアや回路、暗号鍵を搭載する機器のこと。外部からのソフトウェアの改変や暗号鍵の盗取を困難にするための機構（外部からの不正侵入を検知して暗号鍵を自動的に消去するなど）を備えている。

り込む

- 攻撃用サーバから組織のシステムへネットワーク経由で不正に侵入し、管理者権限を奪取するなどしてシステムの暗号化データに関連する機能を遠隔操作できる状態にする
- 攻撃者に協力するように、組織の内部者（暗号化データの取り扱いやシステムの管理を担当する役職員）、システムの開発・管理委託先の内部者、通信会社の内部者などにアプローチする
- CRQCといえる量子コンピュータが実現した後に、それを暗号解読などに用いることができるように手配する

以上によって、攻撃者は組織のシステムを改変しようとします。例えば、以下のような改変を狙います。

- マルウェアや不正侵入によって、または、組織の内部者などとの結託によって、組織のシステム内部の暗号化データを攻撃用サーバへ送信するようにシステムを改変する
- 通信会社の内部者などと結託して、送受信される暗号化データを蓄積し、攻撃用サーバに送信する、または、外部記憶媒体などを用いてもち出しができるように通信会社のシステムを改変する

さらに、攻撃者は、組織で取り扱われている情報がどのようなものかを調べ、CRQCといえる量子コンピュータが実現するタイミング（攻撃者による見通し）以降も悪用する価値があると判断した情報（すなわち、暗号化データ）を攻撃対象にすると考えられます。こうした情報としては、2.3.3 項の（1）で説明したようなものがあります。そして、攻撃者は、CRQCといえる量子コンピュータが実現したタイミングで暗号化データを解読します。その結果、組織の収益にプラスになる情報が解読された場合には、攻撃者がその情報を競合他社に渡すことによって、組織は将来の収益を失う可能性があるほか、組織の運営やシステムのリスク管理に関する情報が解読された場合は、組織がサイバー攻撃を受けて業務の継続が困難になる可能性があります。また、顧客の個人情

報や取引先企業の情報が解読された場合は、組織は、情報管理や組織管理の面でレピュテーションが低下し、業務継続が困難になる可能性や、被害を受けた顧客や取引先から損害賠償を要求される可能性もあります。

　特に、組織が業務の一部を遂行するために外部のシステムを使用して業務用のデータを暗号化している場合には、外部のシステムで生成される暗号化データに関しても同様に脅威の事象を整理する必要があることに注意してください。外部のシステムとしては、例えば、認証局、クラウド、ホスティングサービスなどがあります。こうしたサービスを利用している組織は、各サービスの提供主体から暗号化データの情報を収集することが重要です。

（4）署名対象データや認証目的の署名を標的とする脅威の事象を特定する

　署名対象データや認証目的の署名についても、暗号化データの場合と同様に、情報収集、攻撃手段の作成および配備、組織やシステムの改変、攻撃の実行と影響の発生という流れで脅威の事象を整理します（図2.4）。なお、以下では、自組織のシステムにおいて作成され、使用および保管されるデータを想定して脅威の事象を整理しますが、外部の組織のシステムにおいて作成される業務用のデータについても同様に検討することができます。

　まず、攻撃者は攻撃を有効化するために、攻撃対象の組織において署名を使用しているシステムの構成やリスク対策に関する情報を収集すると考えられます。その対象となりうる情報として以下のものが挙げられます。

- 署名の対象となっているデータの種類（電子証明書、コード署名なども含む）
- 署名付きデータを取り扱っているシステムの構成、署名の生成や検証を実施するシステムの構成、リスク対策の内容
- 採用されている署名の方式、電子証明書の仕様、それらを用いた（認証などの）プロトコルの種類
- 署名の生成・検証に用いるソフトウェア（暗号ライブラリなど）や機器（ハードウェアセキュリティモジュールなど）とそれらの管理方法
- 署名の生成および検証のための鍵の管理方法

- 署名付きデータの通信方法、通信量や頻度、送受信先（取引先の組織やクラウドなど）
- 署名付きデータの保管方法（ストレージの種類）
- 署名付きデータの保管期間や廃棄方法
- 署名の生成および検証を実施する主体や管理者（組織の役職員など）
- 電子証明書の発行や失効を行う認証局

　そして、攻撃者は、組織の文書やメッセージ（署名付き）を改変したり、架空の文書やメッセージを生成したりするために以下の処理を実行すると考えられます。

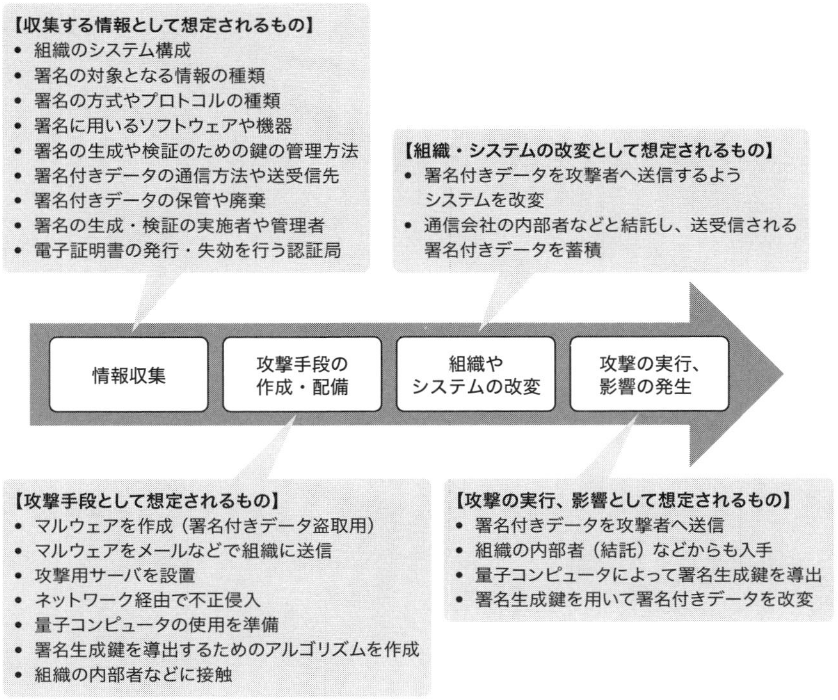

【収集する情報として想定されるもの】
- 組織のシステム構成
- 署名の対象となる情報の種類
- 署名の方式やプロトコルの種類
- 署名に用いるソフトウェアや機器
- 署名の生成や検証のための鍵の管理方法
- 署名付きデータの通信方法や送受信先
- 署名付きデータの保管や廃棄
- 署名の生成・検証の実施者や管理者
- 電子証明書の発行・失効を行う認証局

【組織・システムの改変として想定されるもの】
- 署名付きデータを攻撃者へ送信するようシステムを改変
- 通信会社の内部者などと結託し、送受信される署名付きデータを蓄積

| 情報収集 | 攻撃手段の作成・配備 | 組織やシステムの改変 | 攻撃の実行、影響の発生 |

【攻撃手段として想定されるもの】
- マルウェアを作成（署名付きデータ盗取用）
- マルウェアをメールなどで組織に送信
- 攻撃用サーバを設置
- ネットワーク経由で不正侵入
- 量子コンピュータの使用を準備
- 署名生成鍵を導出するためのアルゴリズムを作成
- 組織の内部者などに接触

【攻撃の実行、影響として想定されるもの】
- 署名付きデータを攻撃者へ送信
- 組織の内部者（結託）などからも入手
- 量子コンピュータによって署名生成鍵を導出
- 署名生成鍵を用いて署名付きデータを改変

図2.4　署名付きデータに影響を及ぼす脅威の事象の例

- システム内部で活動するマルウェアを作成。例えば、攻撃用サーバ（外部）と通信する機能、組織のシステム内部の情報を収集する機能、システムの管理者権限を奪取する機能、システム内部の署名付きデータ（電子証明書も含まれる）を収集して攻撃用サーバに送信する機能などを備えるマルウェアを作成する

- マルウェアを遠隔操作したり、署名付きデータを受信したりする攻撃用サーバを設置

- 攻撃用サーバから組織のシステムに対してマルウェアをメールなどによって送り込む

- 攻撃用サーバから組織のシステムにネットワーク経由で不正侵入を行い、管理者権限を奪取するなどしてシステムの署名関連機能を遠隔操作できる状態にする

- 電子証明書に含まれる署名検証用の鍵から署名生成用の鍵を導出するために量子コンピュータや量子アルゴリズムを準備

- 攻撃者に協力するように、組織の内部者（署名やその対象となるデータの取り扱いやシステムの管理を担当する役職員）、システムの開発および管理の委託先の内部者、通信会社の内部者などにアプローチする

攻撃手段を作成および配備した後、攻撃者はそれらを用いて組織やそのシステムを改変します。例えば以下のような改変を行います。

- マルウェアや不正侵入によって、または、組織の内部者などとの結託によって、システム内部の署名付きデータを攻撃用サーバへ送信するようにシステムを改変する

- 通信会社の内部者などとの結託によって、組織のシステムにおいて送受信される署名付きデータを蓄積して外部に送信する、または、外部記憶媒体などを用いてもち出しできるように通信会社のシステムを改変する

攻撃者は、上記の攻撃手段によって組織のシステム内で使用・保管されている署名付きデータ（電子証明書も含みます）を入手した後、CRQCといえる

量子コンピュータが実現したタイミングで、署名生成用の鍵を推定し、架空の
データや改変したデータに対する署名（署名検証では不正を検知不可能）を偽
造します。この結果、組織が受ける影響として以下のものが考えられます。

- データの完全性を確保するために署名を使用している場合には、偽造さ
  れた署名を検証時に検知できなくなる。その結果、既存の署名付きデー
  タを信頼できなくなり、業務を円滑に遂行できなくなる可能性がある。
  デジタル文書などの内容が正しいか否かを確認するために、システムや
  データへのアクセスログ、通信ログを確認するなどの別の手段で対応す
  るしかなくなり、確認に手間が発生する。このようなデジタル文書が大量
  に存在する場合、業務が円滑に進まなくなる
- 取引の内容をデジタル文書として記録し、署名を付与して完全性を検証
  できるようにしている場合は、署名が偽造可能になった場合に、取引相
  手から、取引内容を記録したデジタル文書の内容を信用できないとして
  取引自体を後から否認される。その結果、組織は取引によって得られる
  はずの収入を失うことになる
- 組織のシステムにアクセスする主体を署名によって認証している場合は、
  組織のシステムへの不正なアクセスが発生し、役職員へのなりすましに
  よって不正な処理が実行される。影響の度合いはなりすましによってアク
  セス可能となる処理の重要度に依存する
- 組織がオンラインショップ用などの Web サーバを運営しており、サーバ
  証明書を用いてサーバ認証を実現している場合、攻撃者が不正なサーバ
  を立ち上げてサーバ証明書を偽造し、正規の Web サーバになりすます。
  攻撃者は、フィッシングなどの手段によって偽のサイトに顧客を誘導し、
  顧客に個人情報などの入力を促して盗取する。また、顧客が組織の正当
  な Web サーバか否かを検証できなくなるため、正規の Web サーバへのア
  クセスが抑制され、オンラインショッピングによる売上げが減少する
- 組織のシステムで使用されているソフトウェアのコード署名が偽造され、
  不正なコードが含まれていたとしても検知できなくなる。その結果、シス

テムが期待どおりに動作しなくなるほか、そのソフトウェアの動作を信頼
できなくなり、システムによって実行されている業務を遂行できなくなる

（5）クリプトインベントリ

　ここまで脅威の事象の特定について説明しましたが、この特定のプロセスの
有効性は、組織が、業務やシステムにおいて暗号化データや署名付きデータ
をどのように作成・使用・廃棄しているかを網羅的に把握していることが前
提となります。そのためには、**クリプトインベントリ**（crypto inventory）と呼
ばれるデータベースを整備する必要があります。

　クリプトインベントリは、組織のシステムにおける暗号の使用状況や、暗号
化や署名生成の対象となるデータの情報などを格納するデータベースのこと
です。上記のとおり、組織のシステムに存在する暗号化データなどの種類や
使用形態は、攻撃手段を左右します。そのため、クリプトインベントリは、適
切にリスクアセスメントを実行する際に不可欠です。

　クリプトインベントリに含めるべき情報として、以下のものがあります[10]。

- **暗号のアルゴリズムを特定する情報**：暗号の名称、用途、パラメータ（暗
  号鍵、平文、暗号文のビット長）、準拠している標準規格など
- **暗号化の対象となるデータに関する情報**：データの内容、用途、保存期
  間（データが暗号化されてから破棄されるまでの期間）、データの重要
  度、法律や規制によって保護が義務付けられている期間など
- **暗号のセキュリティ要件**：暗号に求められるセキュリティ特性、セキュリ
  ティのレベルなど。なお、セキュリティ要件は、暗号化や署名の対象とな
  るデータの特性に依存する
- **暗号の性能要件**：暗号化や復号の処理速度、暗号化データの通信速度な
  ど
- **暗号の動作環境**：暗号処理と連動して動作しているソフトウェアやOSな
  ど

これらの情報は、組織のシステムやデータが更新されるつど、アップデートする必要があります。

また、クリプトインベントリを整備する際には、組織の業務に関係するすべてのシステムを対象とするべきでしょう。

一般に、暗号化機能をもつシステムとしては、以下のものがあります。

- 個人の顧客や取引先の組織などとの間でやり取りする情報を暗号化・復号するシステム
- 組織内部で複数の拠点間を結ぶWANやLANでやり取りする情報を暗号化・復号するシステム
- 組織内部で中長期にわたって使用・保管する情報を暗号化・復号するシステム

さらに署名の機能をもつシステムとしては、以下のものがあります。

- 外部と通信する際に通信相手との相互認証のために署名を生成・検証するシステム
- 組織内部の端末からサーバへアクセスするときのアクセス制御のために署名を生成・検証するシステム
- 電子証明書を生成および管理するシステム
- デジタル文書に対して署名を生成するシステム

このように、暗号化や署名の機能をもつシステムを対象として暗号の使用状況に関する情報を収集し、クリプトインベントリに格納します。

ここで注意が必要なのは、組織が自ら管理および運用するシステムだけでなく、業務の一部を担うほかの組織のシステムも暗号の使用状況に関する調査の対象としなければならない点です。例えば、業務の一部をクラウドで実現している場合には、そのクラウドのシステムも暗号の使用状況に関する調査の対象となります。このため、外部のクラウド事業者に業務を委託している場合は、調査の協力を呼びかけるなどの対応を検討する必要があります。

第2章 量子コンピュータが暗号にもたらすリスク

　クリプトインベントリの整備においては、調査の対象となるシステムで使用されている暗号の情報を網羅的かつ効率的に把握することが重要ですが、その手段として自動化ツールの使用が挙げられます。ほかに、システムの仕様書を参照したり、システムの開発やメンテナンスを委託したシステムインテグレータやベンダーに問い合わせたりする方法もあります。ただし、仕様書が適切にアップデートされていなかったり、さまざまなベンダーの製品を組み合わせて使用していたりする場合には、このような方法では網羅的な調査が難しいことがあります。

　一方、暗号の使用状況を調査するための標準的な自動化ツールが存在しているわけではありません。そのため、コード解析用のツールをシステムのソフトウェアに適用したり、システムに接続されているネットワーク上の通信データを収集して解析するツールを適用したりする方法がよくとられています。また、自動化ツールを使って収集できる情報の種類は使用する自動化ツールによって異なり、必要な情報をすべて収集するには複数の自動化ツールを組み合わせて使用しなければなりません。NISTは、各自動化ツールの使用方法や効果に関してベンダーやITコンサルタントの協力を得て検討を進めており、その結果を公表しています[11]。こうした情報も参考にしつつ、自組織に必要な暗号の使用状況に関する情報を自動化ツールによって適切に収集できるか否かをシステムの開発環境に適用するなどして確認することも重要です。

2.3.4 ❖ 悪用される可能性がある脆弱性の特定

　攻撃者は、組織のシステムの構成、暗号や署名の仕様といった情報の管理に不適切な部分があれば、それを悪用して情報収集を行うことが考えられます（表2.1）。

　例えば、組織の内部者がしかるべき職位者の許可がなくてもシステム構成に関する重要な情報にアクセスできるようになっていると、それはウィークポイントとなります。それに付け込んで攻撃者はネットワーク経由で組織のシステムに侵入し、システムの構成やセキュリティ対策の状況に関する情報を入手しようとします。一般に、システムのアクセス制御におけるセキュリティホー

90

表2.1 脅威の事象に悪用される脆弱性の例

脅威の事象	主な脆弱性の例
情報収集	• 組織のシステム構成や暗号・署名に関する情報の管理が不適切（組織外に容易にもち出しが可能になっているなど） • 組織のシステムにおけるマルウェア対策や不正侵入対策が不適切
攻撃手段の作成・配備	• 組織のシステムにおけるマルウェア対策や不正侵入対策が不適切 • 組織のシステムで生成・保管される暗号化データや署名付きデータへのアクセスの管理が不適切 • 組織のシステムで使用される暗号や署名のセキュリティが不十分
システムの改変	• 組織のシステムにおける構成管理が不適切（システムの構成や設定の変更を防止困難）
攻撃手段の実行	• 組織のシステム内の暗号化データや署名付きデータの外部への送信・もち出しの管理が不適切

ルが放置されていたりネットワーク経由での不正侵入の防止・検知が不適切であったりした場合、それらの脆弱性は情報収集のために悪用されます。

　上記に対する対策がとられていたとしても、攻撃者がマルウェアを送り込んだり、不正侵入によってシステムの管理者権限を奪取したりしようとしたとき、マルウェアの侵入防止や検知といった不正侵入対策に不備があれば侵入されてしまいます。また、攻撃者が組織の内部者などと結託して暗号化データや署名付きデータを入手しようとする場合もあります。さらに、量子コンピュータによって破られるような暗号や署名を使用していること自体、攻撃者によって悪用される脆弱性だといえます。

　このほか、攻撃者がシステムの構成や設定を変更したり不正なソフトウェアを導入したりする際には、システムの構成管理の不備という脆弱性が悪用される可能性があります。システムの構成や設定を変更する場合、一般に、管理者権限を使用したり、しかるべき職位者による承認や複数の役職員の立ち合いの下で実施したりしなければなりません。こうした対応が行われていない特殊な場合があるとすれば、攻撃者がそれを悪用してシステムを改変できます。導入対象のソフトウェアが不正なものでないことをコード署名によって確認することもよく行われていますが、そうした確認を行わなくても実行できる場合があるとすれば、やはり悪用されます。

攻撃者がシステム内部から暗号化データや署名付きデータを外部へ送信したりもち出したりしようとする場合、システム内部から外部への通信の監視、システムや端末から電子媒体へのデータ書き込みの制御、外部への書類や電子媒体のもち出しの制御などにおけるウィークポイントが悪用されます。

2.3.5 ❖ 脅威の事象が発生する可能性の見積もり

上記の脅威の事象の多くは、システムで管理されている情報を盗んだり改変したりするものであり、量子コンピュータ特有のリスクではなく、サイバー攻撃一般において想定される事象といえます。また、CRQCといえる量子コンピュータを用いる攻撃（暗号化データを解読するなど）以外の攻撃を通常のコンピュータで試行することができます。このような脅威の事象は発生可能性は相応に高いと考えるのが妥当でしょう。

一方、個々の事象の発生可能性を定量的に推定することは困難です。攻撃が成功した事例だけでなく、失敗した事例（脅威の事例が発生したものの、攻撃手段の実行にはいたらず、影響が生じなかった場合など）の存在も考慮する必要がありますが、失敗した事例が一般に不明だからです。そこで、次善の策として、リスクアセスメント実施ガイドで示されている発生可能性のレベル分け（5段階）のうち、各事象の発生可能性について「中位」を検討の出発点として選択することが考えられます。また、組織の方針がリスク軽減を重視する方向である場合には、発生可能性を高めに見積もって「高い」を選択することが有効と考えられます。

特に、攻撃手段の実行に関する事象のうち、攻撃者による暗号化データの入手については、攻撃者がハーベスト攻撃に着手するタイミングで（すなわち、CRQCといえる量子コンピュータが登場する前から）発生可能性が「高い」または「非常に高い」となる点に留意が必要です。ここで、**ハーベスト攻撃**とは、CRQCといえる量子コンピュータが実現する前から暗号化データを収集しておき、CRQCといえる量子コンピュータが実現したタイミングでそれらを一気に解読するという攻撃です。攻撃者がいつハーベスト攻撃に着手するかは、すなわち、攻撃者が暗号化データの収集を開始するタイミングは、収集の

対象となる暗号化データが（収集後）いつまで攻撃者によって悪用される可能性があるかに依存します。つまり、暗号化データを解読できるのはCRQCといえる量子コンピュータを攻撃者が使用できるようになってからなので、それまでとっておいて悪用できる暗号化データが攻撃者の収集の対象になります。

例えば、CRQCといえる量子コンピュータが実現するタイミングをZ年と見積もっていたとします。現時点で組織が保持する暗号化データを対象に「いつごろまで悪用される可能性があるか」を検討し、その結果、Z年以降も悪用されうる暗号化データ群Aと、それ以外の暗号化データ群B（Z年以降は悪用できるとは考えにくいもの）に仕分けたとします。攻撃者には暗号化データ群Aは現時点で入手するインセンティブがあるため、ハーベスト攻撃の対象となります。このとき、脅威の事象の発生可能性を「高い」または「非常に高い」と判断できます（図2.5）。

このような暗号化データの仕分けは定期的に実施することが重要です。上記の例では、現時点での暗号化データ群Bはハーベスト攻撃の対象とはならないものの、5年後に同じ検討を実施する際には、時間軸上のZ年との相対

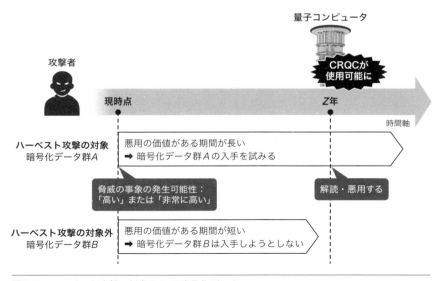

図2.5　ハーベスト攻撃の対象となる暗号化データ

第2章　量子コンピュータが暗号にもたらすリスク

な関係が変わり、暗号化データ群 B と類似の内容の暗号化データが Z 年時点
で攻撃者にとって価値のあるデータになるかもしれません。

2.3.6 脅威の事象が脆弱性を悪用する可能性

　脅威の事象が脆弱性を悪用する可能性は、組織のリスク管理体制に依存す
ることに注意が必要です。このため、それぞれの組織のリスク管理体制を前
提に、表 2.1（91 ページ）で例示したような脆弱性が組織に残っているかを洗
い出す必要があります。脆弱性が残っている場合はそれが悪用される可能性を
「高い」または「非常に高い」と判断し、脆弱性が存在しない場合は悪用され
る可能性を「低い」または「非常に低い」と判断します。

　ただし、表 2.1 に例として示した脆弱性に、量子コンピュータによる脅威の
事象に特有なものは少なく、ほとんどが情報の盗取や改変を目的とするサイ
バー攻撃一般に共通するものです。日ごろからサイバー攻撃への対応を進め
ている組織であれば、これらの脆弱性の多くがすでに解消されていることで
しょう。その場合、CRQC といえる量子コンピュータによる攻撃への対策を
行うにあたっては、量子コンピュータによる脅威の事象に特有の脆弱性に焦
点を当てて対策を行えばよいことになります。

　攻撃手段の作成・配備に悪用されうる脆弱性のうち、量子コンピュータに
よる脅威の事象に特有のものは、表 2.1 の「組織のシステムで使用される暗号
や署名のセキュリティが不十分」という項目です。この脆弱性が悪用されるの
は、CRQC といえる量子コンピュータが実現するタイミング（Z 年）以降とな
ります。したがって、Z 年以降では悪用される可能性を「高い」または「非常に
高い」と判断します。

2.3.7 脆弱性の悪用による影響とその大きさ

　次に、脅威の事象が脆弱性を悪用した結果、どのような影響が生じるか、
そして、その規模を検討します。

　ただし、影響とその規模は個々の組織や業務に依存するので、一概に決め
ることはできません。それぞれの組織の事情を考慮しながら検討する必要が

あります。ここでは一般的に想定される影響について説明します。

まず、暗号化データが解読された場合の影響とその大きさに関して以下の状況が考えられます。

- 新製品の開発の鍵となる情報、マーケティングによって得た営業戦略に関する情報、取引先との契約締結や新ビジネス立ち上げに関する情報などが攻撃者に解読される場合が考えられる。攻撃者がその情報を競合他社に渡すことによって、組織は将来の収益を失う可能性がある。失われる可能性がある収益が大きいとすれば、影響は「大きい」または「非常に大きい」といえる
- システムのリスク管理に関する情報が解読および盗取される場合が考えられる。このような情報として、例えば、システムで実装されているリスク対策手法の内容や、リスク対策が不十分なままとなっている（または、対策実施過程にある）セキュリティホールに関する情報が該当する。攻撃者がこれらを入手して反社会的な組織などに渡すとすれば、組織がサイバー攻撃を受ける可能性が高まる。サイバー攻撃が発生すると業務が継続できなくなると予想される場合、影響を「大きい」または「非常に大きい」と判断する
- 顧客の個人情報や取引先の情報が解読される場合には、攻撃者がそれらを暴露したり、詐欺などに悪用したりする可能性がある。また、顧客や取引先にサイバー攻撃などを仕かける際に悪用される可能性もある。その結果、情報管理面や組織管理面における組織のレピュテーションが低下し、被害を受けた顧客や取引先から損害の賠償を要求されたり、新たな顧客や取引先の獲得に支障が生じたりする。こうした事象によって業務の継続に影響を及ぼすと予測されるのであれば、影響を「大きい」または「非常に大きい」と判断する

署名が偽造され、署名付きデータが改変された場合の影響と規模に関しては、次のような状況が考えられます。

- システムへのアクセス（組織の役職員による組織内部やリモートからのアクセスなど）において署名を認証目的で使用する場合、システムへの不正なアクセスが生じる可能性がある。攻撃者が機密度の高い情報へのアクセス権限を有する役職員になりすまし、情報漏洩によって組織の運営が妨げられるという状況が考えられる。また、なりすましによってシステムの管理者権限（例えば、システムのコンポーネントの変更権限など）が悪用された場合には、システムが正常に動作しなくなり業務遂行が困難になる。このような状況であれば、影響を「大きい」または「非常に大きい」と判断する

- 組織がオンラインショップ用のWebサーバを運営し、顧客がサーバ証明書を用いてWebサーバを認証するケースでは、組織のWebサーバになりすます方法で顧客に損害を与える可能性がある。例えば、攻撃者が不正なサーバを準備し、正しいWebサーバのサーバ証明書を悪用して正しいWebサーバになりすます可能性がある。攻撃者は不正なサーバによって提示したサイト上で顧客に個人情報（氏名、住所、電話番号、メールアドレスなど）や決済情報（クレジットカード番号、有効期限、セキュリティコードなど）を入力させる。これによって、顧客は詐欺などによる損害を被り、組織はWebサーバのリスク管理に関してレピュテーションを損なう。また、顧客が正当なWebサーバか否かを検証することが難しくなり、Webサーバへのアクセスが減少するおそれもある。このような状況が想定されるのであれば、影響を「大きい」または「非常に大きい」と判断する

- デジタル文書やデータの完全性を確保する目的で署名を使用する場合、署名による検証が無効となり、既存の（署名付きの）デジタル文書やデータをすべて信頼できなくなる。したがって、デジタル文書などの内容が正しいか否かを署名ではなくほかの手段（例えば、システムやデータへのアクセスログ／通信ログを確認する）で推定する必要がある。デジタル文書が大量に存在する場合には確認の手間が大きくなり、業務の運営が阻害される。署名が使えないことで、デジタル文書の量や内容の確認に要

する工数が大きくなるようであれば、影響を「大きい」または「非常に大きい」と判断する

なお、上記以外にもさまざまな影響が生じる可能性がありますので、それぞれの組織の事情を十分に考慮して影響を特定していくことが大切です。

2.3.8 ❖ 影響の発生可能性

影響の発生可能性は、それが発生するきっかけとなる脅威の事象の発生可能性と、脅威の事象によって脆弱性が悪用される可能性から判断します。例えば、リスクアセスメント実施ガイドにおける定性的な評価に基づいて、脅威の事象の発生可能性を「非常に高い」と判断し、脆弱性が悪用される可能性を「高い」と判断するのであれば、影響の発生可能性を「非常に高い」と判断することになります（表1.5、46ページ参照）。

したがって、CRQCといえる量子コンピュータが実現していない時点（Z年よりも前のタイミング）における影響の発生可能性を予測するのであれば、「暗号化データを解読する」という脅威の事象の発生可能性は「非常に低い」と判断されるため、影響の発生可能性は「低い」または「非常に低い」と判断します。もっとも、時間の経過とともにCRQCの実現可能性が高まっていくとすれば、影響の発生可能性が「中位」や「高い」に変化していくことになります。

一方、Z年以降のタイミングでは、脅威の事象の発生可能性が「非常に高い」となります。したがって、脆弱性が悪用される可能性を「中位」以上と判断するのであれば、影響の発生可能性は「高い」または「非常に高い」となります。

2.3.9 ❖ リスクのレベルの算出

以上に基づいて、脅威の事象が発生した際の影響の大きさとその発生可能性から、リスクのレベルを算出します。**リスク**は、攻撃の標的となる情報ごとに算出したり、攻撃の標的となるシステムごとに算出したりします。

現時点では、暗号化データの解読による影響が「非常に大きい」と判断していても、発生可能性は「非常に低い」と判断される場合、リスクのレベルは「低

第2章　量子コンピュータが暗号にもたらすリスク

い」と判断されます。しかし、CRQCといえる量子コンピュータが実現するタイミング（Z年）では、発生可能性が「高い」または「非常に高い」と判断されるため、リスクのレベルは「非常に高い」と判断されます。

リスクのレベルを算出したら、それぞれのリスクを許容できるか否かを判断します。許容できないと判断されたリスクに関して、リスク軽減のための対応を検討することになります。上記の例では、現時点でのリスクのレベルは「低い」となるため暗号化データの解読リスクを許容できる組織が多いと思われますが、Z年のタイミングではレベルが「非常に高い」となり、当該リスクを許容できない組織が大半となります。このように、組織の業務が継続していくことを前提にリスクの先行きを考慮し、いまから実施すべきリスク軽減策を検討することが重要です。

2.4　リスク対策手法の検討

本節では、算出したリスクのレベルを許容できるレベル、例えば、「低い」または「非常に低い」というレベルに軽減するためのリスク対策手法を検討します。

2.4.1 ❖ リスク軽減の方針を決める

まず、どのような方針でリスクを軽減するかを決めます。

リスクは影響の大きさとそれが発生する可能性をもとに算出されますから、脅威の各事象による影響を小さくする、または、影響が発生する可能性を低くすることで、リスクを軽減することができます。ここで、影響を小さくするには、影響の発生につながる脆弱性を解消するのが有効です（図2.6）。また、脆弱性の解消によって、脆弱性が悪用される可能性が低くなるので、影響の

98

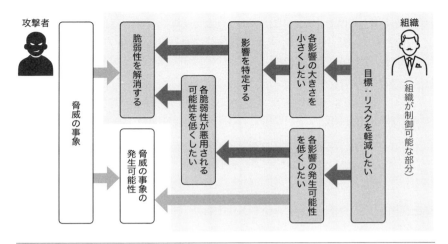

図2.6 リスク軽減に向けた検討の流れ

発生可能性の低下にもつながります。一方、影響が発生する可能性を低くする方法として、脅威の事象の発生可能性を低くするアプローチもありますが、脅威の事象の発生は攻撃者の判断によります。組織がその判断を直接制御することは容易ではありません。したがって、リスク軽減の方針としては、脅威の事象の発生可能性を低くすることよりも、リスクにつながる脆弱性の解消を優先することが妥当といえます。

では、どのような脆弱性を解消することを目指すのが適切でしょうか。リスクにつながる脆弱性を可能な範囲ですべて解消するのが理想的ですが、一般に脆弱性を解消するには費用や時間がかかるため、そうしたコストと（軽減を目標とする）リスクとの関係を考慮しながらどの脆弱性に対処するかを検討します。

上記の量子コンピュータによるリスクは、基本的には、CRQCといえる量子コンピュータに対して脆弱な暗号を使用している点から生じています。このため、根本的な要因を排除するという観点から、脆弱な暗号の使用を停止する（脆弱性の解消）と同時に、量子コンピュータに対して耐性をもつ暗号

（PQC：post-quantum cryptography、耐量子計算機暗号）[18] を導入するという対応が望ましいことになります。この方針については後ろの2.5節や2.6節でも説明しますが、アメリカをはじめとする海外のセキュリティ当局や金融業界でも推奨されています。

しかし、新しい暗号の導入だけではリスクを十分に軽減することができないこともありえます。例えば、CRQCといえる量子コンピュータが実現するタイミング（Z年）以降に悪用されうる情報がすでに存在しているシステムや、新暗号の導入完了がZ年以降となる可能性がある大規模なシステムの場合などです。このような場合、根本的な対応としての新しい暗号の導入の検討を進めると同時に、比較的早期に実施できる別のリスク対策手段を講じる必要があります。

2.4.2 ❖ 新しい暗号の導入を検討する

上記の量子コンピュータによるリスクへの対策を講じる際には、まずは新しい暗号としてPQCをシステムに導入するための計画を立案します。通常のシステム開発と同様に、各種要件の定義とそのための事前調査、システムインテグレータやベンダーの選定、PQCのアルゴリズムやプロトコルの選定、暗号ライブラリなどのソフトウェアおよびハードウェアセキュリティモジュールなどのハードウェアの選定・調達、プログラムの開発や改修、テストの実施、検収といったタスクを計画に盛り込みます。Z年よりも早いタイミングでカットオーバー（利用開始）を迎えるようにする必要があります。

計画立案の際に留意すべき点を以下で説明します。

（1）PQCのアルゴリズムの選択：標準化されたアルゴリズム

どのような暗号をPQCとして導入するかを決定します。

PQCとしてさまざまなアルゴリズムが提案されていますが、有力な候補が

【18】量子コンピュータに耐性をもつ暗号を、PQCのほかに、quantum-resistant cryptography、quantum-safe cryptography、quantum-secure cryptographyといった用語で呼ぶことがあります。ここでは、代表的な表現としてPQCを使用しています。

2024年8月にNISTによって標準化されたPQCのアルゴリズム（以下、NIST標準PQCアルゴリズム）です[19]。NIST標準PQCアルゴリズムは、**鍵カプセル化方式**（key encapsulation mechanism）[20]のアルゴリズムとしてML-KEM（Module-Lattice-Based Key-Encapsulation Mechanism Standard）[12]、署名方式のアルゴリズムとしてML-DSA（Module-Lattice-Based Digital Signature Standard）[13]とSLH-DSA（Stateless Hash-Based Digital Signature Standard）[14]を採用しています。ここで、ML-KEM、ML-DSA、SLH-DSAは、それぞれ、CRYSTALS-Kyber、CRYSTALS-Dilithium、SPHINCS+という名称で当初標準化対象として応募・評価されたアルゴリズムです。NISTは、署名方式に関して、ML-DSAを優先的に使用しSLH-DSAをML-DSAのバックアップとして位置付けるとしているほか、別のアルゴリズムであるFN-DSA（Fast-Fourier Transform over NTRU-Lattice-Based Digital Signature Algorithm）の標準文書の策定を進めている旨を発表しています[21]。FN-DSAの標準化候補時の名称は"Falcon"です。なお、NISTは、これら以外にも鍵カプセル化方式や署名方式のアルゴリズムの評価を継続しており、今後、新たなPQCのアルゴリズムが標準化される可能性があります。もっとも、現時点でFIPSとして標準化が完了しているのは上記の3件のアルゴリズムですので、まずはこれらの採用を前提に検討を進めるのが妥当でしょう。

また、NIST標準PQCアルゴリズムの採用を検討する主な理由として、アルゴリズムが公開されていること、世界中の暗号学者や技術者による研究結果も学術論文などの形で公開されていること、研究結果に基づくオープンな議論によって標準規格文書が作成されたこと、パブリックコメントも反映していることなどが挙げられます。このように、アルゴリズムの評価・選定のプロセスでは透明性が確保されているとともに、多数の中立的な暗号学者らが評価

【19】 https://www.federalregister.gov/documents/2024/08/14/2024-17956/announcing-issuance-of-federal-information-processing-standards-fips-fips-203-module-lattice-based

【20】 鍵カプセル化方式の公開鍵暗号とは、共通鍵暗号のセッション鍵など、通信当事者間で秘密のデータを共有することを目的とした暗号です。

【21】 https://www.nist.gov/news-events/news/2024/08/nist-releases-first-3-finalized-post-quantum-encryption-standards

にかかわっていることから、NIST標準PQCアルゴリズムは十分に信頼できるといえるでしょう。

　さらに、相互運用性の観点からも、NIST標準PQCアルゴリズムは注目されています。詳しくは2.5節で説明しますが、イギリス、ドイツ、フランス、オーストラリア、カナダのセキュリティ当局は、NIST標準PQCアルゴリズムの公表前からそれらのアルゴリズムを推奨し、自国で使用するアルゴリズム群に追加することを検討している旨を公表しています。今後、これらの国々の政府機関や企業もNIST標準PQCアルゴリズムを採用することになるでしょう。そして、こうした国々の組織と暗号化データや署名付きデータを通信する際には、NIST標準PQCアルゴリズムの使用を求められるようになる可能性もあります。

　ただし、NIST標準PQCアルゴリズムを採用する場合には、鍵長や暗号文のビット長がRSA暗号や楕円曲線暗号に比べて大きくなることに留意が必要です。鍵長や暗号文のビット長が現行のアルゴリズムに比べて大きくなると、暗号文が暗号通信のメッセージの領域に収まらない可能性があります。その場合、その通信自体が失敗する可能性があるほか、通信できたとしても複数回に分けて通信を実行しなければならなくなる可能性もあります。このような問題に対処するには、暗号通信のメッセージのフォーマットを変更したり、計算リソースを拡充したりすることが求められます。したがって、PQCを導入するためには、システムのどの部分をどのように改修する必要があるかを調査するとともに、PQC導入後にシステムの性能が低下する可能性がないか、また、低下するとすれば業務にどのような影響が及ぶかを明らかにしなければなりません。

　NISTは、主要なベンダーと連携し、NIST標準PQCアルゴリズム（仕様はドラフト段階のもの）を実装している複数の暗号製品[22]を用いて、主な暗号

【22】ハーベスト攻撃に早急に対応するために、NISTの標準化対象のCRYSTALS-Kyber（ドラフト段階）を実装した事例が知られています。Zoomはオンライン会議の参加者間の暗号通信に採用しています（https://news.zoom.us/post-quantum-e2ee/）。Metaは社内のネットワーク上での暗号通信に導入しています（https://engineering.fb.com/2024/05/22/security/post-quantum-readiness-tls-pqr-meta/）。Appleはメッセージアプリにおける暗号通信に採用しています（https://

プロトコルによる処理速度や相互接続性の評価を実施しています。評価結果がNIST SP 1800-38C [15] として公表されているので、暗号製品を選定する際などに参照することができます。

（2）PQCを現行の暗号と組み合わせて実装する：ハイブリッド方式の採用

　PQCの使用方法に関して、海外のセキュリティ当局の多くはPQCを単独で使用するのではなく現行の暗号と組み合わせて使用するハイブリッド方式の採用を推奨しています。ハイブリッド方式が推奨されている理由は、たとえNIST標準PQCアルゴリズムといえども、現在広く使用されている暗号に比べて実績の面で信頼度が低く、今後新しい解読法が発見されることによりセキュリティが損なわれる可能性が相応にあるとみられているからです。実際、NISTは、現在も別のPQCのアルゴリズムの評価を継続しており、多様なアルゴリズムを順次標準化していく方針を示しています。これは、仮に1つのアルゴリズムに対する強力な攻撃が提案されても、異なる仕組みでつくられたアルゴリズムを複数使用できるようにしておけば、それらのうちのいずれかのアルゴリズムが安全性を維持して代替使用が可能となると考えられるからです。

　一方、PQCのアルゴリズムがセキュリティの観点で高い信頼を得ることができれば、PQC単独での使用が効率性の観点で望ましいといえます。このため、フランスのセキュリティ当局であるANSSI（Agence Nationale de la Sécurité des Systèmes d'Information）は、PQCへの信頼が十分に得られるまではハイブリッド方式を推奨しているものの、PQCへの信頼が十分に得られた場合にはPQC単独での使用を推奨する方針を示しています [16]。ハイブリッド方式は、PQCのセキュリティに対する信頼が十分に高まるまでの過渡的な措置といえます。

　ハイブリッド方式は、既存の暗号とPQCを組み合わせて使用するものですが、既存の暗号とPQCのいずれか一方がセキュリティを確保している限り、ハイブリッド方式全体のセキュリティが維持されることを目指しています。こ

---

security.apple.com/blog/imessage-pq3/）。また、GoogleはChromeの鍵共有に採用しています（https://blog.chromium.org/2024/05/advancing-our-amazing-bet-on-asymmetric.html）。

れは多重防御の考え方に基づく仕組みの1つといえます。しかし、暗号の組み合わせにはさまざまな形態が考えられますが、組み合わせた暗号のいずれかのセキュリティが著しく低下したときにハイブリッド方式全体のセキュリティも著しく低下するのであれば、それはハイブリッド方式とは呼べません。ハイブリッド方式を採用する際には、上記のようなセキュリティ特性を満たすプロトコルや暗号ライブラリを選ぶ必要があります。こうした選択肢についてベンダーに確認することが大切です。

　一方、ハイブリッド方式は複数の暗号を使用するため、1つの暗号を使用する場合に比べて、暗号処理により多くの時間が必要となります。また、暗号化のための鍵を複数管理する必要もあるため、PQCのみを使用する場合に比べて、通信データのビット長が長くなったり、鍵の管理などの手間が増えたりします。こうした事象が業務遂行に与える影響をあらかじめ考慮するとともに、システムを設計する際にはより多くのリソースを準備しておくことも重要です。NISTは、標準化対象のPQCをハイブリッド方式で実装した場合の評価をいくつかの暗号製品において実施しており、その結果はNIST SP 1800-38Cに記載されています。

（3）PQCを利用できる暗号製品の調達可能時期の見通し：
アメリカ連邦政府の対応計画

　今後、システムの改修や新設の計画を立案する場合、PQCを実装する暗号製品としてどのような製品をいつごろ調達できるようになるかが重要となります。しかし、暗号製品の種類によってシステムの更改の範囲や内容、開発作業の項目が変わるため、導入の候補となる暗号製品がある程度明らかになってからシステムの改修・新設における具体的な作業内容を確定することになります。PQCを実装する暗号製品の調達可能時期については、ベンダーから収集した暗号製品の情報などを参考にしながら決定します。

　暗号製品を調達する際には、その暗号が標準仕様に沿って適切に実装され、期待されているセキュリティレベルを満たしていると確認されたものを選ぶことが重要です。しかし、期待されているセキュリティレベルを独自に確認

することは容易ではありません。そこで、政府機関などの中立的な機関による標準仕様への適合性のテストや評価を受けているかを確認するというアプローチが有効です。暗号製品については、**暗号モジュール適合性プログラム**（CMVP：Cryptographic Module Validation Program）があります。

アメリカの連邦政府機関は、FIPSで規定された暗号を実装するソフトウェアやハードウェアを調達しているので、FIPSへの適合性を確認するための仕組みとしてCMVPが用意されています。CMVPでは、NISTによって認定されたテスト機関が暗号製品の適合性を評価し、その暗号製品が適合していると認められれば認証が付与されます。アメリカの連邦政府機関は、NIST標準PQCアルゴリズム（FIPS 203、204、205）を利用可能な暗号製品を調達する場合においても、CMVP認証が付与された暗号製品の中から選ぶことになります。ただし、CMVP認証が付与された暗号製品を実際に調達できるようになるのは2025年以降になるでしょう。

また、アメリカ国家安全保障局（NSA）は、2022年9月、国家安全保障に関連するシステムで使用する新しい暗号スイート"CNSA 2.0（Commercial National Security Algorithm Suite 2.0）"を発表しました[23]。CNSA 2.0には、ML-KEM（CRYSTALS-Kyber）やML-DSA（CRYSTALS-Dilithium）が含まれています。NSAは各システムを構成するコンポーネントの暗号機能を、① ソフトウェアやファームウェアに付与するコード署名、② Webブラウザ、サーバ、クラウドサービスにおける暗号機能、③ ネットワーク機器における暗号機能、⑤ OSの暗号機能、⑥ カスタマイズされたアプリケーションにおける暗号機能に分類し、それぞれにCNSA 2.0を実装する時期の目途を示しています（図2.7）。これをみると、カスタマイズされたアプリケーションの暗号機能を除き、2027年までにはCNSA 2.0を使用できるようになる見込みです。

もちろん、CMVPのような公的あるいは第三者による認証を得ていない暗号製品を実装するという方法もないわけではありません。実際、そうした暗号製品が提供されているほか実装例もあります。しかし、「お墨付き」がない暗号

【23】 https://media.defense.gov/2022/Sep/07/2003071834/-1/-1/0/CSA_CNSA_2.0_ALGORIT HMS_.pdf

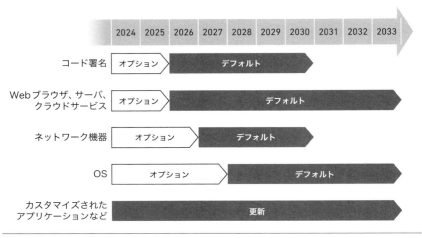

図2.7 国家安全保障に関連するシステムにおけるPQCの対応時期

製品の導入は、不適切な実装によるセキュリティの低下、追加的な暗号製品の入替えに伴う手戻りやコストの発生、レピュテーションの低下といった問題が発生する可能性があり、特定の理由（ハーベスト攻撃への対策として急いで導入する必要があるなど）がない限り推奨されません。可能であれば、標準仕様どおりに実装されていることが保証されている暗号製品の採用が望ましいといえます。

以上を踏まえると、量子コンピュータによる暗号解読リスクのシステム対応の計画を本格的に検討できるようになるのは2025年以降となりそうです。また、検討に際しては、PQCの暗号製品（CMVPなどの認証を得たもの）が各ベンダーから提供される時期をベンダーに問い合わせるなどして情報を収集することが重要です。

（4）将来の暗号移行を見据えたシステム対応：クリプトアジリティの実現

PQCを実装する際には、1.6.4項で説明したセキュリティアジリティの考え方を暗号にもあてはめたクリプトアジリティを実現する、すなわち、使用する暗号を柔軟に変更できるようにしておくことが有用です。

いずれPQCのセキュリティに対する信頼が今後高まり、PQCの実装が普及すれば、ハイブリッド方式を使用する意味がなくなります。そのときは、フランスのANSSIが示している方針のとおり、ハイブリッド方式からPQC単独の使用に移行することが合理的です。アメリカ連邦政府も、PQCへの移行計画の立案に加えて、現行の公開鍵暗号の使用停止のスケジュールを策定する予定です。オランダのNBV（Nationaal Bureau voor Verbindingsbeveiliging。英語の名称はNetherlands National Communications Security Agency）、ドイツのBSI（Bundesamt für Sicherheit in der Informationstechnik。英語の名称はFederal Office for Information Security）も、暗号を使用するシステムにおいてクリプトアジリティを実現することを推奨しています[17][18]。

　また、クリプトアジリティは、当初導入したPQCのアルゴリズムの弱点が後になって指摘されるなどの事情によって、別のアルゴリズムに変更する必要が生じた場合への備えとしても重要です。いくつかのPQCのアルゴリズムには、すでに弱点が指摘されており、今後も新しい弱点が指摘される可能性は無視できません。弱点が指摘されたアルゴリズムの1つは、NISTのPQC標準化の候補アルゴリズムであった"Rainbow"です。Rainbowは、2020年7月時点で有力な署名アルゴリズムとみられていましたが、2022年2月に新たな攻撃法[19]が提案されました。その結果、Rainbowは、NISTによる標準化の対象外となりました[20]。また、2022年7月には、暗号化または鍵カプセル化の方式として継続評価の対象となっていたアルゴリズム"SIKE"に対して新しい攻撃法[21]が提案され、この攻撃法に対して脆弱であることが判明しました。結果、SIKEも標準化の対象外となりました【24】。

　ただし、クリプトアジリティを実現するうえで、どのような仕組みを導入すればよいかについては明確になっていません。技術仕様や標準規格が存在するわけでもありませんし、そうしたソリューションが提供されているわけでもないようです。したがって、クリプトアジリティをどのように定義して何を達

【24】2022年11月に開催されたNISTのPQC標準化カンファレンスにおいて、NISTのスタッフから、「SIKEを提案したチームはSIKEのセキュリティに問題があり使用すべきではない旨を認めた」との説明がありました[22]。

成するか、クリプトアジリティを実現するためのシステム要件をどのように設定するかを個別に検討する必要があります。

　一般に、暗号の機能は、鍵の生成・保管・廃棄、暗号化、復号などの処理によって実現されます。さらに、公開鍵暗号の場合、電子証明書の発行・保管・廃棄・失効情報管理といった処理も必要となります。クリプトアジリティを実現する1つのアプローチとして、これらの処理を各システムやアプリケーションにおいてそれぞれ実装するのではなく、一連の暗号処理を実行する暗号ライブラリを別途準備し、各アプリケーションが暗号処理を実行するつど、暗号ライブラリの機能をAPIなどで使用するようにシステム構成を変更するといった方法が考えられます。

　FS-ISAC（2.6.1項参照）のInfrastructure Inventory Paper[25]では、アプリケーション群と暗号ライブラリを分離し、暗号ライブラリに新たな暗号の機能を追加するというクリプトアジリティのためのアーキテクチャの例が示されています[23]。このように暗号の機能を集約しておけば個々のアプリケーションでそれぞれ暗号の置き換えを実行する必要がなくなり、短期間での暗号移行が実現可能になると考えられます。

　また、どのようにアルゴリズムを実装するかによらず、アルゴリズムの変更によっても、必要なリソース（計算量やデータ量）が増加する可能性があります。その場合でも追加的な改修なしで対応できるように、システムのCPUやメモリ、データフォーマットなどに余裕をもたせるように設計することも考えられます。

（5）新しい暗号を導入するシステムの優先順位を決める

　暗号移行は簡単ではないためPQCをどのシステムに優先して導入するかを検討する必要もあります。

　ここで、PQCは公開鍵暗号であるため、PQCを使用するためには公開鍵と

【25】このペーパーでは、金融機関がクリプトインベントリを構築する際の検討項目や留意点、クリプトインベントリの活用方法などが説明されています。活用方法の1つとして、クリプトインベントリによって特定した暗号の使用部分に対してクリプトアジリティを付与する方法の例が挙げられています。

その持ち主を結び付ける仕組み（例えば、電子証明書）が必要です。組織内で公開鍵とその持ち主を結び付ける電子証明書を発行・管理している場合には、PQCの使用に先立って、PQCの公開鍵に対応した電子証明書を発行・管理できるようにしておく必要があります。電子証明書の発行・管理に関する外部のサービスを利用している場合は、サービス提供者にヒアリングするなどして、PQC対応の電子証明書の発行・管理を実現するタイミング、および、どのPQCのアルゴリズムに対応した電子証明書を発行する予定であるかを把握することが重要です。組織が選択したPQCのアルゴリズムに対応した電子証明書が発行されることが望ましいですが、そうでない場合にはアルゴリズムの選択をやり直す必要があります。

　また、ハーベスト攻撃によるリスクを軽減する必要があるシステムから新しい暗号の導入を優先すべきです。特に、TLS 3.0を使用している場合、鍵共有の部分にPQCのアルゴリズムを早期に導入するなどの対応を進めることが望ましいでしょう。また、そのようなシステムが複数存在する場合、リスクのレベルがより高いシステムの優先順位を高くすることとなります。

　また、外部のシステムと連動して稼働するシステムも、優先順位を高く設定する必要があります。外部のシステムの関係者をはじめとするステークホルダーと調整する必要があるためです。関係者が増えるほど計画検討にかかる調整事項も増え、時間も相応にかかることになります。

　一方で、短時間で価値が失われるような暗号化データや署名付きデータを処理するシステムの優先順位が低くなります。例えば、顧客がオンラインで組織のWebサーバにアクセスする際にサーバを認証するために署名を利用している場合が挙げられます。この場合、署名はサーバ認証のタイミングのみ安全であればよく、認証が終了したら価値を失います。つまり、認証目的で短時間のみ有効な署名を取り扱うシステムでは、急いで対応する必要はありません。

2.4.3 ❖ 比較的早期に実施できるリスク対策手法を検討する

（1）ハーベスト攻撃の対象となりうる暗号化データの特定

　新しい暗号をシステムに導入する計画を立案した結果、システムの改修に

着手してから新しい暗号の使用を開始するまでに5年かかることが判明したとします。このとき、2026年にシステム改修に着手した場合、新しい暗号を使用できるのは2031年からになります。CRQCといえる量子コンピュータが実現するタイミングを2040年と見積もっていたとすると、攻撃者が量子コンピュータを悪用するタイミングより前に新しい暗号を使用できるようになります。

　ここで注目したいのが、既存の暗号のみによる暗号化データや署名付きデータの生成が終了するタイミング、そしてそのタイミングまでに生成された暗号化データや署名付きデータの中に2040年以降に悪用されうるものが存在するか否かという点です。例えば既存の暗号による暗号化データの生成停止のタイミングがシステム対応完了と同時（2031年）であるとします。しかし、2031年までに生成された暗号化データの中で、CRQCといえる量子コンピュータが実現するタイミング（2040年）で攻撃者によって解読・悪用される可能性があるものが存在するとすれば、それはハーベスト攻撃の対象になると考えられます。こうしたハーベスト攻撃の対象になる暗号化データが存在する場合、それらのデータを対象に、新しい暗号の導入とは別のリスク対策手法を検討することが求められます。

（2）新しい暗号の導入とは別のリスク対策手法の検討

　新しい暗号の導入では対応が間に合わない場合は、比較的早期に効果が現れるリスク対策手法も講じることが必要です。

　RSA暗号や楕円曲線暗号を鍵共有のために使用している場合、単純な代替方法の例としては、インターネットを介さず、大量の乱数を外部記憶媒体などに格納して通信相手に物理的に配送し、その乱数からセッション鍵を生成するという方法があります。これは古典的な方法ではありますが、大量の乱数を安全に配送できるのであれば新しい暗号の導入の代替手段となります。乱数は1回の通信セッションで使用したら破棄し、次のセッションでは新しい乱数を使用します。TLSの場合には、配送された乱数から**事前共有鍵**（pre-shared key）を生成し、事前共有鍵からセッション鍵を生成することになります。

この方法を使えば、既存のシステムを改修する手間を省けます。ただし、乱数を格納した外部記憶媒体を通信相手にそれぞれ配送する手間やコストがかかります。また、インターネット上で不特定多数の相手と通信する場合、この方法を適用することは実際上困難でしょう。したがって、このような手段を採用するにしても、特にリスクの高い情報を少数の相手とやり取りする場合に絞って適用するのが現実的です。

そのほか署名付きデータが改変されるリスクへの対応としては、<u>署名のかわりに、共通鍵暗号またはハッシュ関数を用いたメッセージ認証コードを使用する代替方法</u>があります。この方法では、メッセージ認証コードを生成・検証するための鍵を通信相手と事前に共有する必要があります。上記の暗号化データへの対応と同様に、この鍵の生成用のデータ（乱数）を生成し、外部記憶媒体などに格納して通信相手に配送する方法が考えられます。ただし、メッセージ認証コードを使用する場合、署名とは異なり否認防止を実現できません。これは、通信当事者のいずれもコードを生成できるため、どちらがコードを生成したかを第三者が確認できないためです。**否認防止**【用語】を実現する場合には、この方法は有効ではないかもしれません。

別の方法として、信頼できる第三者に、署名付きデータとその検証に用いる電子証明書などが特定のタイミングに存在していたことを証明してもらうという方法もあります。例えば、公証制度に基礎を置く電子公証制度を利用することが考えられます。これによって、署名付きデータなどに対する認証や電子確定日付を付与してもらうと同時に、認証対象のデータを長期間安全に保管してもらうことができます。将来、署名偽造によって署名付きデータが改変された疑いが生じたとしても、電子公証制度で認証・保管されているデータを参照することによって対処することが可能になります。

否認防止（non-repudiation）
情報の送受信が確かにあったことを証明して、後から否定できないようにする仕組みのこと。

第2章　量子コンピュータが暗号にもたらすリスク

コラム 2
サイバーセキュリティ対策の
さらなる強化に向けた提言

2024年5月23日、自由民主党のデジタル社会推進本部が「デジタル・ニッポン2024」と題した提言を岸田総理大臣（当時）に申し入れました。この提言には、「サイバーセキュリティ対策のさらなる強化に向けた提言」が含まれており、その柱の1つが「PQC対応のための政策パッケージの策定」です。背景と内容をサマライズすると次のとおりです。

- 量子計算機技術の進展に伴い、公開鍵暗号が解読される危険性が指摘されている。
- 対応が遅延した場合に日本が被る安全保障面・経済面での損失が甚大なものになるおそれがある。
- アメリカ連邦政府は2024年夏にPQCの最初の標準化を完了させ、確定仕様が公開される予定である。
- こうした状況を踏まえ、PQC対応のための行動計画（仮称）を策定すべき。

また、PQC対応のための行動計画に盛り込むべき主な項目として以下が挙げられています。

- 日本全体を視野に入れた移行計画（ロードマップ）の策定と公表
- 企業向けのPQC対応ガイドライン（仮称）の策定と公表
- PQC対応のための行動計画の推進主体の明確化、必要な人員・権限の強化
- PQC移行推進にあたって必要な支援策
- 国際標準化や海外展開の支援

この提言を受けて、日本政府も今後PQC対応を加速させる可能性が高いとみられます。また、企業向けのPQC対応ガイドラインが策定されるとすれば、皆さんがリスク対応について検討する際の参考になります。日本政府の今後の動向が注目されます。

なお、2024年7月18日、金融庁は「預金取扱金融機関の耐量子計算機暗号への

対応に関する検討会」の第1回会合を開催し、PQC対応を検討する際の推奨事項、課題、留意点などの検討を開始しました[26]。この検討会での議論の内容をまとめた報告書が2024年11月26日に金融庁のWebサイトに公表されましたので、PQC対応の参考にしましょう。

2.5　海外のセキュリティ当局の動向

PQCを導入するという方針に関して、海外の主なセキュリティ当局がどのような対応を推奨しているかを紹介します。日本は、セキュリティ当局ではありませんが、CRYPTREC（詳しくはコラム1、70ページ参照）においてPQCの動向調査が行われています。

2.5.1　アメリカ

アメリカ連邦政府は、2022年5月、国家安全保障覚書を発表し、2035年までに量子コンピュータによるリスクを最大限緩和する方針を示しています[27]。また、2035年に向けた各種検討事項の期限も示しています（図2.8）。

【26】https://www.fsa.go.jp/singi/pqc/index.html

【27】https://www.whitehouse.gov/briefing-room/statements-releases/2022/05/04/national-security-memorandum-on-promoting-united-states-leadership-in-quantum-computing-while-mitigating-risks-to-vulnerable-cryptographic-systems/

第2章　量子コンピュータが暗号にもたらすリスク

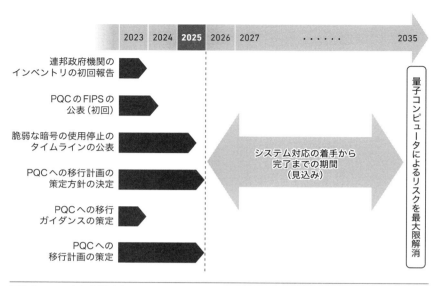

図2.8　アメリカ連邦政府におけるPQCへの移行のタイムライン

　このタイムラインによれば、国家安全保障に関係する連邦政府機関のシステムを対象に、2025年末までにPQCへの移行計画を策定するとしています。したがって、具体的なシステム対応の作業を2026年以降に着手し、遅くとも2034年ごろまでに完了させる計画です。また、2035年を対応期限として設定していることから、CRQCといえる量子コンピュータが2035年よりも早い時期に実現する可能性は低いとの見方を示していると解釈することもできます。

　一方、タイムラインの公表よりもかなり前から、アメリカ連邦政府はPQCへの移行に向けた対応を開始しています。2016年12月、NISTが、PQCのアルゴリズムを標準化するために暗号の公募を開始しました[28]。公募対象のPQCは、暗号化または鍵カプセル化のための公開鍵暗号のアルゴリズムと、署名のアルゴリズムです。公募に応じて提案されたすべてのアルゴリズムは、主にセキュリティ、処理速度、実装性の観点から評価され、このうち2022年7月に

【28】PQCの標準化に関する情報は、NISTのWebサイトに掲載・公開されています（https://csrc.nist.gov/Projects/post-quantum-cryptography）。

4件のアルゴリズムを標準とする方針が発表されました[20]。暗号化または**鍵カ**
プセル化のアルゴリズムが1件（CRYSTALS-Kyber）、署名のアルゴリズムが
3件（CRYSTALS-Dilithium、Falcon、SPHINCS+）でした**[29]**。また、Falcon
を除く3件については、2.4.2項で説明したように、2024年8月にそれぞれの
FIPSが公表されています。

ただし、NISTは、これら以外のPQCのアルゴリズムの評価も継続してい
ます。暗号化または鍵カプセル化のアルゴリズムに関しては、今後の暗号技
術の研究の進展によってML-KEM（CRYSTALS-Kyber）に対しても新しい
攻撃法が提案される可能性があり、そうした事態に備えるためにML-KEM
を代替するアルゴリズムを準備することを目的としています。特に、Classic
McEliece、BIKE、HQCという3つのアルゴリズムが評価の対象となってい
ます[26]。デジタル署名のアルゴリズムに関しては、ML-DSA（CRYSTALS-
Dilithium）とFalconの安全性がいずれも同じタイプの数学問題の困難性に依
拠しており、SLH-DSA（SPHINCS+）がML-DSAの代替を目的としているた
め、これらとは別の数学問題の困難性に依拠した汎用的なアルゴリズムの評
価を進めています。2024年10月24日の時点で14件のアルゴリズムが評価対
象となっています[26]。

さらにNISTは、汎用的なPQCの標準化に加えて、特定用途向けのPQCの
検討も進めています。2020年には、主にソフトウェアやファームウェアのコー
ド署名向けのPQCの推奨アルゴリズムをSP 800-208（Recommendation for
Stateful Hash-Based Signature Schemes）として公表しました。SP 800-208
はLMS（Leighton-Micali Signature）やXMSS（Xtended Merkle Signature
Scheme）を規定しています。

LMSとXMSSには、1つの署名生成鍵で1つの署名を生成するという制約
（**ワンタイム署名**）があります。仮に、1つの署名生成鍵で複数の署名を生成し
たとすると、それらの署名を攻撃者が入手した場合、署名が改変されてしまう
からです。一方、コード署名は、システムにソフトウェアをインストールする

【29】これらのアルゴリズムについてはCRYPTRECの報告書[24][25]に詳しく解説されていますので、
興味のある方は参照してください。

際にそのソフトウェアが正しいものか否かを検証するためにソフトウェアに対して付与されます。したがって、ソフトウェアを配布するときにコード署名を1回生成すればよく、ソフトウェアをアップデートする際には別の署名生成鍵によって新たなコード署名を生成することになります。インターネット上での認証のように頻繁にデジタル署名を生成する場合に比べて、ソフトウェアのアップデートの頻度は格段に少ないため、ワンタイム署名を使用できるというわけです。

なお、SLH-DSAも、ハッシュ関数の安全性に依拠した署名アルゴリズムです。アルゴリズムの性質は少し異なりますが、こちらもコード署名などに限定して使用されることが見込まれています。

2.5.2 ❖ イギリス

イギリスにおけるサイバーセキュリティ対策を担当する政府機関であるNCSC（National Cyber Security Centre）は、2020年11月、"Preparing for Quantum-Safe Cryptography"と題するホワイトペーパーを公表しました[27]。その後、2023年11月に、本ホワイトペーパーのアップデート版として"Next Steps in Preparing for Post-Quantum Cryptography"を発表しました[28]。これらのホワイトペーパーにおいて、「暗号によって長期間保護すべきデータを有する組織は量子コンピュータによるハーベスト攻撃に留意すべき」としたうえで、対処方法として「PQCへの早期移行が最も望ましい」との見方を示しています。

また、PQCのアルゴリズムについては、しかるべき標準化機関や公的機関による評価を経て標準化されたものを採用すべきとしています。2023年11月のアップデート版では、CRYSTALS-Kyber、CRYSTALS-Dilithium、SPHINCS+を推奨するとともに、LMSとXMSSも推奨しています。ただし、SPHINCS+、LMS、XMSSの用途は、ソフトウェアやファームウェアへのコード署名に限定しています。Falconは推奨されていませんが、これは、アップデート版の公表のタイミングでFIPSの草案が発表されていなかったためとみられます。

標準化されたPQCのアルゴリズムを推奨する理由に関して、これらのホワイトペーパーは、「標準化されていないPQCのアルゴリズムを使用した暗号製品を採用した場合、セキュリティが十分に検証されていない可能性がある」としています。また、「標準仕様に準拠した暗号製品を後で採用することになった際に、PQCのアルゴリズムの変更に伴う追加的な作業（例えば、標準仕様に適合するようにシステム構成を変更する）が必要となる可能性がある」としています。

このほか、以下の対応を推奨しています。

① システムにおいて、暗号を使用している部分や製品を特定する（クリプトインベントリの構築）。
② 暗号を使用している部分や製品が複数存在する場合、それらの間に依存関係が存在するか否か、存在するとすればどのような関係かを特定する。依存関係があるとすれば、セキュリティや相互運用性の観点から、依存関係と整合するように暗号移行を実施する必要がある。
③ 暗号を使用している部分や製品への対応に関して、優先順位を決定する。例えば、個人情報などの比較的高い機密性が要求されるデータを取り扱うシステムや、有効期間が相対的に長い電子証明書を取り扱うシステムを優先する。
④ PQCを導入する際には、当面は既存の暗号と組み合わせて使用する形態（ハイブリッド方式）が選択肢となる。ただし、ハイブリッド方式を採用する場合、あくまで過渡的な対応（interim measure）として位置付けたうえで、将来、PQCのみを使用する形態に移行することを想定し、暗号移行を円滑に実施できるように検討・準備しておく（クリプトアジリティの実現）。

2.5.3 ❖ オーストラリア

オーストラリアにおけるサイバーセキュリティ対策を担当する政府機関であるASD（Australian Signals Directorate）は、2023年5月、"Planning for

第2章 量子コンピュータが暗号にもたらすリスク

Post-Quantum Cryptography"と題するガイダンス（改訂版。初版の発表は2022年7月）を発表しています[29]。本ガイダンスは、CRQCといえる量子コンピュータが実現した際に安全な通信を維持するための実用的な手段としてPQCの導入を推奨しています。PQCのアルゴリズムに関しては、NISTの標準化対象を参考にしながら評価・選定し、ASD承認暗号アルゴリズム（ASD-Approved Cryptographic Algorithms）とする方針を示しています。

PQCへの移行計画立案に際して以下の事項を推奨しています。

① 公開鍵暗号を使用する環境において、すべてのアプリケーションと情報通信機器に関する暗号の使用状況を調査し、クリプトインベントリを整備する
② 公開鍵暗号によって保護されているデータの価値を特定する
③ PQCへの移行計画には、PQCのテストや導入時期、既存の公開鍵暗号の使用停止の方法などに関する事項を含める
④ 暗号のベンダーやPQCの研究者と協力し、導入対象のシステムにおけるPQCへの要求事項を特定する。また、PQCに関する調査研究やテスト・実験を実施する
⑤ PQCへの移行にかかわるスタッフに対して必要なトレーニングを実施する

2.5.4 ❖ オランダ

オランダにおけるサイバーセキュリティ対策を担当する政府機関であるNBVは、2021年9月、CRQCといえる量子コンピュータが実現した際の暗号への影響を説明するとともに、PQCへの移行に関する推奨事項を内容とするガイドラインを公表しています[17]。

このガイドラインでは、特に公開鍵暗号へのリスクと対応に関して次のように説明しています。

118

- CRQCといえる量子コンピュータが実現する可能性は、ガイドライン公表時点（2021年）では非常に小さい
- 一部の専門家は、2030年ごろに実現する可能性を指摘しており、2030年以降も保護が必要なデータを有する組織はハーベスト攻撃による暗号解読のリスクに留意すべき
- ハーベスト攻撃によるリスクを評価し、リスクを軽減する必要がある場合には対処方法に関して検討に着手すべき
- リスクへの対処方法としてPQCへの移行を検討することを推奨する

PQCへの移行を検討するにあたって以下の事項を推奨しています。

① PQCへ移行する際には、セキュリティの観点から、まず現行の暗号と組み合わせるハイブリッド方式（hybrid construction）を採用する
② 鍵カプセル化のアルゴリズムとして、FrodoKEMとClassic McElieceを使用する
③ ハーベスト攻撃への早急な対処が必要であり、PQCへ移行する時間的な余裕がない場合には、公開鍵暗号で保護しているデータを共通鍵暗号によって保護するなどの代替案を検討する
④ PQCへの移行準備として、組織において保護すべきデータの内容、保護期間、暗号使用状況など、保護対象のデータと暗号に関する情報を収集する（クリプトインベントリの整備）
⑤ PQCへの移行に必要な時間、対象となるシステムや暗号製品を特定する
⑥ システムの新設や改修がすでに予定されている場合、将来のPQCへの移行を展望し、対象のシステムにおいて採用される可能性がある暗号製品がPQCをサポートしているか否かをベンダーに問い合わせる。また、将来の入れ替えが比較的容易な暗号製品を選択する（クリプトアジリティへの配慮）

また、PQCへの移行に関する具体的な検討事項や作業内容を解説した"The

第2章　量子コンピュータが暗号にもたらすリスク

PQC Migration Handbook" が、2023 年 12 月、オランダの代表的な研究機関であるオランダ応用科学研究機構（TNO：Nederlandse Organisatie voor Toegepast-Natuurwetenschappelijk Onderzoek. 英語の名称は Netherlands Organisation for Applied Scientific Research）によって公表されています[30]。

2.5.5 ❖ カナダ

カナダにおけるサイバーセキュリティ対策を担当する政府機関 CSE（Communications Security Establishment）は、量子コンピュータを用いたハーベスト攻撃の影響と対応の必要性を説明する文書を 2020 年 5 月に発表しています[31]。その後、2021 年 2 月には、"Preparing Your Organization for the Quantum Threat to Cryptography" と題するガイダンスを公表し、PQC への移行を推奨しています[32]。

ガイダンスは、中長期間使用する情報（any information with a medium or long lifespan）が CRQC といえる量子コンピュータによる情報漏洩リスクにさらされるとの見方を示しています。そのうえで、PQC への移行計画を策定し、PQC が標準化されて実装可能になった時点で実行することを推奨しています。

PQC への移行を以下のステップで実施することを推奨しています。

① 日々実施しているリスクアセスメントの一環として、組織内で使用する情報の機密性や重要性を評価し、それらを保護すべき期間を明確にする
② CRQC といえる量子コンピュータのリスクにさらされる情報を特定する
③ システムのライフサイクル管理を必要に応じて見直し、PQC への移行計画を策定する
④ PQC 導入に伴うソフトウェアやハードウェアのアップデートに関して、しかるべきタイミングで予算やリソースを確保する
⑤ CRQC といえる量子コンピュータのリスクに対処するスタッフに、必要な研修やトレーニングを実施する
⑥ ベンダーに対して暗号製品における PQC の実装について問い合わせる。例えば、将来、ソフトウェアをアップデートする際に PQC をサポートする

予定があるか、PQC導入の際に新しいソフトウェアやハードウェアを追加的に導入する必要があるか（既存のシステムのリソースで十分か）などを確認する

⑦ ベンダーに対して、FIPSのように標準化されたPQCを暗号製品においてサポートするように要請する

⑧ システムのライフサイクル管理において、いつ、どのような方法でPQCへ移行するかを決定する

⑨ PQC導入のためのシステム改修やパッチ適用を実施する

このガイダンス本体には、推奨するPQCを明記していませんが、CSEがNISTと連携してPQCのアルゴリズムの評価を進めていることを記載しているので、NIST標準PQCアルゴリズムの使用を推奨しているとみられます。ちなみに、CSEはNISTと共同でCMVPを運営しています。したがって、PQCを搭載する暗号製品についても、CMVPによるテスト・認証を取得したものがカナダ政府機関におけるシステムの調達対象になる可能性が高いといえるでしょう。

2.5.6 ❖ ドイツ

ドイツにおけるサイバーセキュリティ対策を担当する政府機関であるBSIは、2021年5月、"Migration to Post Quantum Cryptography, Recommendations for Action by the BSI"と題するガイドラインをPQCへの暗号移行の指針として公表しています[18]。

このガイドラインは、以下の2つの見方を示しています。

- 長期的な視点でみると、今後、量子コンピュータによる暗号へのリスクに対応する方法として、PQCが広く採用される可能性が高い
- 適切なリスク管理の手法によって量子コンピュータによるリスクを見積もったうえで、暗号の移行の必要性に関する検討に着手することが重要である

第2章　量子コンピュータが暗号にもたらすリスク

そのうえで、主に以下の事項を推奨しています。

① システムの新規開発または既存システムの更改にあたって、クリプトアジリティを実現するよう配慮する
② PQCへ移行する際には、まずは既存の暗号と組み合わせる実装形態（ハイブリッド方式）を採用する。PQCを単独で使用することは当面推奨しない
③ 既存の暗号からPQCに移行する際には、PQCの鍵長や暗号文のビット長は既存の暗号より大きくなる可能性があるため、暗号を使用するプロトコルの仕様変更などの対応の必要性を考慮する
④ 共通鍵暗号のセッション鍵を共有するために公開鍵暗号を使用している場合で、PQCへ移行する時間的余裕がなく、公開鍵暗号以外の手段でのセッション鍵の保護を直ちに始める必要があるときは、セッション鍵を生成するためのマスター鍵（pre-distributed symmetric long term key）をオフラインなどで共有する方法を検討する

　上記④は、ハーベスト攻撃への対応のために緊急避難的に実施するものとしています。本ガイドラインでは、データの送信者と受信者が通信を開始する際にマスター鍵に一定の変換（key derivation process）を施して新しいセッション鍵を生成する方法を紹介しています。
　また、BSIは、2024年2月、推奨する暗号アルゴリズムのガイドラインの改訂版 "Cryptographic Mechanisms: Recommendations and Key Lengths（BSI TR-02102-1）" を発表しています[33]。その中にはPQCの推奨アルゴリズムも含まれており、鍵カプセル化のアルゴリズムとして、FrodoKEM、Classic McEliece、CRYSTALS-Kyberが含まれているほか、署名のアルゴリズムとして、CRYSTALS-Dilithium、SPHINCS+、XMSS、LMSが含まれています。

2.5.7 ❖ フランス

　フランスにおけるサイバーセキュリティ対策を担当する政府機関である

ANSSI は、2022 年 3 月、"ANSSI views on the Post-Quantum Cryptography Transition" というタイトルのポジションペーパーを発表しています[16]。その後、2023 年 10 月、本ポジションペーパーのアップデート版として、"ANSSI views on the Post-Quantum Cryptography Transition（2023 follow up）" を発表しています[34]。

本ポジションペーパーでは、CRQC といえる量子コンピュータによる暗号へのリスクを組織のリスクアセスメントの対象とすべきとしたうえで、そのリスクを許容できない場合には可能な限り早期に PQC へ移行することを推奨しています。

PQC への移行に際して以下の課題が存在すると指摘しています。

① PQC のアルゴリズムが依拠する数学問題の困難性を定量的に評価することは容易ではない。さらに、PQC のアルゴリズムにはさまざまなセキュリティにかかわるパラメータが設定されており、所要のセキュリティレベルに対応したパラメータ（の組み合わせ）の選択も容易でない

② PQC のアルゴリズムのセキュリティを評価したとしても、それを部品として用いる暗号プロトコルの評価を別途行う必要がある

③ **サイドチャネル攻撃**（side-channel attack）[30] などの実装上の脆弱性に関して、PQC のアルゴリズムを搭載する暗号製品の評価や対策の手法が確立しているとはいえない

これらを踏まえ、本ポジションペーパーは、既存の暗号と PQC を組み合わせるハイブリッド方式を推奨しています。そのうえで、PQC に関する研究・評価の蓄積によって PQC のセキュリティに対する信頼が今後徐々に高まり、やがては PQC を単独で使用できるようになるとしています。このような状況の変化を次の 3 つのフェーズに分けて表現しています。

【30】サイドチャネル攻撃は、暗号アルゴリズムを PC や IC カードなどで動作させた際に予期せぬチャネル（サイドチャネル）から漏れる情報（消費電力パターン、処理時間パターン、漏洩電磁波パターンなど）を用いて秘密情報（PC 等の内部に格納されている暗号鍵など）を効率的に推定するタイプの攻撃のこと。

- **フェーズ 1（現時点）**：PQCのセキュリティ（実装環境を考慮した攻撃への耐性も含む）を既存の暗号と同レベルで信頼することが難しく、ハイブリッド方式によってセキュリティを維持するスタンスで臨む。PQCは多重防御の手段の1つと位置付ける
- **フェーズ 2（2025 年ごろ以降）**：PQCに関する研究や評価が蓄積され、PQCのセキュリティに対する信頼が徐々に高まっていく
- **フェーズ 3（2030 年ごろ以降）**：PQCのセキュリティに対する信頼が十分に高まり、ハイブリッド方式からPQC単独実装に移行する

　また、推奨するPQCの鍵カプセル化のアルゴリズムとして CRYSTALS-Kyber と FrodoKEM、署名のアルゴリズムとして CRYSTALS-Dilithium、Falcon、SPHINCS+、LMS、XMSS を挙げています。このうち、SPHINCS+、LMS、XMSSについてはコード署名などに用途を限定しています。

　本ポジションペーパーはクリプトアジリティの実現も推奨しています。クリプトアジリティを、「暗号モジュール自体を交換することなく、実装されている暗号を更新することができる（特性、機能）」と定義し、今後開発する暗号モジュールにおいて可能な限りクリプトアジリティを実現することをベンダーに対して求めています。

2.5.8 ❖ EU

　欧州における複数の国のセキュリティ当局がPQC移行に関する方針や対応内容を公表していますが、欧州委員会（European Commission）は、2024年4月、"Commission Recommendation (EU) 2024/1101 of 11 April 2024 on a Coordinated Implementation Roadmap for the Transition to Post-Quantum Cryptography"というタイトルの勧告を発表しました[35]。この勧告のポイントは以下のとおりです。

- 各加盟国は、PQC移行を可能な限り速やかに行うよう検討すべき
- 各加盟国は、PQC移行戦略を立案すべき。その際、効率的で調和のとれ

た移行の実現を目指して、ほかの加盟国と内容について調整すべき

- 各加盟国は、調整が完了した PQC 実装ロードマップを 2 年以内（2026 年 4 月まで）に策定すべき
- 各加盟国は、欧州域内の専門家や関係機関と連携し、PQC のアルゴリズムの評価や欧州標準の策定を行うべき。また、通信の相互接続性を確保する観点から国際標準化にも積極的に協力すべき
- 各加盟国の活動を今後最長 3 年間（2027 年 4 月まで）モニタリングする。各加盟国には関連する情報を報告することを求める

このように、EU 加盟国間で PQC 移行の戦略やロードマップを互いに調整しながら 2026 年 4 月までに PQC 移行計画を策定するよう各加盟国に求めています。これまで欧州では、各国がそれぞれ独自に PQC 移行対応を検討していましたが、今後は、加盟国間での調整が促され、PQC 移行戦略が一本化されていくとみられます。

2.5.9 ※ 日　本

日本では、日本政府のシステムで使用する暗号を評価・選定している CRYPTREC が、量子コンピュータの開発動向や PQC の研究・標準化の動向を調査しています。その成果が PQC の報告書やガイドラインとして 2023 年 3 月に公表されています[24][25]。また、2020 年 2 月に、量子コンピュータ開発に関連する注意喚起情報として、「CRYPTREC 暗号リスト記載の暗号技術が近い将来に危殆化する可能性は低い」との見方を示しています。ただし、「革新的な技術の発展などにより、量子コンピュータで暗号解読を実現する可能性は否定できません。このため、CRYPTREC では、量子コンピュータによる暗号技術に対する影響、及び量子コンピュータ実現後にも安全な暗号技術（耐量子計算機暗号）に関する監視評価活動を継続していきます」として、動向を注視していく方針も示しています[31]。

【31】https://www.cryptrec.go.jp/topics/cryptrec-er-0001-2019.html

2.5.10 推奨事項のまとめ

海外のセキュリティ当局を中心に動向や推奨事項を紹介してきました。多少のニュアンスの違いがありますが、主なポイントを整理すると以下のとおりです。

- 量子コンピュータによる暗号へのリスク評価に着手することが望ましい
- リスク評価に必要なクリプトインベントリを整備することが望ましい
- ハーベスト攻撃によるリスクに留意することが望ましい
- 現行の暗号と組み合わせるハイブリッド方式を検討することが望ましい
- 暗号の入れ替えを柔軟に実行できるようにクリプトアジリティを考慮することが望ましい

これまでみてきたとおり、海外ではPQC対応が推奨されていることを踏まえると、海外の組織と情報をやり取りしている組織は、通信の相互運用性を確保するという観点からもPQC対応を検討することが重要です。海外の組織は、今後、セキュリティ当局の方針に基づき、PQCへの移行を進めていくでしょう。そうした状況下で、自組織もPQC対応が先行している組織と歩調を合わせるよう求められる可能性があります。個人がブラウザを使って海外のサイト（PQC対応済み）にアクセスする場合、PQCをサポートするブラウザを採用すればよいのであまり問題になりそうにありませんが、オンプレミスのシステムから、PQC対応済みの海外のサーバにアクセスする場合にはシステム対応を求められるかもしれません。いまのうち、ステークホルダーとPQC対応について認識を合わせておくことが重要といえます。

2.6 金融業界における動向

　金融業界では、量子コンピュータによる暗号へのリスクにどう対処するべきかについて検討が進んでいます。代表的な事例として、FS-ISACとASC X9の活動を紹介します。これらの活動内容は金融業界に限らず、他の分野の組織においてリスク対応を検討する際にも参考になります。

2.6.1 ※ FS-ISACの活動

　FS-ISACは、金融機関のサイバーセキュリティや各種インシデントへの対応力の向上を目的として、金融機関間で情報を共有したり共同で検討を実施したりする枠組みを提供しています。アメリカに本部がある非営利団体であり、75か国の金融機関がメンバーとして参画しています。

　量子コンピュータが金融サービスに与える影響について、Post-Quantum Cryptography Working Groupを設置し、金融サービスへのリスクと対処方針、今後の展望などを検討しています。検討結果は技術報告書（technical paper）として2023年に公表されています[32]。以下では、これらの技術報告書のサマリーペーパー "Preparing for a Post-Quantum World by Managing Cryptographic Risk"[36]のポイントを紹介します。

　本サマリーペーパーは、ハーベスト攻撃などの可能性を踏まえ、以下の点を指摘しています。

- CRQCといえる量子コンピュータの完成時期を予測できるかどうかによらず、リスクに対処できる情報セキュリティシステムの準備を直ちに開始

【32】4つの技術報告書を公表しています。タイトルは、"Risk Model Technical Paper"、"Infrastructure Inventory Technical Paper"、"Current State (Crypto Agility) Technical Paper"、"Future State Technical Paper" です [23] [37] [38] [39]。

しなければならない（must immediately begin preparing）

- 従来型コンピュータ（classical computer）の性能向上によるリスクにも留意すべき。CRQCの開発が進むと、その成果が従来型コンピュータにも活用され、従来型コンピュータの性能が予想以上に向上する可能性がある
- CRQCと従来型コンピュータの両方に対してセキュリティを確保しつつ、既存のITシステムとの相互運用性も高いセキュリティプロトコルを、PQCを用いて開発することが重要である

また、本サマリーペーパーは、PQC移行のプロセスとして次の6つのフェーズを示しています。

① 現行の暗号によって保護されている情報資産の棚卸し
② リスクアセスメント
③ ベンダーにおける対応状況の調査
④ リスク評価フレームワークの作成
⑤ リスクモデルの適用によるリスクの定量化
⑥ リスク対策手法の適用

上記のフェーズをNISTリスク管理フレームワークに対応させると、①～⑤が監視ステップ、⑥が選択ステップと実装ステップに相当します。

まず、①の「現行の暗号によって保護されている情報資産の棚卸し」では、暗号の使用状況、暗号による保護対象の情報資産やデータの種類・属性を網羅的に調査し、収集した情報を適切に管理することを求めています。この棚卸しで得られた情報がクリプトインベントリに相当します。また、各種の情報の収集・整理を行う際の留意点として以下が挙げられています。

（アプリケーションに関する情報）

- 金融機関が開発したアプリケーション（in-house application）とベンダーが開発したアプリケーション（vendor application）を分けて情報を

整理し、それぞれに関して暗号の使用状況を把握できるようにする。

- 収集した情報を分類・整理する際に、重要度が高いアプリケーション、および、高い可用性が求められるアプリケーションに関する情報であることを明確化する。
- 金融機関の内部のアプリケーションと外部のアプリケーションを接続するシステムに関する情報であることを明確化する。

（ベンダーに関する情報）
- ソフトウェアやハードウェアなどを提供しているベンダーから、各製品にPQCへ移行する計画やスケジュールなどの情報を入手する。

（業務データに関する情報）
- 業務上使用するデータについて保護すべき期間を明確化する。
- 高い機密度や重要度が求められるデータについてはその旨を明確化する。
- 業務上使用するデータを中長期保護する場合には、ハーベスト攻撃の対象となるか否かを明確化する。

（規制に関する情報）
- 既存の規制によって一定期間保護することが必要な情報の管理状況、そうした情報がリスクにさらされる可能性と対応の方針などの情報を整理する。
- 情報の保護やリスク対応に関する規制の内容がデータを使用・保管している地域や国によって異なる場合がある。グローバルな金融サービスを展開している金融機関は、各地域や国の規制内容、リスク対応状況などに関する情報を収集・整理する。

　②の「リスクアセスメント」では、クリプトインベントリに基づいてリスクを網羅的に抽出します。そのうえで、既存のリスク対策手法を踏まえて、各リス

クが顕在化する可能性や業務への影響を特定します。さらに、既存のリスク対策手法では許容できないリスク（残余リスク）を特定します。

③の「ベンダーにおける対応状況の調査」では、ベンダーへのPQC移行にかかわるサポートの要請、ベンダーにおける管理方法の見直し、PQC移行に関する法律上または契約上の要求事項の見直しなどを行います。

④の「リスク評価フレームワークの作成」では、量子コンピュータによるリスクを評価するための枠組みを準備します。既存の枠組みを再使用したり、独自の枠組みを構築して対応したりします。代表的な枠組みとして、Quantum Risk Assessment（QRA）があります[40]。

QRAでは、PQCへの移行対応の完了がCRQCといえる量子コンピュータの実現のタイミングよりも後になる可能性が高いならば、保護対象のデータが漏洩するリスクが大きいと判断します。逆に、CRQCといえる量子コンピュータの実現よりも早くPQC対応が完了するのであれば、リスクが小さいと判断します。

また、QRAでは、アプリケーションごとにリスクを評価します。あるアプリケーションにおいて保護対象となっているデータの使用（保存を含む）期間を U、評価時点において既存のシステムの運営計画を変更することなくPQCへの移行を実施する場合に、移行完了までにかかる時間を T、CRQCといえる量子コンピュータが実現するまでに今後必要な時間を Z とします。

「$U + T > Z$」が成立する場合、リスクが大きく追加的なリスク対策手法が必要と判断します。そこで、保護が必要なデータの使用期間を短縮する（Uを小さくする）ことができないか、システムにクリプトアジリティの機能を付加することによって移行作業期間を短くする（Tを小さくする）ことができないかを検討します。その結果、「$U + T \leqq Z$」を達成することができれば、リスク軽減に成功したことになります。

⑤の「リスクモデルの適用によるリスクの定量化」では、追加的なリスク対策手法が必要と判断されたアプリケーションに対して残余リスクの定量化を行います。定量化のためのリスクモデルとしてはさまざまなものがあります。例えば、次のi）～iv）の確率や損害額を各残余リスクに関してそれぞれ見積ります。

ⅰ) CRQCといえる量子コンピュータが特定のタイミングで実現する確率

ⅱ) 攻撃者がCRQCを使用する確率

ⅲ) 攻撃者が暗号化データを解読する確率

ⅳ) 解読されたデータの悪用によって金融機関が被る損害額

次に、これらの見積り結果を掛け合わせて金銭的な損害額の期待値をリスク値として算出します。

⑥の「リスク対策手法の適用」では、算出した各残余リスクのリスク値を下回るコストで実現可能なリスク対策手法を選択し、システムに適用します。

2.6.2 ❖ ASC X9 の活動

ASC X9 は、アメリカ国内における金融サービスに関する標準規格を策定する団体です。アメリカの金融機関やベンダーなどがメンバーとして参加しており、金融サービスで使用される暗号などの技術仕様も策定しています。また、ASC X9 は、X9F Quantum Computing Risk Study Group を設置し、量子コンピュータの動向や金融サービスに与える影響について調査しています。2022 年 11 月、"Quantum Computing Risks to the Financial Services Industry" と題する報告書 [9] を発表しています。

本報告書のエグゼクティブサマリーには以下の見方が示されています。

- 近年、量子コンピュータに対する見方が変化している。従来は、「CRQC 開発の障害となっている課題や技術的障壁を解決することができるか？」という問いが多かったが、最近では、「課題や技術的障壁がいつ解決されるか？」という問いが多い。CRQCといえる量子コンピュータは実現するという前提で対処すべきとの考え方が大勢である

- したがって、量子コンピュータによる影響を受ける情報資産を特定し、それらの保護を検討することが必要となってきている

- CRQCといえる量子コンピュータが実現される時期は、今後（2022 年時点）、5 ～ 30 年後（2027 年から 2052 年ごろ）とみられる。ただし、今後の

研究開発投資や技術的課題の解決の状況によって実現のタイミングが変化する

- 時間の経過とともに、CRQCといえる量子コンピュータの実現時期をより正確に予測できるようになる反面、リスクに対処するための時間も減少する

また、本報告書では、既存の暗号をPQCに移行することが望ましいとしたうえで、以下の事項について検討したうえで移行戦略（quantum-safe migration strategy）の立案を推奨しています。

- 量子コンピュータとその影響を理解し、脅威に対処するためのツール、技術、標準規格を理解する。また、量子コンピュータの動向を注視する
- 量子コンピュータに対して脆弱な暗号の使用状況を特定する。そして、クリプトインベントリを整備する
- CRQCといえる量子コンピュータが業務やサービスにどのような影響を及ぼすかを評価する
- 量子コンピュータに対処するためのツールをシステムのどの箇所に適用するかを特定する
- サプライチェーン上のサプライヤに移行戦略の立案を要請する
- PQCをシステムに導入する前に、テストを実施して対策の効果を検証する

ワーク　自分の組織の対応を確認してみよう

　本章では、量子コンピュータによるリスクをNISTリスク管理フレームワークとリスクアセスメント実施ガイドに沿って算出するプロセスを説明しました。また、リスク対策手法の選択やシステムへの適用時の留意点についても説明し、海外のセキュリティ当局や金融分野が発表した対応方針や推奨事項に触れました。

　最後に、本章の主なポイントを改めて整理・列挙しますので、自組織における対応と照らし合わせてみてください。

1 組織におけるシステムや運用環境の監視体制が整っていないと量子コンピュータによるリスクに対処するのは困難です。まず、監視プロセスにおいて、システムオーナーや上級情報セキュリティ責任者が新たな脅威の発生源としてCRQCといえる量子コンピュータを認識することが重要です。

> **問1** 皆さんの組織のシステムオーナーや上級情報セキュリティ責任者は量子コンピュータによるリスクを認識していますか？
> システムオーナーらがそのリスクを認識しているとすれば、リスクの算出に向けてこれまでにどのような取り組みを行ってきたか、また、今後どのような取り組みを予定しているかを、時系列でリストアップしてみましょう。

> **問2** リストアップが終わったら、2.2節で説明した監視ステップ、選択ステップ、実装・検証ステップのタスクと比較して、自組織の対応内容に漏れがないかを確認しましょう。

2 量子コンピュータによるリスクをNISTのリスクアセスメント実施ガイドに沿って算出するプロセスを説明しました。脅威の発生源、事象、脆弱性、影響といった要素を明らかにしていくプロセスです。

> **問3** リスクアセスメント実施ガイドにおけるリスク算出のプロセス、および、各プロセスに含まれるタスクをリストアップするなどして確認しましょう。

第2章　量子コンピュータが暗号にもたらすリスク

3 量子コンピュータによるリスクを算出する際には、システムにおける暗号の
使用状況を把握する必要があります。自組織の暗号の使用状況に関する情報
をクリプトインベントとしてデータベース化しておきましょう。

クリプトインベントリは、暗号にかかわる脆弱性が新たに報告されたときに影
響を受けるシステムや機能を迅速に特定するのに役立ちます。また、クラウ
ドなど、外部のサービスを使用して業務を行っている場合は、そうしたサー
ビスにおける暗号の使用状況に関する情報も収集しましょう。

> **問4**　皆さんの組織にはクリプトインベントリが存在しますか？　クリプトインベント
> リが存在するのであれば、暗号の使用状況に関してどのような種類の情報を
> 管理しているかを確認しましょう。

> **問5**　クリプトインベントリにおいては、使用している暗号やそれによって保護され
> ている情報がすべて格納されていることが重要です。皆さんの組織におい
> て、どのような方法でクリプトインベントリの情報を収集・アップデートして
> いるかを確認しましょう。
> 収集方法に漏れがないかも確認しましょう。

> **問6**　クラウドなど外部のサービスを自組織の業務で使用している場合、それらの
> 暗号の使用状況に関する情報もクリプトインベントリで管理しているか確認し
> ましょう。

4 ハーベスト攻撃の標的となるのは、CRQCといえる量子コンピュータが実現
すると見込まれるタイミング以降も解読・悪用する価値がある情報です。
そのような情報がどのように取り扱われているかを、クリプトインベントリを
活用して特定することが重要です。

> **問7**　皆さんの組織では、CRQCといえる量子コンピュータが実現する時期をいつ
> ごろと見込んでいますか？

> **問8**　皆さんの組織において、CRQCといえる量子コンピュータが実現すると見込
> んでいるタイミング以降に解読・悪用される可能性がある情報としてどのよ
> うなものが存在しますか？　リストアップしてみましょう。

［ワーク］自分の組織の対応を確認してみよう

5 攻撃者によって悪用される可能性のある脆弱性の大半は、（量子コンピュータによる脅威に限らず）さまざまなサイバー攻撃に悪用される可能性があります。一方、量子コンピュータのもたらすリスクへの対処として脆弱性を解消する取り組みは、その他のサイバー攻撃への対処としても有効です。

脆弱性は、業務の遂行方法を変更したりシステムを改修したりした際に発生する可能性があります。定期的に脆弱性の有無を確認して対応しましょう。

> **問9** 皆さんの組織では、サイバー攻撃への備えとして、業務やシステムにおける脆弱性の調査や解消をどのように行っていますか？

6 量子コンピュータのもたらすリスクへの対処にあたっては、クラウドなど、外部のシステムも対象とする必要があります。それらのシステムへも PQC 移行などのリスク対応手段が必要な場合、外部のシステムの運営主体における当該リスクへの対応方針や実施計画の情報を収集し、自組織の計画と整合的かどうか確認する必要があります。

自組織よりも対応が遅い場合は、対応を前倒しするように要請するか、適切なリスク対応を予定しているほかの運営主体のシステムに乗り換えるなどの対応が求められます。

> **問10** 皆さんの組織において、業務の一部で外部のシステムを使用しており、そのシステムにおいて暗号移行が必要な場合がありますか？ 確認してみましょう。また、そのような場合があるとすれば、外部のシステムの運営主体に対してリスクへの対処を要請するなどの働きかけを行っていますか？

7 PQC に移行する方針でシステムを改修する場合、通常、オンプレミスのシステムであれば、開発委託業者または維持管理委託業者となっているベンダーと相談して PQC のアルゴリズムの選定、改修の範囲、着手の時期、開発スケジュールなどを検討します。

特に、量子コンピュータによるリスクに関する問題意識をベンダーと共有し、情報収集や対応方針の検討に早めに着手することが大切です。

135

第2章　量子コンピュータが暗号にもたらすリスク

> **問11** 皆さんの組織では、量子コンピュータによるリスクに関して、問題意識を
> ベンダーと共有していますか？ リスク対応に関連してこれまでにベンダーと
> どのような情報を共有しどのような検討を実施したかを整理しましょう。
> まだ共有していない場合には、組織のリスク対応方針や問題意識、疑問点、
> リスク対応上課題と考えていることなどを整理し、ベンダーと共有しながら
> 今後の対応を相談しましょう。

8 PQCに移行対象のシステムが外部の組織のシステムと連動しているときは、
外部の組織と歩調を合わせて対応することになりますが、複数のシステム間
で調整が必要だったり、システム改修が完了するまでに予想以上に時間がか
かったりする可能性があります。あらかじめシステム改修時に調整が必要な
ステークホルダーを洗い出しておく必要があります。

> **問12** 自組織における改修対象のシステムのステークホルダーをリストアップしま
> しょう。

9 量子コンピュータのもたらすリスクへの対応に加えて、クリプトアジリティを
実現するための仕組みをシステムに導入するのは有益です。
フランスのANSSIやイギリスのNCSCが推奨しているように、PQCへの移
行の際にハイブリッド方式を採用する場合には、将来、ハイブリッド方式から
PQC単独の方式に移行する場面が考えられます。こうした移行を効率的に
実施するうえでも、クリプトアジリティに配慮することは重要です。

> **問13** 現行の暗号とPQCを組み合わせるハイブリッド方式を採用すれば、どのよう
> なメリット、デメリットがあるでしょうか？

> **問14** 皆さんの組織のシステムにはクリプトアジリティを実現する仕組みが備わっ
> ていますか？
> また、システムのリソースにある程度の余裕が存在しますか？ こうした点に
> ついて確認してみましょう。

3

AIの発展と規制

第3章　AIの発展と規制

　本章では、AIの歴史的な発展について簡単に説明した後、アメリカNISTの
"Artificial Intelligence Risk Management Framework（AI RMF 1.0）" [1]（以
下、NIST AIリスク管理フレームワーク）に基づいて、設計・開発から運用ま
でも含め総合的な観点から信頼できるAIシステム、すなわち**トラストワージ
ネス**（trustworthiness）をもつAIシステムを実現するために考慮すべき、7つ
の特性について説明します。

　続いて、日本を含め世界中で、AIがもたらすリスクに対処するための法
制度の整備が進んでいる状況をまとめます。本章では代表的なものとして、
EU・米国・日本・OECD・欧州評議会・国際連合の動きとともに、国際標
準（ISO）の動向について説明しています。

3.1　AI研究開発の進展と AIシステムのライフサイクル

3.1.1 ❖ AI研究開発の進展

（1）第1次AIブームから第3次AIブームまで

　第二次世界大戦が1945年に終結し、コンピュータが誕生した直後にはすで
にAI研究は産声をあげています。1956年にはAIに関するダートマス会議が
開催されています。この会議開催へ向けてロックフェラー財団へ出された会議
趣意書には、「2か月間、10人規模の厳選されたAI研究者がAIに取り組めば、
1つ以上の問題で大きな進歩がもたらされるだろう」と書かれていました。し
かし、結果的に当時大きな成果が得られることはなく、その後も迷路探索な
どの簡単な問題は解決されたものの現実的な問題を解くことはできないまま、
第1次AIブームは1970年代に終焉を迎えました。

　第2次AIブームでは、現実的な問題を解決するために必要な知識をコン
ピュータへ大量に蓄え、知識を利用して推論を行うシステムが盛んに研究さ
れました。特に、高度な専門知識が求められる分野であたかも専門家のよう

3.1 AI研究開発の進展とAIシステムのライフサイクル

に振る舞うエキスパートシステムの開発が目指されました。しかし、大規模な知識を取り扱い、現実の問題を解決するには無限のリソースが必要となること、さらに専門家（人手）に頼る広範な知識ベースの構築が困難であることなどが明確となり、1990年代に終わることとなりました。

次のブームの引き金となったのは、人間の神経細胞を模したニューロンと呼ばれる、1つひとつは単純な計算を行うだけの処理を組み合わせたニューラルネットワークでした。ニューラルネットワークの発想自体は以前からあり、第1次AIブームではパーセプトロン、次の第2次AIブームでは浅い層構造をもつニューラルネットワークが研究されていました。しかし、いずれも性能の限界が理解されたことから、それほど大きなムーブメントにはなりませんでした。特に、大規模なニューラルネットワークを学習させることは非常に難しいと認識されていました。

2010年になると、当時困難であった画像からの一般物体の認識精度を競うチャレンジ、ISLVRC（ImageNet Large Scale Visual Recognition Challenge）が、2017年まで毎年開催されるようになります。2010年・2011年と、当初は世界トップクラスの研究者が0.1％の精度差というレベルで競い合っていました。しかし、続く2012年、これまでよりも深い（ディープ）層構造を学習（ラーニング）させたニューラルネットワークであるAlexNetが、他のアルゴリズムに10％程度の精度差をつけて圧倒し、世界から一気に注目を集めました。

この後、深層学習（ディープラーニング）技術が画像認識を皮切りにして、音声認識や自然言語処理など、従来では非常に困難と考えられてきたそれぞれのタスクで高い精度を達成することが報告されました。ここから、技術の進展だけではなく実用的なシステムも次々と出現する第3次AIブームが始まります。

深層学習は、訓練用のデータから、規則性や関係性を見つけ出す機械学習分野の技術の1つです。機械学習分野では、以前は同じ程度の学習結果が得られるのであれば、「オッカムの剃刀」の原理に従って、より単純な学習モデル、すなわち、よりパラメータが少ない学習モデルを選択するのが妥当とされてきました。逆にパラメータが多すぎると、そもそも訓練データからうまく学

習できなくなる、あるいは学習はできるものの訓練データに過剰に適合し、訓練に用いていないデータ以外での精度が劣化する汎化能力の低下が発生すると考えられていました。

しかし、深層学習では多くのパラメータをもつモデルでも学習できるだけでなく、訓練に用いていないデータにも高い精度を発揮することが実証されています。特定の条件の下では、むしろパラメータ数が多ければ多いほど汎化が進み、学習効率も上がることもわかってきました。このため、深層学習はそれまでの機械学習とは異なり、（非凸）最適化問題の中でも新しいカテゴリーの問題であるという認識がなされ、いまも活発な研究が続けられています[2]。

次に、2つの事例をみていくことにしましょう。

生体情報を用いて人物が誰かを認識するバイオメトリクス技術が日常生活の中で使われるようになってきました。例えばスマートフォンやPCで、顔や指紋、静脈、虹彩などをロック解除に利用している人も多いでしょう。部位、あるいは署名や歩き方などの行動の癖といった個人に固有の特徴のうち、バイオメトリクスでの利用が最も普及しているのが顔です。一般的にはカメラで撮影した顔画像を認識に用います。

図3.1は、顔認識に活用されてきた技術の変遷と、その技術で達成した認識精度を示しています。図3.1左のグラフの横軸は〔年〕です。縦軸は認識に用いる表現とともに、典型的な認識精度も表しています。図3.1右は、表現を抽出する処理ブロックを大まかに示しており、時代を経るにつれて（図中では下から上へ）処理が深くなっています。

顔認識技術の研究開発が本格的に始まったのは1990年ごろのことでした。このころは、画像上の顔領域の画素値全体を入力とし、一種の学習技術でもある統計的手法の1つの主成分分析によって顔の低次元表現を獲得するのが代表的な方法でした。しかし、顔の低次元表現では、特に自然な状況で撮影した顔画像を対象としたときに頑健性に欠け、認識精度も高くはありません。1990年代後半から、人間の初期視覚処理を受けもつ神経細胞に類似した処理を行う、画像小領域の濃淡パターンに反応するガボール特徴を利用することで、認識精度は改善していきます。それでも、精度を改善するためには職人芸

3.1 AI研究開発の進展とAIシステムのライフサイクル

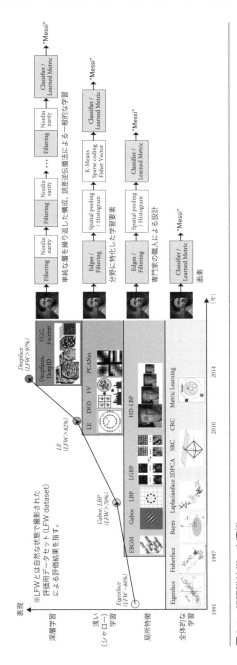

図3.1 顔認識技術の変遷 [3]
Wang, M. et al.: Deep face recognition: a survey, 2020の図1をもとに作成

第3章 AIの発展と規制

が必要であるともいわれていました。

2010年ごろにはデジタルカメラの普及や、安価で容量が大きな記録装置の入手が容易となったことなどを背景に、大量の顔画像を取り扱えるようになり、大量のデータを用いた機械学習に基づく手法が注目されていきます。まず、機械学習によって局所的に有効な特徴を得るような、いまでは浅い学習（シャローラーニング）とも呼ばれるアプローチによって認識精度が向上していきます。そしてISLVRC 2012の後は、柔軟な表現の獲得と識別が可能な深層学習の有用性が広く知られることとなり、バイオメトリクスにも応用されて認識精度は大きく向上し現在にいたっています。

大量のデータを用いてあらかじめ学習したAIモデルを、事前学習モデルと呼び、それぞれのタスクで活用することが多くなっています。事前学習モデルの活用事例を紹介しましょう。

深層学習のフレームワーク（効率的なアプリケーション開発のためのプラットホーム）の1つであるKerasでは、画像を処理対象とする事前学習モデルを簡単に利用できます[4]。Kerasで利用できる事前学習モデルにはXception、VGG16、ResNet101、Inception、MobileNetなどがあり、そのままでも学習済みのタスクであれば手軽に実行できます。一方、事前に学習していないタスクに対しては、当然ではありますがそのままでは実行できません。

事前学習モデルによらず新たなAIモデルを得るためには、多数の訓練データを準備して一から学習させることになります。その訓練データは十分な品質をもつ必要があり、学習の実行には相当のコンピュータリソースを準備して、長時間（場合によっては長期間）にわたって安定に稼働させる必要があります。しかし、新しくモデルをつくらなくても、事前学習済みモデルをファインチューニングすれば、必要な訓練データ量やコンピュータリソースの消費量を抑えながら、新しいタスクに適用させることが可能な場合があります[1]。

例として、大規模画像データベースの1つであるImageNetを学習させた畳み込みニューラルネットワーク（ニューラルネットワークの種類の1つ）が、

【1】 ファインチューニングと転移学習は本来異なる意味をもちますが、本書では特に区別せず表記しています。

3.1 AI研究開発の進展とAIシステムのライフサイクル

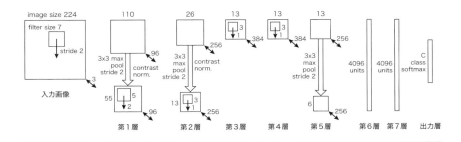

図3.2 ImageNetを学習させた8層構造のニューラルネットワーク[5]
(入力画像は224×224画素のカラー画像、出力数はカテゴリー数C)
Zeiler, M. D. et al.: Visualizing and Understanding Convolutional Networks, 2013の図3をもとに作成

どのようなパターンを学習したかを示します。図3.2は、訓練後のニューラルネットワークを模式的に示しています。224×224画素の画像を入力して5層の中間層による処理を経た後、2層のすべてのノードを結合する全結合層と出力層で構成されたニューラルネットワークです。

学習で得た画像の特徴を図3.3に示します。ニューラルネットワークの構成単位であるニューロンが大きな値を出力する（高い活性度を示す）とき、その活性度を入力画像の画素ごとに投影した画像パッチ[2]と、活性度が実際に高い検証データ中の画像パッチを、中間層の第1層から第5層それぞれで列挙しています。大まかな傾向として、第1層は、顔認識だけではなく多様な画像認識で有効性が実証されてきたガボール特徴に類似する特徴が、学習で自動的に得られていることがわかっています。階層が深くなるにつれてより複雑な、あるいは訓練データへの関連性が強いパターンが得られています。

この結果を踏まえ、事前学習モデルをファインチューニングし、新しいタスクへと適用するためのポリシーを図3.4のようにまとめることができます。事前の訓練データと新しいタスク用訓練データの類似性が高ければ高いほど、事前学習モデルは新しいタスクに適合しやすく、少数の層をファインチューニングするだけで新しいタスクに適合させることができます。逆に類似性が低ければ、より多くの層を新しいタスク用にファインチューニングする必要があ

【2】 1つの画像を複数の小さな画像に分割したもの。

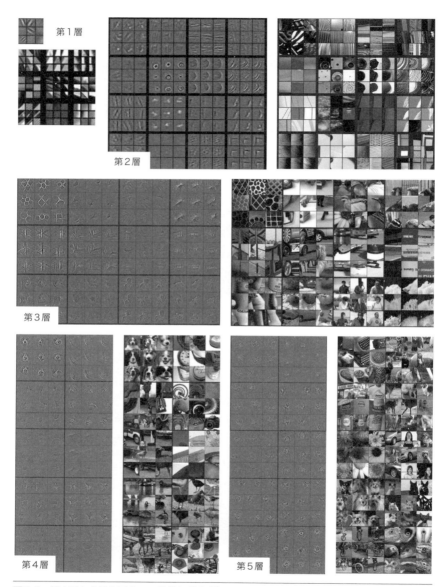

図3.3　第1層から第5層までの特徴視覚化 [5]
Zeiler, M. D. *et al.*: Visualizing and Understanding Convolutional Networks, 2013の図2上をもとに作成（第1層）あるいは左（第2層～第5層）は画素へと投影した活性度、下（第1層）あるいは右（第2層～第5層）は、活性度の高い検証データ中の画像パッチを示す

3.1 AI研究開発の進展とAIシステムのライフサイクル

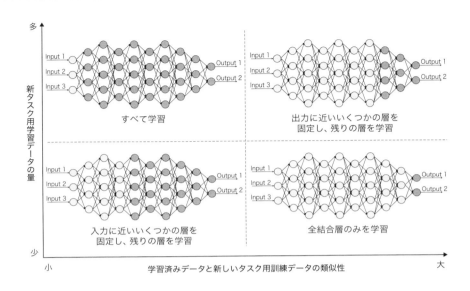

図3.4 事前学習済みモデルを新しいタスクへ適合させるときのポリシー

るでしょう。あるいは新しいタスク用の訓練データの量でもポリシーをまとめることが可能です。すなわち、訓練に使えるデータの量が多ければ多いほど、より多くの層を新しいタスク用にファインチューニングできます。

このように、新しいタスクごとに一からAIモデルを構築するには多大なコストがかかることから、事前学習済みモデルをどのようにファインチューニングしやすく構築しておくかが注目されています。

（2）生成AIの登場

2022年秋にChatGPTが登場し、深層学習を用いる生成AIが一般メディアにも注目されるようになり、第3次AIブームが終わることなく第4次AIブームが始まったともいわれています。機械学習の一種である生成AIは画像・音声・動画・言語に対応し、化合物や電子回路、建造物などの設計にも応用されるようになっています。

また、単一の学習済みモデルでありながら多様なタスクに適用が可能とされ

る基盤モデルの研究開発が進んでいます。基盤モデルとして、ChatGPTのベースであるGPTのほか、PaLM、LLaMA、Gemini、Claudeといった大規模言語モデル（LLM：Large Language Model）が知られています。画像や言語など複数の種類のデータを一度に扱うマルチモーダル領域ではStable DiffusionやImagenのようなテキストからの画像生成特化型だけではなく、音声や動画も扱うことができるように進化したGemini 1.5やGPT-4oが注目されています。

言語を扱うAIモデルである言語モデルの進化の様子を図3.5に示します。この図の横軸は［年］、縦軸はタスク解決能力であり、言語モデルの進化を4段階で表しています。

1990年代に台頭した統計的言語モデルは、基本的にマルコフ過程と呼ばれる確率の数理モデルの一種に基づく単語予測モデルであり、検索や発話などの用途で一定の成果をあげました。

続いて順序関係のある時系列データなどを扱うニューラルネットワークの一

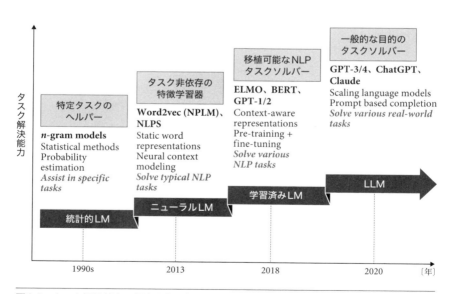

図3.5 タスク解決能力の観点からみた言語モデル（LM）の進化 [6]
Zhao, W. et al.: A Survey of Large Language Models, 2023の図2をもとに作成

種である再帰型ニューラルネットワークなどを利用するニューラル言語モデル
によって、各分野の専門家が有効な特徴量を人手で探索する必要が減り、レ
コメンド分析や機械翻訳などに応用されました。

その後、事前学習済み言語モデルであるELMo、BERT、GPT-1やGPT-2
が登場します。これらは下流のタスクに応じてファインチューニングすること
でタスクのコンテキストを考慮した表現を学習でき、チャットボットやテキス
トデータのポジティブ／ネガティブ分析、大量の文章の分類、大量の文章の要
約、さまざまな文書の校正や誤字チェックなど、より幅広いタスクで活用が可
能です。

基盤モデルとも呼ばれるGPT-3、GPT-4、ClaudeやGeminiなどのLLMで
は、モデルの規模・訓練データの量などを大きくすればするほどタスク解決能
力が一貫して向上する、いわゆる**スケーリング則**が成り立つことがわかってい
ます。さらに、モデルの規模が大きくなってくると、ある時点まで存在しなかっ
たタスク解決能力が突然発現し、向上を始めることもわかっています。これは
創発的能力（emergent abilities）と呼ばれ、言語モデルの進化の過程で、言語
モデルが解決できるタスクの範囲が大幅に拡張され、言語モデルが達成するタ
スク性能が大幅に向上することになりました[3]。これによって例えば、言語モ
デル自体は1つでしかないChatGPTに対して、生成のもとになるデータや指
示となるテキスト（プロンプト）を与えることで、多様なタスクに柔軟に対応
できることを体感された方も多いことでしょう[4]。

また、生成の条件としてプロンプトを与え、画像を生成するタイプの生成
AIもあります。図3.6は、近年の画像生成AIの変遷を表しています。2015年
に、プロンプトをベクトル表現へ変換して条件とし、擬似乱数をもととして適
切な画像を生成するAlignDRAWが、再帰型ニューラルネットワークを活用

【3】　これはまたLLMに大きな投資が集まる要因ともなっています。

【4】　GPTを、チャット用にファインチューニングしたものがChatGPTです。基盤モデルはさまざま
　　　なタスクをこなせるといっても、特定のタスクをより適切にこなすにはファインチューニングし
　　　て応用することも多々あります。また、プロンプトの工夫（プロンプトエンジニアリング）や、
　　　あるいはアプリケーションにデータソースを保持し、プロンプトに合わせて適切なデータを読
　　　み込ませるRAG（Retrieval Augmented Generation／検索拡張生成）手法も用いられます。

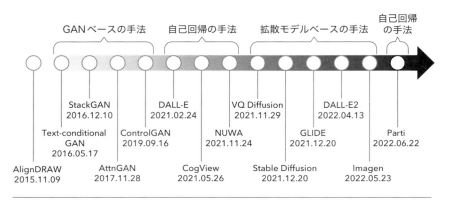

図3.6 テキストから画像を生成する代表的な生成AIの変遷[7]
Zhang, C. et al.: Text-to-image Diffusion Models in Generative AI: A Survey, 2023の図1をもとに作成

することでこの分野を切り拓きました。AlignDRAWは32×32画素という低解像度の画像しか生成できなかったものの、その後、敵対的生成ネットワーク（Generative Adversarial Networks：GAN）や自己回帰モデル、拡散モデルを活用する手法が次々と現れ、より高精細で自然な画像が生成できるようになってきました。

図3.7に、拡散モデルに基づく画像生成AIの1つであるGLIDEが生成した画像を示します。図中の画像それぞれの下に記載したような短いプロンプト、例えば左上は「計算機を使うハリネズミ」、その右は「赤い蝶ネクタイをつけ紫のパーティーハットをかぶったコーギー」などをプロンプトとして与えて、高品質な画像がリアルに、あるいはイラスト風に生成できることを示しており、その能力の高さが実感できるでしょう。

このように、AIの中でも機械学習が目覚ましい進展をみせています。さらに、単に技術の発展に留まらず広く実用化が進んでおり、アプリケーションによっては社会へ大きな影響を与え始めています。

しかも、従来の情報技術と異なり、機械学習とこれを活用するAIは、独特の開発・運用プロセスを要求することがわかっており、国あるいは国際レベルで定められたルールへの準拠が求められます。

3.1 AI研究開発の進展とAIシステムのライフサイクル

"a hedgehog using a calculator"

"a corgi wearing a red bowtie and a purple party hat"

"robots meditating in a vipassana retreat"

"a fall landscape with a small cottage next to a lake"

"a surrealist dream-like oil painting by salvador dalí of a cat playing checkers"

"a professional photo of a sunset behind the grand canyon"

"a high-quality oil painting of a psychedelic hamster dragon"

"an illustration of albert einstein wearing a superhero costume"

図3.7 テキストからの画像生成例 [8]
Nichol, A. et al.: GLIDE: Towards Photorealistic Image Generation and Editing with Text-Guided Diffusion Models, 2022の図1の一部

3.1.2 AIシステムの課題とライフサイクルにかかわるAIアクター

　AI、特に機械学習の発展と普及によって、あらゆる組織はこれまでにない機能や性能を実現するシステムを開発し運用できるようになってきました。また、生成AIを活用してより効率的な開発を行う組織も増えています。図3.8は、プログラミング時のコード生成をサポートするGitHub Copilotを、汎用の高機能エディタであるVisual Studio Codeに導入する際の画面を一部キャプチャしたものです。GitHubの調査によると、GitHub Copilotを使用することで、次のような効果があるというユーザーからの回答が得られています。

- 74％が、コーディング中のフラストレーションが減り、より満足度の高い仕事に集中できる

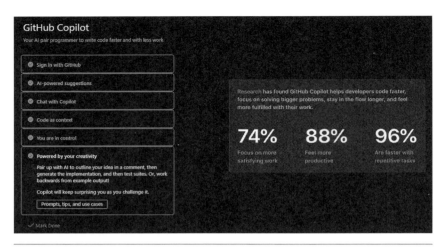

図3.8 Visual Studio CodeにおけるGitHub Copilot導入画面（2024年1月21日キャプチャ）

- 88%が、生産性が向上したと感じている
- 96%が、精神的な負荷が大きな反復作業をより早くこなせるようになった

生成AIは、開発工程だけでなく、さらに要件定義から設計工程、テスト工程にわたって活用が進んでいます。

なお、一般に、インターネット上における（APIなどを介した）生成AIサービスを利用すると、開発者が入力した情報が生成AIの学習にまわされて他組織への回答に利用されるリスクがあることがわかっています。利用する前に契約内容などを十分検討し、秘匿情報の漏洩の脅威が生じないかを確認することが必要です。例えば、初期のGitHub Copilotでは、著作権で保護されたコードが無許可で学習に使用されていた明確な事例として、有料のクラウドサービスを利用するためのAPIキーが学習に使用されており、リーク[5]されたことがありました[9]。

生成AIは、すでに組織内外で多彩な業務に使われています。しかし、生成

【5】　GitHub Copilotでは、このような情報が漏れ出てしまうことがないようにAIモデルを更新しています[10]。

3.1　AI研究開発の進展とAIシステムのライフサイクル

図3.9　ウクライナのゼレンスキー大統領（左）とディープフェイクによって生成されたと思われる画像（右）[11]
出典：'Deepfake' of ashen-faced Zelenskyy ceding to Russia airs on Ukrainian news station, National Post, 2022

　データは**ハルシネーション**（hallucination）、または幻覚と呼ばれる、事実ではない内容を含むことがあります。さらに、生成した音声や画像、動画は、現実のものを録音あるいは撮影したものと見分けがつかないことも多くなっています。また、意図的に事実とは異なる文章・画像・音声や動画を生成することができます。**オリジネータープロファイル**（originator profile）と呼ばれるコンテンツを提供するメディアなどに付与する証明表示の検討も進んでいますが、これにより組織が取り扱う情報すべてがカバーされるわけではありません。生成AIの利用が拡大するにつれて大量に流通する誤った生成データを正しいと誤認する可能性に十分な注意を払う必要があります。

　2022年2月にロシアがウクライナに侵攻してまもなく、ウクライナのゼレンスキー大統領が自軍に、武器を置き家族の下に帰るよう呼びかけたとされる動画が流されました（図3.9）。原稿執筆時点である2024年12月においても、誰がどのような目的でこの動画を作成し拡散させたのかは判明していません。幸いにもこの動画の品質は高くなく不自然であったことと、ゼレンスキー大統領自身が速やかに否定したこともあり大事にいたりませんでしたけれども、動画の品質が高くて自然であった、あるいはウクライナ大統領府の対応によっては大きな影響を与える可能性もありました。

また、ユーザーが生成AIを過度に信頼する、あるいは生成AIに依存し過ぎることで業務スキルが身につかない、体得していた業務スキルを喪失する可能性もあります。さらに、生成AIはもっともらしいが事実ではないハルシネーションを生成することがありますが、業務スキルに欠けるユーザーでは、真偽の確認もできない可能性が指摘されています。このような課題は通常の機械学習でも一般的ですが、人と機械との共同作業でパフォーマンスを上げていくことも、同様に生成AIの登場で重要性が高まっていると思われます。

　このように、AIはシステムの設計や開発プロセスへ影響を及ぼすとともに、システムが出力するデータやシステムの運用などへの配慮も要求します。ここで、AIモデルを学習し、それを用いたアプリケーションを開発・運用していく典型的なライフサイクルを図3.10に示します。

　図3.10はNISTリスク管理フレームワークからの引用で、主要な社会技術的な次元（dimension）に基づいてAIを用いたシステムのライフサイクル活動を分類しています。内側の2つの円が、AIを用いたシステムの次元を示しており、そのうちの中央が人々と人々が暮らすこの惑星、地球です。この「人々と地球」では、人々の人権や社会、地球全体において広い福祉を考慮します。また、人々と地球をとりまいて「データと入力」「AIモデル」「タスクと出力」「アプリケーションコンテキスト」の4つの次元が配置されています。次元の最外円はAIを用いたシステムのライフサイクルの各段階であり、左上の「計画と設計」から始まり、「データの収集と処理」「AIモデル構築と使用」「検証と妥当性確認」「展開と利用」「運用と監視」が並べられています。

　続いて、AIを用いたシステムのライフサイクルの各段階を、表紙裏の**表**（前見返し）を用いてもう少し細かくみていきましょう。なお、**AIアクター**（AI actor）とは、AIを用いたシステムのライフサイクルにおいて何らかの動作主体として働く組織や個人を指します。

　最も上の段は次元、2段目はAIを用いたシステムのライフサイクルの各段階を示します。その次はAIを用いたシステムにかかわる活動のうち、リスク管理の観点から最も重要なTEVVを示します。

3.1 AI研究開発の進展とAIシステムのライフサイクル

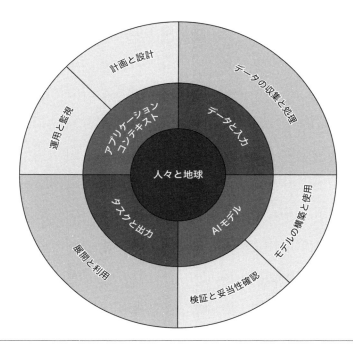

図3.10　AIシステムのライフサイクルと5つの次元（dimension）[1]
Artificial Intelligence Risk Management Framework (AI RMF 1.0), National Institute of Standards and Technology, 2023の図2をもとに作成

　ここでTEVVとは、「テスト（testing）」「評価（evaluation）」「検証（verification）」「妥当性確認（validation）」の、4つの英単語の頭字語です。これら4つのうち、読者になじみが薄いかもしれない検証と妥当性確認については、品質管理システムの国際標準であるISO 9000シリーズでは次のように定義しています。

- **検証（verification）**：客観的証拠を提示することによって、規定要求事項が満たされていることを確認すること[12]
  出典：品質管理システム–基本及び用語, JIS Q 9000:2015[6], 日本規格協会, 2015の3.8.12条

【6】　JIS Q 9000:2015は、国際標準であるISO 9000:2015を和訳した国内標準です。

- **妥当性確認**（validation）：客観的証拠を提示することによって、特定の意図された用途又は適用に関する要求事項が満たされていることを確認すること[12]

  出典：品質管理システム–基本及び用語, JIS Q 9000:2015, 日本規格協会, 2015の3.8.13条

　すなわち、**検証**とは製品やサービスが設計要件や仕様を満足することの確認のことであり、ライフサイクルの各段階で実施します。また、**妥当性確認**とは製品やサービスが最終的に顧客の要求や期待を満足することの確認のことです。

　TEVVの専門家は、ライフサイクル全般にわたってかかわりをもてるようにすべきです。AIを用いたシステムのライフサイクル全体でTEVVを統合し、AIを用いたシステムの運用中もTEVVタスクを定期的に実行することで、技術的・社会的・法的・倫理的な基準や規範に関連した洞察を得ることができます。これによってさらにAIによる影響を予測し、新たに発生するリスクを評価して追跡するのにも役立ちます。したがって、組織はTEVVの重要性を理解して、適切に実行していけるよう組織を設計すべきでしょう。

　表紙裏（前見返し）の表ではTEVVの下にライフサイクルの各段階で行う活動内容を、その下にかかわりうるAIアクターを列挙しています。なお、実際には1人あるいは1組織が複数のAIアクターを兼ねる、あるいはプロジェクトによっては該当するAIアクターがいないこともあります。

　それでは表紙裏（前見返し）の表を左から順に説明していきます。

　最初は「アプリケーションコンテキスト」の次元の「計画と設計」段階です。この段階でのTEVVは、監査や影響評価を含めて実施します。特に影響評価を実施することにより、開発対象であるAIを用いるシステムで起こりうる影響を洗い出して評価することができ、それに基づいて経営幹部は必要に応じて計画や設計の変更、場合によってはプロジェクト自体の取り止めを判断します。

　計画と設計段階では、AIを用いたシステムのコンセプトと目標を立案し、法律および規制上の要件、倫理的考慮事項などに照らし合わせて改善を図り

ながら明確にしていきます。前提条件やアプリケーションコンテキストも考慮しながら、計画を立て設計を進めます。この段階では、多様性・平等・包摂性（inclusivity）などを考慮するために、このような観点に詳しいアクセシビリティ分野の専門家などが加わるとよいかもしれません。

　次は「データと入力」の次元であり、ライフサイクルとしては「データ収集と処理」の段階です。ここで、TEVVでは、内部評価と外部評価を行います。この段階で、目的と、法的あるいは倫理的な考慮事項を照らし合わせ、データを収集・検証、さらにデータをクリーニングし、データを学習に使えるようにしたデータセットのメタデータとその特性を記録します。データセットの品質が、AIモデルの品質に直結しますので、ステークホルダーからどのようなデータセットを利用しているかの説明が求められることがあります。この段階で、人の行動特性（ヒューマンファクター）を対象とする専門家がかかわることもあるでしょう。ヒューマンファクターの専門家は、人が要因である入力ミスを減らしながら効率的なデータセットの作成に貢献します。

　続いて「AIモデル」の次元です。この次元における1つ目の段階が「AIモデル構築と利用」であり、アルゴリズムの開発または選択や、AIモデルの訓練を行います。2つ目の段階は、「検証と妥当性確認」です。これらの段階におけるTEVVでは、AIモデルをテストします。この後で再犯リスク評価やオンラインショッピングの事例を説明しますが、関連するAIアクターや担当組織は、アプリケーションコンテキストをしっかり理解する必要があります。場合によっては、TEVVに精通する社会文化的な分析者の協力を求めます。

　「タスクと出力」次元の「展開と使用」の段階では、TEVVでは統合テスト、準拠性テスト、妥当性確認などを行います。試験的なパイロット運用を行うとともに、既存システムとの互換性を確認、また規制に準拠していることを検証し、組織の変更管理、ユーザーエクスペリエンスを評価します。関連するAIアクターや担当組織としては、ヒューマンファクターの専門家・TEVV専門家・ガバナンスの専門家の協力が必要ですし、さらにモデル構築と利用の段階と同じく、社会文化分析者にも協力を仰ぐことがあります。また、ここでも経営幹部がかかわり、展開と使用にあたって適切に判断することが求められます。

第3章　AIの発展と規制

　ここでもう一度、「アプリケーションコンテキスト」の次元に戻ります。「運用と監視」の段階におけるTEVVとは、監査と影響の評価です。AIを用いたシステムを運用し、目的、および、法的あるいは規制上の要件に準拠させながら、倫理的考慮事項に照らし合わせてその推奨事項を考慮します。さらに、意図するしないにかかわらない影響を、定期的、継続的に評価します。

　最後の次元は、「人々と地球」です。「使用または影響」の段階であり、TEVVは監査と影響評価です。ここでは、システム／技術の使用と、その影響の監視と評価、影響緩和の探索を行います。さらにステークホルダーからの権利主張を受けることがあります。この段階は、ステークホルダーに、影響を受ける個人／コミュニティ、そのほかの一般的な公衆、政策等のポリシー作成者、準拠すべき標準を開発する標準化組織、業界団体、権利援護団体、環境団体、市民社会組織、研究者を含めることがあります。これらの人や組織は、次の情報や規範、指針や議論が提供される可能性があるという意味で非常に重要です。

- アプリケーションコンテキストがどのようなものであるか、また潜在的影響や実際に発生している影響を理解することに役立つ情報
- AIにかかわるリスク管理に対する正式な、あるいはそれに準ずるような規範や指針の情報
- 技術的・社会的・法的・倫理的といった、さまざまな観点からのAIを用いたシステムの運用境界の設定
- 市民の自由や権利・公平性・環境や地球・経済といった社会的価値と優先事項のバランスをとるためのトレードオフの議論

　リスク管理を成功裡に進めるために重要なことは、ライフサイクル全体で関連するAIアクターがいかに共同で責任をもち行動するかです。多様な視点・分野・職業・経験をもつAIアクターで構成されたチームが、AI技術とAIを用いたシステムの目的や機能に関する考え、前提条件を暗黙的なものに留めず、明示的にすることに努めるとともによりオープンに共有していくことで、問題の発見や既存のリスク、新たに発生するリスクの特定につながるでしょう。

ここで AI を用いたシステムやサービスのリスクが顕在化した事例を 2 つ挙げます。

アメリカのいくつかの州で、「代替制裁のための矯正犯罪者管理プロファイリング」(COMPAS) と呼ばれるシステムが使われています。COMPAS は意思決定の支援ツールであり、被告が今後 2 年以内に再び罪を犯すかの数値を出力します。裁判官は、この数値と、他の各種情報をもとにして被告に保護観察を付するかを判断します。

アメリカの非営利・独立系の報道機関である ProPublica は 2016 年、このシステムは黒人に対してバイアスがあると報道しました[13]。ProPublica によると、COMPAS は暴力的な犯罪に関して 61% の確率で再犯率を正しく予測する一方で、実際には再犯しなかった黒人に対し、白人のほぼ 2 倍の確率で再犯にいたる危険度を示す高い値を出力し、白人の再犯者に対しては黒人と比較して 1.6 倍の確率で再犯にいたらない危険度を示す低い値を出力しました。

これに対して、ウィスコンシン州で長期の保護期間を付された被告が州に対して起こした訴訟においては、2017 年に同州最高裁判所は、参考情報としての COMPAS の利用は被告の適正な手続きを侵害しないと控訴を棄却する一方、COMPAS が出力した数値には利用にあたっての注意が必要であるとの判決を下しました[14]。

この判決をもって法的には一定の結論が得られたものの、依然としてその利用については議論の余地があるといわれています。しかし、後に行われた詳細な分析では、白人と黒人だけではなく、各人種で複数の犯罪分野における統計的な振る舞いが異なることが指摘されており[15]、人種によらない統計的な同等性の実現は困難であるとの報告もあります[16]。

また、オンラインショップでは収益最大化を目的とし、顧客の情報に基づき、同一商品であっても消費者ごとに価格差をつけることができます。例えば、Web サイトにアクセスした際の情報を保存する Cookie などを通じて Web サイトを訪問した顧客を認識し、あらかじめ価格に敏感かどうかを分類しておき、それぞれの顧客が支払い意思をもつ最大の価格を請求するようにサービスを構築することも可能です。

第3章　AIの発展と規制

　実際、オンライン家庭教師サービスを提供するアメリカのPrinceton Review
社は、アメリカ国内において6600ドルから8400ドルの範囲で、地域によって
異なる費用を請求していました。同社のサービスはインターネット経由で提供
されていることから、どの地域が対象であっても提供コストは同一であったと
思われます。しかし、ProPublicaによってアジア系住民が密集している地域の
顧客は収入に関係なく、ほかより高い費用を提示される可能性が1.8倍高いと
指摘を受けました[17]。この会社は人種に基づく差別を意図していなかったもの
の、地域ごとに異なる費用の試行を通じ、特定地域では同じサービスであっ
ても高い費用が許容されることを発見したのでしょう。その結果、特定の民族
グループにより多く費用を負担させていたともいえます。

コラム
3

19世紀に生成AIを想い描いた女性「エイダ」

　AIは、コンピュータが登場する以前から考えられていました。エイダ・ラブレス
（1815〜1852）はビクトリア朝時代、ロマン派の詩人バイロン卿の娘として1815
年に生まれました。エイダの人生を変えたのは、世界で初めてプログラム可能なコン
ピュータを考案したチャールズ・バベッジ（1791〜1871）との出会いでした。エイ
ダは、バベッジの差分エンジンに強く興味を惹かれました。

　バベッジがイタリアのトリノで次のエンジンである解析エンジンについて講演した
後、イタリアの数学者で政治家でもあったメナブレアがフランス語でその解説を著し
ました。バベッジはエイダに、メナブレアの解説を、メモを付して英語に翻訳するこ
とを勧めました。こうして出版されたもののメモに、世界で最初となるプログラムが
記載されていたことから、エイダは世界で最初のコンピュータプログラマとして知ら
れています。彼女の名前は、1980年代にアメリカ国防総省（DoD）によって開発さ
れたコンピュータ言語の名称 "Ada" としても残されています。

別のメモで、さらに彼女は次のように述べています[1]:

> …例えば、和声学や作曲における音階の基本的な関係が、このような表現と適応を受け入れる余地があるとすれば（数値といった操作対象となるオブジェクトと無関係に操作メカニズムとして表現できるのであれば）、解析エンジンは、どのような複雑さや範囲であっても、精巧で科学的な音楽作品を作曲することができるでしょう。

36歳で亡くなったエイダは、ダートマス会議の1世紀前に、音楽を創り出す生成AIを直感したのでした。

3.2 トラストワージネスをもつAIを用いたシステム

　多くの組織はこれまで、従来の技術で構成されるシステムをリスク管理することで、設計・開発から運用にわたって信頼できる、すなわち**トラストワージネス**をもつシステムの開発や運用を行ってきました。また、リスク管理に必要な標準やベストプラクティスも整備しています。しかし、AIを用いたシステムはAI固有の新しいリスクをもたらすために、これまでの知見だけでは十分ではありません。

　1つ前の第2章で説明した量子コンピュータの登場に伴うリスク対策では、量子コンピュータに対して耐性をもつ暗号（PQC）が中核となり、これまでの暗号技術と同様に情報理論的あるいは計算量的に安全性が担保できます。

【1】　次の原文[18]を翻訳するとともに、括弧内に補足を追記しています。
"… Supposing, for instance, that the fundamental relations of pitched sounds in the science of harmony and of musical composition were susceptible of such expression and adaptations, the Engine might compose elaborate and scientific pieces of music of any degree of complexity or extent."

PQCへの移行によって、PQCの実装で発生しうるリスク管理に集中することができます。しかしAI、特に第3次AIブームを支える機械学習技術にはそのような安全性の担保は存在しません。したがって、実装面に加えてAIそのものに関するリスクを考慮してトラストワージネスをもつシステムとしていく必要があります。

なお、AIを用いたシステムにおけるリスクは、AIを用いたシステムが脅威にさらされる可能性と、そのような事象が発生した場合の結果の重大性を表す指標です。どの程度のリスクであれば許容できるかはアプリケーションコンテキストに大きく依存しており、個々のアプリケーションに即して判断しなければならないことに注意が必要です。

本節ではトラストワージネスをもつAIを用いたシステムの特性について説明した後、そのうちの特性の1つに関連するAIの脆弱性についてまとめます。

3.2.1 ✼ トラストワージネスをもつAIを用いたシステムが備える特性

欧州委員会が設置したハイレベル専門家グループは、トラストワージネスをもつAIを用いたシステムは①適法であり、②倫理的であり、③頑健であるとしています[19]。このうち②に関しては、2023年11月にイギリスで開催された「AIセキュリティサミット」でアントニオ・グテーレス国連事務総長が「AIに対する倫理原則が世界中で100以上策定されており、それらは多くの共通部分をもっている」[20]と述べています。逆にいえば、国や地域、文化的背景やアプリケーションなどによって、共通部分はもつものの異なった倫理原則が存在しうるでしょう。また、AIを用いたシステムの個々のアプリケーションコンテキストに応じ、適切に選択した倫理的な配慮を行わなければならない場面があるでしょう。

しかしそうであるにせよ、国連事務総長も述べているように多くの共通部分があります。したがって、AIがもたらす世界的な影響を考えると、多くの国や地域で共通的に妥当と考えられるトラストワージネスをもつAIを用いたシ

ステムの特性はやがて収斂し、合意へと向かっていくものと思われます[7]。本節では、多くのステークホルダーの意見を取り入れて策定され、適切と受容されているNISTが公開している「AIリスク管理フレームワーク」(NIST AI RMF) に沿って説明します[1]。NIST AIリスク管理フレームワークでは図3.11に示すように、トラストワージネスをもつAIを用いたシステムが備える特性として次の7つを挙げています。

- 妥当で信頼できること（valid and reliable）
- 安全であること（safe）
- 堅牢で強靭であること（secure and resilient）
- 説明責任と透明性があること（accountable and transparent）
- 説明可能で解釈可能であること（explainable and interpretable）
- プライバシーが強化されていること（privacy-enhanced）
- 有害なバイアスが管理され公平であること（fair – with harmful bias managed）

図3.11 トラストワージネスをもつAIを用いたシステムが備える7つの特性[1]
Artificial Intelligence Risk Management Framework (AI RMF 1.0), National Institute of Standards and Technology, 2023の図4をもとに作成

【7】 トラストワージネスをもつAIを用いたシステムを検討する文献では、数多くの特性が挙げられてきました。特に初期段階では、トラストワージネスをできる限り網羅して記述することを目的に、ニュアンスが異なる類似した言葉を特性として、整理・統合せず収集してきた側面もあります。しかし、実務でのリスク管理では、類似する特性が整理・統合されない状況は混乱を招きかねません。本章ではNIST AIリスク管理フレームワーク[1]に基づいた整理・統合を採用します。

これらの特性は、AIを用いたシステムを利用するアプリケーションコンテキストに基づいて適切に配慮されることが重要です。特に、妥当性と信頼性はトラストワージネスを確保するための必要条件であり、他の特性の基盤に位置付けます。また、説明責任と透明性は他のすべての特性に関連するとし、図中右に示します。

　トラストワージネスをもつAIを用いたシステムのこれらの特性は、前節で列挙したAIを用いたシステムの構築から運用までにかかわるすべてのAIアクターが共同して責任をもち行動することにより、高いレベルでの配慮が可能となります。サプライチェーンには、立場が異なるサードパーティのエンティティ（1.4.2項参照）がかかわることもありますが、トラストワージネスをもつAIを用いたシステム実現のためには、こういった人や組織にも適切な協力を求めることがあるでしょう。

　一般に、トラストワージネスをもつAIを用いたシステムの特性を個々に取り扱っているだけでは、AIを用いたシステムのトラストワージネスを高めることはできません。通常、すべての特性をいかなるアプリケーションコンテキストに対しても適するように調整できるわけではなく、さらに特性間でトレードオフの関係が生じていることがあるからです。例えば、十分なサンプル数が存在しない特定条件下でプライバシーへの配慮を強化することが、出力の精度低下や公平性など他の特性に影響を与えることになります。

　各特性の重要度はアプリケーションコンテキストに依存します。場合によっては、アプリケーションコンテキストが時間の経過につれて変化することで、トラストワージネスをもつAIを用いたシステムの各特性の重要度も変動していきます。特に、最も弱い特性にシステムのトラストワージネスが左右されることがよくあります。アプリケーションコンテキストを考慮した分析で、異なる特性間にトレードオフが存在するかなどが明確になっていきますが、そのトレードオフをどのように解決するかも難しい問題です。

　次に、7つの特性についてそれぞれ詳しくみていきましょう。

　各特性を具体的に評価する評価指標は、例えば経済開発協力機構（OECD）のサイト[21]に掲載されており、参考となります。現時点では、特に生成AIに

ついての指標がそろっているとはいいがたい状況ではありますが、随時アップデートされています。ほかにも論文や各種報告などで、新しい評価指標が考え出されて発表されています。適宜参照して自組織のAIを用いたシステムやアプリケーションコンテキストに適したものを選択してください。

　ただし、それぞれの特性について自組織にしか通用しない解釈をすると、自組織外のステークホルダーから理解を得るのが困難になる可能性があるため注意すべきです。以下ではNISTのAIリスク管理フレームワークに従って、国際的に共通な理解が得られやすい国際標準を参照して説明します。

（1）妥当で信頼できること

　「妥当な（valid）」と「信頼できる（reliable）」の派生語である「妥当性確認」と「信頼性」が、それぞれ国際標準で次のように定義されています。

- **妥当性確認**（validation）：客観的証拠を提示することによって、特定の意図された用途又は適用に関する要求事項が満たされていることを確認すること[22]
  出典：品質管理システム–基本及び用語, JIS Q 9000:2015[8], 日本規格協会の3.8.13条

- **信頼性**（reliability）：所与の条件下、所与の期間で故障することなく、要求された性能を発揮する能力[23]
  出典：Trustworthiness – Vocabulary, ISO/IEC TS 5723:2022, International Organization for Standardization, 2022の3.2.13条

　つまり、AIを用いたシステムは稼働する条件と期間、その用途または適用に関する要求事項（性能を含む）を客観的な文書として規定し、そして、それらを満たすことができるよう設計・製造・展開し、展開後も適切に稼働することを確認し続けることが望まれます。

　これらの妥当性確認と信頼性には、「精度」と「頑健性」も関連します。この2つは国際標準で次のように定義されています。

【8】　JIS Q 9000:2015は、国際標準ISO 9000:2015を和訳した国内標準です。

- **精度**（accuracy）：観測・計算または推定の結果が、真の値または真の値として受け入れられる値に近いこと[23]

  出典：Trustworthiness – Vocabulary, ISO/IEC TS 5723:2022, International Organization for Standardization, 2022の3.2.2条

- **頑健性**（robustness）：システムが、さまざまな状況下でその性能レベルを維持する能力[23]

  出典：Trustworthiness – Vocabulary, ISO/IEC TS 5723:2022, International Organization for Standardization, 2022の3.2.16条

　特に、精度の評価にあたっては、評価対象がAIモデル・AIを用いたシステム単独、あるいは人との相互作用を含むAIを用いたシステムのどれにあたるか、どのような評価方法を用いるのか、評価に用いるデータはどのようなものであるか（データは稼働条件を代表することが望ましい）などを明確にするとともに、文書化しておくのがよいでしょう。

　一方、現実の世界におけるAIを用いたシステムは、常に期待する状況だけで使われるとは限りません。期待はしていないが起こりうる状況で稼働したときに、ネガティブな影響が最小限となるように頑健としなければなりません。どうしてもAIを用いたシステム単独ではネガティブな影響をうまくハンドリングできないと予想される場合には、人間のオペレータが介入するようにすることも考えられます。

（2）安全であること

　「安全な（safe）」の派生語である「安全性」は、国際標準で次のように定義されています。

- **安全性**（safety）：システムの特性であって、定義された条件下で、人の生命、健康、財産または環境が危険にさらされる状態へいたらないこと[23]

  出典：Trustworthiness – Vocabulary, ISO/IEC TS 5723:2022, International Organization for Standardization, 2022の3.2.17条

　したがって、ライフサイクルの初期段階である計画と設計の段階で、安全性

をしっかりと考慮することで、AIを用いたシステムが危険な状態に陥る失敗や、失敗へといたる可能性の高い条件の発生をできるだけ防ぐことができるでしょう。

（3）堅牢で強靭であること

「堅牢な（secure）」と「強靭な（resilient）」の派生語である、「堅牢性」と「強靭性」は国際標準で次のように定義されています。

- **堅牢性**（security）：システムに危害や損害を与えることを目的とした、意図的な不正行為に対する抵抗力[23]

  出典：Trustworthiness – Vocabulary, ISO/IEC TS 5723:2022, International Organization for Standardization, 2022の3.2.18条
- **強靭性**（resilience）：内的あるいは外的な変化に直面しても、システムがその機能と構造を維持し、必要なら適切にそれらを低下させる能力[23]

  出典：Trustworthiness – Vocabulary, ISO/IEC TS 5723:2022, International Organization for Standardization, 2022の3.2.15条

なお、堅牢性を害するAIに固有の攻撃については、3.2.2項で詳しく説明します。このような攻撃を受けることで、AIを用いたシステムの可用性、完全性が壊され、ユーザーのプライバシーが侵害されるとともに、特に生成AIでは悪用される可能性があります。また、サイバーセキュリティ攻撃でも堅牢性が害されますので、AI固有の攻撃とともに対策することが重要です。

予期しない有害な事象や環境の変化、使用の変化に対してもAIを用いたシステムが機能と構造をできるだけ維持することが望まれるでしょう。必要な場合には、安全かつ適切にその機能や構造を低下させることで、AIを用いたシステムを強靭にすることができます。

なお、堅牢性と強靭性は互いに関連しますが、**堅牢性**は攻撃に対し回避・防御・対処または回復するような一連の手続きを包含します。一方で**強靭性**は、AIモデルやデータの予期しない使用、あるいは敵対的な使用（または悪用や誤用）を包含しており、データをどのような経緯で得たかにかかわりません。

（4）説明責任と透明性があること

「説明責任がある」および、「透明性がある（transparent）」の派生語である「透明性」が、国際標準で次のように定義されています。

- **説明責任がある**（accountable）：行動、意思決定、業績に責任を負う[23]

  出典：Trustworthiness – Vocabulary, ISO/IEC TS 5723:2022, International Organization for Standardization, 2022 の3.3.1条

- **透明性**（transparency）：オープン性と説明責任を意味するシステムやプロセスの特性[23]

  出典：Trustworthiness – Vocabulary, ISO/IEC TS 5723:2022, International Organization for Standardization, 2022 の3.2.19条

ここで、透明性は、設計上の判断や訓練データやAIモデルの訓練、想定するユースケース、AIを用いたシステムの展開、エンドユーザーの判断など、AIを用いたシステムのライフサイクル全体にかかわります。例えば、AIを用いたシステムが誤った出力をする、あるいはネガティブな影響を生じさせるときに必要となることがあるでしょう。逆にいえば、透明性をもたないAIを用いたシステムが、正確かつプライバシーに配慮し、堅牢かつ公平なシステムであると判断することはできません。一方で、透明性をもつAIを用いたシステムが必ずしも公平性などの好ましい特性をもつとは限りませんが、システムの出力がなぜそのようになったかがわかることは、少なくともトラストワージネスを高めるために重要です。

AIを含む技術的なシステム全般における技術にかかわるリスクと説明責任の関係は、アプリケーションがおかれた文化・法制度・分野・社会的なコンテキストによって大きく異なります。システムの出力によって、特に生命や基本的人権が危険にさらされる場合、透明性や説明責任はリスクの度合いに比例させてより重みを置くべきでしょう。

（5）説明可能で解釈可能であること

「説明可能な（explainable）」と「解釈可能な（interpretable）」の派生語である「説明可能性」と「解釈可能性」が国際標準で次のように定義されています。

- **説明可能性**（explainability）：AIを用いたシステムの結果に影響を与える重要な要因を、人間が理解可能な方法で表すAIを用いたシステムの特性[24]

  出典：情報技術 – 人工知能 – 人工知能の概念及び用語, JIS X 22989:2023[9], 日本規格協会, 2023の3.5.7条

- **解釈可能性**（interpretability）：基礎となる（AI）技術がどのように機能するのかを理解するレベル[25]

  出典：Software and systems engineering – Software testing – Part 11: Guidelines on the testing of AI-based systems, ISO/IEC TR 29119-11:2020, International Organization for Standardization, 2020の3.1.42条

　つまり、説明可能性とは、AIを用いたシステムの運用に関する基本的な仕組みの表現であり、解釈可能性とは、設計された機能的な目的を達成するアプリケーションにおいて、AIを用いたシステムの出力の意味を示すことです。説明可能性と解釈可能性はどちらも、AIを用いたシステムを運用または監視する人々やそのユーザーが、システムの出力とともにシステムの機能とトラストワージネスについてより深く理解することが、AIを用いたシステムの動作を洞察する助けになることを表しています。

　また、ユーザーの役割や知識とスキルレベルに応じてAIを用いたシステムの機能の仕組みを説明することで、説明可能性を適切に管理することができます。説明可能なシステムは、デバッグや監視が容易であり、より徹底した文書化・監査・統治に適しています。解釈可能性については、AIを用いたシステムが特定の予測や推奨を行った結果についての理由を説明することで対処できることも多いでしょう[26][27]。

　なお、説明可能性と解釈可能性は、先ほど説明した透明性とともに互いに支え合う別々の特性です。対比しながら整理すると次のようになります。

- **透明性**：AIを用いたシステムで「何が起こったか」に関する問いに回答可能
- **説明可能性**：AIを用いたシステムで「どのように」決定したかに関する

【9】　JIS X 22989:2023は、国際標準ISO/IEC 22989:2022を和訳した国内標準です。

第3章　AIの発展と規制

問いに回答可能

- **解釈可能性**：AIを用いたシステムが「なぜ」決定したか、その意味や
  ユーザーとのアプリケーションに関する問いに回答可能

(6) プライバシーが強化されていること

プライバシーは国際標準で次のように定義されています。

- **プライバシー**（privacy）：個人の私生活や事柄への侵入がないこと[23]
  出典：Trustworthiness – Vocabulary, ISO/IEC TS 5723:2022, International Organization for
  Standardization, 2022の3.2.9条

ここで、プライバシーと個人情報の保護を同一視しないよう注意が必要
です。この2つの関係は、郵便物になぞらえることができます。封筒の外側に
は住所と氏名という「個人情報」が書かれており、封筒の中身には「プライバ
シー」に関する情報が含まれることが多いでしょう。

日本の個人情報保護法は、住所、氏名や生年月日、さらに顔の特徴、指紋
の特徴などの個人識別符号と呼ばれる個人を特定する情報を含んでいる、個
人に関する情報を「個人情報」とし、その個人情報をデータベース等にした個
人データに対して規制を課しています。したがって、日本の個人情報保護法は
個人データの適切な取り扱いを義務付けることで、プライバシーの確保を期
待しているといえます。しかし、プライバシーの配慮にはさらなる検討が必要
な場合があることを理解すべきです。

プライバシーとは、人間の自律性、身元、尊厳といった基本的人権を保護
するための規範と慣行です。プライバシーの配慮は、堅牢性・バイアス・透
明性あるいはその他特性とのトレードオフとなることがあります。また、安全
性と頑健性と同じように、AIを用いたシステムの特定の技術的な機能がプラ
イバシー強化あるいは低下を促進することがあります。例えば、ある条件での
サンプル数が少ない、あるいはまれであるデータを削除することなどでプライ
バシーを強化すると、該当する条件下でAIモデルの出力の正確性が損なわれ
ることで、公平性などに影響を与えることもあります。

168

3.2 トラストワージネスをもつAIを用いたシステム

　関連する具体例として、鉄道会社が交通系ICカードの乗降記録をIT会社へと提供しようとした事例があります。鉄道会社は、交通系ICカードの乗降記録の活用により、鉄道サービスや駅構内店舗サービス等の改善が可能と確認できたことを踏まえて、本格的な情報分析サービスの推進を行うことを決めました。このとき鉄道会社単独では見いだせない大きな価値の創造のため、ビッグデータの分析に関する技術的ノウハウをもち、さまざまな業種・業態への対応の経験のあるIT企業に対して、最終的な成果物が鉄道会社の地域、駅、沿線の活性化という目的に合致することを前提として乗降記録の提供を行うこととしました。鉄道会社は、当時の個人情報保護法を十分考慮して、交通系ICカードのIDを不可逆な異なる番号に変換したうえで、乗降駅とその時刻など一部に限定した分析用データをIT会社へ提供しました。提供にあたり、鉄道会社は、IT会社においてデータを厳格に取り扱われることを確認したうえで、ユーザー個人の特定を禁ずる契約を締結しました。

　しかし、多くのユーザーから分析用データ提供の枠組みや対応について、不安や心配の声が寄せられたことを受けて停止、提供済みのデータはIT会社が抹消しました。さらに、ユーザーの安心感を高めるために鉄道会社としてどのように取り組むかの検討のため、社外の専門家から構成する有識者会議を設置しました。

　有識者会議の報告[28][29]では、鉄道会社としては個人情報保護法の遵守に努めているものの、個人情報保護法における個人識別性に関する解釈の幅、さらに予定されていた個人情報保護法改正などの動向を注視するとともに、技術の進展による特定個人の識別が可能となる可能性を踏まえて継続して最善と考えられる配慮を行うことを求めました。また、ユーザーからの不安の声は、事前の十分な説明や周知がなかったことに起因していたことを指摘しており、技術的・法的な配慮だけではなく、ステークホルダーの十分な理解を得ることが重要であることを示しました。

　この鉄道会社は上記を踏まえて検討を進め、現在は、自社による統計処理の後にプライバシーに配慮した追加処理を施した統計情報とその報告を、自身が企業や地方自治体へと販売するビジネスを行っています[30]。

169

第3章　AIの発展と規制

（7）公平な－管理された有害なバイアス

　「公平な（fair）」の派生語である「公平性」と「バイアス」は国際標準で次のように定義されています。

- **公平性**（fairness）：確立された事実、社会規範、信条を尊重し、えこひいきや不当な差別によって決定されたり、影響を受けたりしない待遇、行動、結果 [31]

  出典：Information technology – Artificial intelligence – Overview of ethical and societal concerns, ISO/IEC TR 24368:2022, International Organization for Standardization, 2022の3.7条

- **バイアス**（bias）：他と比較した特定の対象、人や集団の取り扱いにおける系統的な差 [31]

  出典：Information technology – Artificial intelligence – Overview of ethical and societal concerns, ISO/IEC TR 24368:2022, International Organization for Standardization, 2022の3.8条

　したがって、公平性は、文化によってそれぞれ解釈が異なりますし、たとえ同じ文化の中でもアプリケーションに依存する可能性があるなど、何が公平かを定義することが難しいことがあります。また、ある観点で有害なバイアスを緩和したAIを用いたシステムであっても、必ずしも公平ではないことに注意が必要です。NIST AIリスク管理フレームワークでは、管理すべきAIにおけるバイアスとして、次の3つを挙げています（**図3.12**）。

- **計算論的・統計的バイアス**（computational and statistical bias）：学習対象である母集団を代表していないデータセットを用いてAIモデルを訓練する場合に生じる可能性がありえます。学習アルゴリズムのプロセス上、過学習や学習不足、外れ値の取り扱いなども原因となる可能性があります。開発者に差別的な意図などがなくとも発生します

- **人間の認知バイアス**（human-cognitive bias）：これまでの限られた経験則に基づき、ものごとを単純化して判断をしてしまう傾向にある人間の思考や認知パターンに起因して発生する可能性があります。人間の認知バイアスは暗黙的であることが多く、個人や組織がAIを用いたシステムの

3.2 トラストワージネスをもつAIを用いたシステム

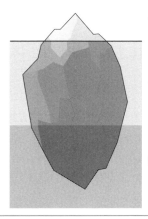

図3.12 AIを用いたシステムがもちうる3つのバイアス[32]
Schwartz, R. et al.: Towards a Standard for Identifying and Managing Bias in Artificial Intelligence, Special Publication 1270, National Institute of Standards and Technology, 2022の図1を参照して本書の著者が作成

情報を知覚して意思決定し、または欠落情報や未知情報を補完しようとすることに関連しています。さらに、AIを用いたシステムの目的や機能に対する人間の受け取り方によっても発生する可能性があります。よってこのバイアスは、設計、実装、運用、メンテナンスを含むAIを用いたシステムのライフサイクル全体と、システムの使用における意思決定プロセスに遍在する可能性があります

さらに、このバイアスは暗黙的であるがゆえに、単にバイアスに対して注意を払うといったことだけでは、必ずしも制御できないことを理解する必要があります

- **制度的バイアス**（systemic bias）：特定の社会集団が優遇され、ほかが軽んじられているような制度や慣行から生じる可能性があります。例えば、制度的な人種差別、性差別から、日常生活基盤がユニバーサルデザイン原則に基づいて開発されていないため障がい者のアクセシビリティが制限されていることなどが挙げられます。開発者個人の意識的なバイアスや差別の結果である必要性はなく、むしろ大多数が既存の制度や規

171

第3章　AIの発展と規制

範に従っている社会のあり方に起因します。よってこのバイアスは、データセットだけではなくAIを用いたシステムのライフサイクル全体や、AIを用いたシステムを使用する社会を含むアプリケーションコンテキストに遍在する可能性があります

　通常のリスク管理では、計算論的・統計的バイアスだけが取り上げられることが多いのに対して、NISTのリスク管理フレームワークではそれらの水面下にあると考えられる制度的バイアスや人間の認知バイアスを明示的に取り上げられていることが特徴的です。

　バイアス自体は必ずしも常にネガティブで害悪となる現象ではありません。しかし、AIを用いたシステムは潜在的にバイアスの速度と規模を増大させ、個人・グループ・コミュニティ・組織、そして社会への損害を持続し、さらに増幅する可能性があります[32]。

3.2.2 ❖ AIを用いたシステムへの攻撃

　トラストワージネスをもつAIを用いたシステムが備える7つの特性のうち、**堅牢性**（security）とは攻撃に対する抵抗力のことです。AI、特に機械学習に対する攻撃は、**敵対的機械学習**（adversarial machine learning）と呼ばれる分野で検討が進んでいます。以下ではNISTが2024年1月に発行した敵対的機械学習の報告[33]に従い、従来からの機械学習[10]と生成AIそれぞれに対する攻撃を整理します。

　なお、攻撃手法は日々進化しており、攻撃パターンのトレンドもどんどん移り変わります。ここで挙げた攻撃はあくまでも2024年1月時点でのスナップショットであることに留意する必要があります。また、各攻撃への対処・軽減策などの研究開発も活発ですが、本書発刊後に古い対策となり誤解を生みかねないので、以下では意図的に触れていません。最新の動向や対策の情報を逐次入手し、対応していくことが重要です。

【10】文献[33]では、予測AI（preAI）という名称を与えています。

172

（1）従来からの機械学習に対する攻撃

従来からの機械学習に対する攻撃を図3.13に示します。

この図には3つの円の中央にそれぞれ可用性、完全性、プライバシーが描かれています。円の外層には、攻撃するために取得が必要な能力を、円の外には吹き出しで攻撃のクラスが示されています。また、関連する攻撃のクラスは互いに点線で結ばれています。

可用性に対する攻撃として、次が知られています。

- **データポイズニング攻撃**：攻撃者が訓練データの一部や付与するラベルやAIモデルのパラメータを不正に制御できる場合、AIモデルの任意の対象に対し、誤動作を引き起こすことができます[11]
- **モデルポイズニング攻撃**：AIモデルのサプライヤが悪意ある追加や修正を加えることで、あるいは連合学習におけるAIモデルの集約にあたってローカルのAIモデルに同様な追加や修正を加えることで、誤動作を引き起こすことができます
- **エネルギーレイテンシー攻撃**：AIを用いたシステムに対する入力データを制御して、計算量を増大させることができます（電力消費量の増大）。あるいは正常な入力データであっても処理が終了するまでの待ち時間を増大させることができます

なお、Webサイトから収集したデータを訓練データに用いる場合には、悪意をもったハッカーによる大規模なデータポイズニング攻撃に遭う可能性を否定できません。また近年、ゼロからAIモデルを構築するコストや時間などの障壁が高くなっています。事前学習モデルや基盤モデルの活用は、AIを用いたシステムを低コストで構築するための現実的な選択肢ですが、特にWebサイトから収集した訓練データを使用したLLMの利用により、モデルポイズニング攻撃の可能性もつくってしまいます。

【11】 文献［33］では、可用性への攻撃にバックドア攻撃を含めています。本書ではバックドア攻撃は完全性への攻撃へ集約し、可用性への攻撃からは削除しました。

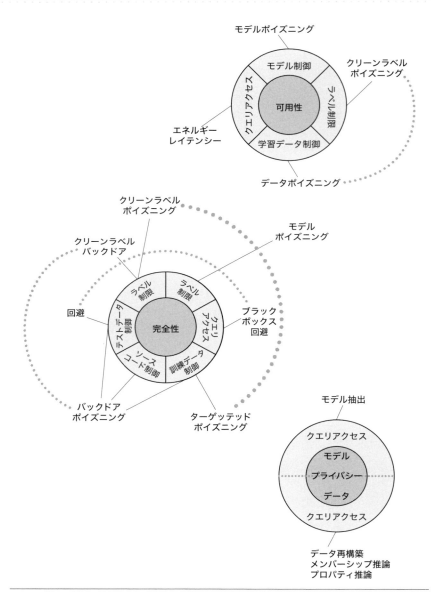

図3.13　従来からの機械学習に対する攻撃[33]

Vassilev, A. et al.: Adversarial Machine Learning – A Taxonomy and Terminology of Attacks and Mitigations, NIST AI-2e2023, National Institute of Standards and Technology, 2024の図1をもとに作成

3.2 トラストワージネスをもつAIを用いたシステム

　学習モデルの出力の完全性を侵害して不正確な情報を出力させる攻撃として、次が知られています。

- **ターゲッテッドポイズニング攻撃**：攻撃者が訓練データを不正に制御できる場合、攻撃者が想定するターゲットに対して誤動作を引き起こすことができます
- **バックドアポイズニング攻撃**：攻撃者が訓練データと試験データを不正に制御できる場合に、バックドア（裏口）をAIモデルに設置して、特定の入力データに対して攻撃者が意図するクラス（分類の単位）へと誤分類を引き起こすことができます。バックドアに関連しないその他の入力データに対する分類精度にはほぼ影響がなく、気づくことは困難です
- **モデルポイズニング攻撃**：攻撃者がAIモデルを不正に制御できる場合の、ターゲッテッドポイズニング攻撃あるいはバックドアポイズニング攻撃を指します
- **回避攻撃**：あるクラスのデータに対して、攻撃者が必要最小限の微小な摂動を与えて作成した敵対的データをAIを用いたシステムに入力することで、攻撃者が意図するクラスに誤分類を起こします

プライバシーを侵害する攻撃として、次が知られています。

- **データプライバシー攻撃**
  - **データ再構築攻撃**：攻撃者は公開されている多くの情報をベースとして、訓練データの内容や特徴を推測することができます
  - **データ抽出攻撃**：AIモデルから訓練データを抽出します
  - **メンバーシップ推論攻撃**：攻撃者は正常な入力データを与え、AIモデルの出力を分析することで、訓練データ内に想定入力データが含まれるかを推論することができます。訓練データ中に機密データが含まれる場合に、情報漏洩につながる恐れがあります
- **モデルプライバシー攻撃**
  - **プロパティ推論攻撃**：攻撃者は、AIを用いたシステムに入力データ

175

を与え、訓練データの分布に関する、例えば複数の機密データの割合といった、センシティブなプロパティを推測することができます

- **モデル抽出攻撃**：攻撃者は、AIを用いたシステムに入力データを与え、その出力を分析することで、AIを用いたシステムが利用するAIモデルと機能的に同様な性能を達成するモデルを再構築することができます。この攻撃は、次に内部動作や動作原理、仕様などが明らかになっているシステムへの攻撃、つまり、ホワイトボックス攻撃を行うためのステップとして利用することができます

（2）生成AIに対する攻撃

生成AIに対する攻撃を、図3.14に示します。この図には4つの円の中央に、可用性、完全性、プライバシー、不正使用が記載されています。円の外層には、攻撃するために取得が必要な能力を、円の外には吹き出しで攻撃のクラスを示します。また、関連する攻撃のクラスは互いに点線で結ばれています。

従来からの機械学習に対する攻撃は、基本的にほぼそのまま生成AIにも悪用できます。一方、生成AIはこれら以外に、生成AI特有の特性や利用方法に対する攻撃の対象にもなります。

生成AIを用いるシステムでは、基盤モデルとそのファインチューニングの2段階が攻撃の対象となることから、いわゆるサプライチェーンに対する攻撃に注意しなくてはいけません。基盤モデルの学習には大規模なデータセットが必要であり、Webサイトなどの公開データを収集するのが一般的です。そのため、訓練データの一部を不正に制御するポイズニング攻撃の影響を特に受けやすくなります。例えば、適切に収集、選別、整理されていないWebサイトから収集した訓練データのうち、0.001％をポイズニングすることでターゲッテッドポイズニング攻撃が成功するとの報告もあります。

生成AIの特徴として推論段階ではデータと命令の入力が分離されておらず、両方を同一のチャネルで扱うことがあります。このため、生成AIを用いたシステムにデータであると想定した入力の中に、気づかれず悪意のある命令を混入させることでシステムを攻撃することができます。生成AIの高機能

3.2 トラストワージネスをもつAIを用いたシステム

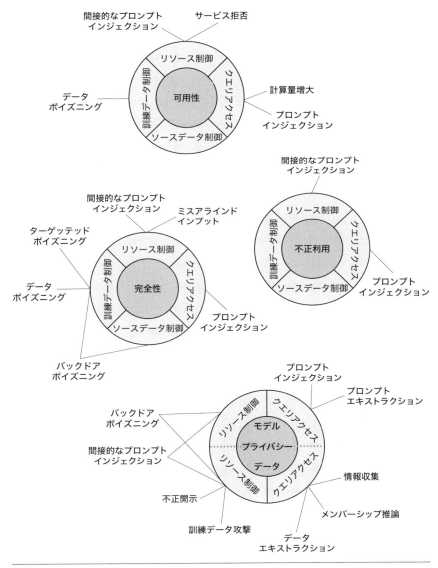

図3.14 生成AIに対する攻撃[33]

Vassilev, A. et al.: Adversarial Machine Learning – A Taxonomy and Terminology of Attacks and Mitigations, NIST AI-2e2023, National Institute of Standards and Technology, 2024の図2をもとに作成

177

化によりユーザーの意図を的確に汲んだレスポンスが返せるようになってきていることから、このような命令を上書きするような記述をデータに紛れ込ませる攻撃が成功しやすくなっているともいえます。例えば、RAG（Retrieval Augmented Generation／検索拡張生成）は、アプリケーションの一部であるデータソースから与えられたプロンプトに合わせてデータを読み込むことで、特定のコンテキストでより適切な対処を可能とする手法ですが、外部のデータソースを利用することもあり、ターゲッテッドポイズニング攻撃に遭遇する可能性が高まります。

　以降では、サプライチェーンへの攻撃のほか、プロンプトに悪意のある命令を仕込むプロンプトインジェクション攻撃について、直接的なプロンプトインジェクション攻撃、間接的なプロンプトインジェクション攻撃と分けて順番に説明していきます。

（1）サプライチェーンへの攻撃

　サプライチェーンへの攻撃として、次が知られています。

- **デシリアライズ脆弱性**：オープンソースで公開されている事前学習モデルは、Python の標準ライブラリである pickle や TensorFlow の形式などでシリアライズ（バイナライズ）されて保存されていることがあります。この形式の AI モデルのデシリアライズ時に、オプションによっては任意のコードが実行されるという致命的な脆弱性があることが知られています（TensorFlow では CVE-2022-29216 [34] など [12]）
- **ポイズニング攻撃**：基盤モデルが学習に利用する大規模データセットは URL リストで指摘されているだけ、のことがあり、ドメイン期限が切れた後、攻撃者によって汚染したデータに置き換えられている可能性があります

【12】この脆弱性自体は、生成 AI だけに限りません。

（2）直接的なプロンプトインジェクション攻撃

攻撃者が生成AIへとプロンプトを直接入力可能なときの攻撃として、次が知られています。

- **データ抽出**：生成AIを利用するAIを用いたシステムでは、通常、誤った情報や有害なコンテンツを生成しないよう、あるいはプライバシー情報などを出力しないように対策を行います。しかし、巧妙にプロンプトを構成することで、プライバシーなどを含む機密情報を出力させられる事例が確認されています。直観的には、AIモデルが大規模となるにつれて、AIモデルが記憶する量が増えていくにつれて学習したデータをそのまま出力する傾向をもつと考えられ、このような攻撃の影響を受けやすくなるとも推察されます
- **プロンプトとコンテキストの盗用**：生成AIを特定の利用シーンに合わせるためのプロンプトが推測されることがあります。これにより、プロンプトエンジニアリングによって得た知的財産などが侵害され、またプロンプト自体を取引するビジネスモデルの破壊につながる可能性があります。さらに、RAGを用いる際に、参照先のデータソースがそのまま抽出されることがあります

（3）間接的なプロンプトインジェクション攻撃

従来のシステムでも、クエリデータだけを受け付けることを意図したデータチャネルにSQL命令を紛れ込ませることによって、データベースを不正操作する攻撃が知られており、いまでも被害件数で上位にランクされています。これをSQLインジェクションと呼びます。生成AIでは命令とデータのチャネルが分離されていないため、同様な攻撃が可能です。図3.15に、間接的なプロンプトインジェクション攻撃を模式的に示します。攻撃者は、生成AIが入力とするリソースを不正に制御することで、敵対的な出力を出させることができます。

次に、可用性に対する攻撃として、次のものが知られています。

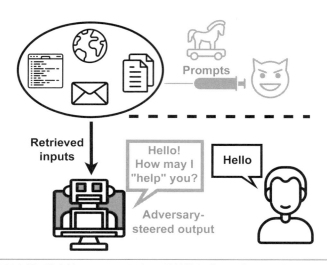

図3.15 LLMを組み込んだシステムにおける、間接的なプロンプトインジェクション攻撃[35]
出典：Greshake, K. et al.: Not what you've signed up for: Compromising Real-World LLM-Integrated Applications with Indirect Prompt Injection, 2023の図1

- **エネルギーレイテンシー攻撃**：生成AIがレスポンスを返す前に、悪意をもって時間がかかるタスクの実行や、ループ処理を行うように指示することで、計算量（電力消費量）を増大させることができます。あるいは正常な入力データに対する処理が終了するまでの待ち時間を増大させることができます
- **サービス妨害攻撃**：レスポンスを返さない（ミュート）、特定のAPI機能の使用不許可、レスポンスの一部を別の文字で置き換える、あるいは破損させ妨害する、などの方法で、可用性を低下させることができます

また、AIモデルの出力の完全性を侵害し不正確にする攻撃として、次が知られています。

- **誤ったレスポンス生成**：文書などのデータソースから、敵対的に選択された、あるいは恣意的に誤った要約を生成するようAIモデルを促すことができます

さらに、プライバシーを侵害する攻撃として、次が知られています。このため、イタリアではプライバシー侵害への懸念から、ChatGPTが一時使用禁止になっていました。

- **情報収集と不正な開示**：LLMを組み込んだシステム、例えば電子メールクライアントに対して、ユーザーへ個人情報などを漏らすような命令を含む電子メールによる攻撃が考えられます。また、生成AIはシステムインフラに統合されていくと考えられ、個人情報などに対して生成AIがアクセス特権をもつ可能性があります。攻撃者は悪意あるプロンプトインジェクションをシステムのメモリにコピーすることができれば、セッションをまたいだ永続的な攻撃や、他のAPIへと仲介させる攻撃などが可能になります

このほか、生成AIに対する特有の攻撃として、不正使用が知られています。生成AIはより柔軟にプロンプトの指示に従うようになってきているため、AIを用いたシステムが攻撃者の意図する使い方、つまり、不正使用に従ってしまう可能性が高いといわれています。不正使用に関する攻撃には、次が知られています。

- **マルウェア**：生成AIが悪意あるリンクを出力することで、マルウェアを著しく拡散させる可能性があります。LLMを組み込んだ電子メールクライアントの例では、悪意あるプロンプトを含むメールを一斉に配信し、さらに、そのプロンプトを増殖させるような電子メールを配信する可能性が指摘されています
- **情報操作**：LLMはシステム上でユーザーと、攻撃者にとっては操作しやすい出力とをつなぐ中間層として実装されていることから、多くの脆弱性をもたらす可能性があります。例えば、特定の情報や情報源などを隠蔽する、あるいは恣意的に間違った情報を提供するといった事態が起こりえます。現在でも人はWebサイト上の信頼できない、あるいは間違った情報を信頼してしまう傾向がありますが、LLMが生成したもっともらしい情

報が出回ることで、人はいかにも確からしい間違った情報に、より信頼を寄せてしまう事態に進展していくかもしれません

一方、生成AIの研究開発は非常に活発な状況が持続しています。同時に、新しい攻撃方法も研究され続けています。例えば、言語モデルに留まらず、画像や音声なども扱うマルチモーダルモデルの出現に伴い、複数のモダリティを同時に攻撃するという手法が現れています。また、スマートフォンなどのエッジデバイスで稼働するよう、係数や計算を、例えばもともと32ビットであったものを4ビットなどに量子化してメモリと計算のコストを低減したAIモデルも開発されていますが、このような量子化したAIモデルは、もとのモデルの弱点に加えて、計算精度の低下に伴って頑健性などが低下すると推察されています。

いずれにせよ、常に最新の状況を把握しながら、リスクの軽減を図る努力を継続しなければならない状況はまだまだ続くことでしょう。

3.3 AIを用いたシステムに対する各国および国際的な動向

日本をはじめ、各国政府は、これまでにない機能を実現できるAIを用いたシステムが、人間社会に対するリスクを生じさせる可能性をすでに認識しており、国や地域レベル、さらに国際的なレベルで対策を図りつつあります。また、関連する種々の国際標準の開発も進んでいます。

ここでは主に2024年12月末までの動向についてまとめます。

3.3.1 ※ EUの動向

表3.1を参照しながら、順番に説明していきましょう。

欧州連合（EU）における立法府の1つである欧州議会は2017年2月、ロボッ

3.3 AIを用いたシステムに対する各国および国際的な動向

表3.1 EUにおけるAI規制等の動向年表

年	月	規制等動向
2017	2	欧州議会が、「ロボティクスに係る民法規則」を採択し、欧州委員会へ提言[36]
2018	4	欧州委員会が、「欧州のAI」を発表[37]
2019	4	欧州委員会が設置したハイレベル専門家グループが、「トラストワージネスをもつAIのための倫理ガイドライン」を発表[38]
2020	2	欧州委員会が、「欧州のデジタルな未来の形成」を発表[39]
	4	欧州委員会が、「AI白書：卓越性と信頼に向けた欧州の取り組み」を発表[40]
	7	欧州委員会が設置したハイレベル専門家グループが、「トラストワージネスをもつAIのための評価リスト（ALTAI）」を発表[41]
	8	欧州委員会が、「欧州データ戦略」を発表[42]
	10	欧州議会が、「AI・ロボットおよび関連技術の倫理的側面の枠組」を採択し欧州委員会に法制化を提言[43]
		欧州議会が、「AIの民事責任制度」を採択し、欧州委員会に法制化を提言[44]
	11	欧州委員会が、「データガバナンス法（案）」を公表
2021	4	欧州委員会が、「AI法（案）」を公表
2022	2	欧州委員会が、「データ法（案）」を公表
	6	「データガバナンス法」公布[45]
	9	欧州委員会が、「改正製造物責任指令（案）」と「AI責任指令（案）」を公表
2023	9	「データガバナンス法」施行
	12	EU理事会と欧州議会が、「AI法」と「改正製造物責任指令」について政治的合意
2024	1	「データ法」公布[46]
	5	欧州委員会が、AIオフィスを設立[47]
	7	「AI法」の公布[48]
	9	欧州委員会が、トラストワージネスをもち安全なAI開発を推進するためのEU AI協定に、100社以上が署名したことを公表[49]
		欧州委員会が、汎用AI（基盤モデル）に関する実施規範の策定作業を開始[50]
	11	「改正製造物責任指令」の公布[51]
2025	2	「AI法」のうち禁止AIシステムに対する適用
	5	汎用AIに関する実施規範の評価結果を公表。この後、欧州委員会は実施規範を実施法により承認可能になる見込み
	8	「AI法」のうち透明性要件への適合が必要な汎用AIに対する適用
	9	「データ法」施行
2026	8	「AI法」の施行
	12	EU加盟国はここまでに「改正製造物責任指令」に従った各国法令を施行
2027	8	「AI法」のうちハイリスクのAIシステムに対する義務を適用

183

ト工学に関する民法上の規則に関して、EUの行政府である欧州委員会への勧告を含む報告書を決議しました。これは、EU構成各国が異なる法規制を作成するのではなく、EUが統一して効率的に進めるべきであると考えたことによります。同報告書では、民生利用のためのロボティクスとAIの開発に関する一般原則に続き、研究開発、知的財産とデータ流通、教育と雇用、民事責任、さらに環境への影響や法的責任などについて提言しました。

　EU各国と欧州委員会は2018年から、EUがグローバルでロボティクスとAIを供する可能性を最大限に引き出すために協調を進めました。さらに各国は推奨に基づき、独自の国家戦略を策定し必要に応じて改定しながら推進を継続しています[52]。欧州委員会合同研究センターが公開した報告によると、EUにおける2020年度の官民合わせたAIに関連する投資額は12.7億ユーロから16億ユーロ[13]にのぼっています。欧州委員会は動きをさらに加速するために2020年8月にデータ戦略を発表、これに基づいてより多くのデータ共有を可能とするために、データガバナンス法（2020年11月法案提出、2022年6月公布、2023年9月施行）、データ法（2022年2月法案提出、2024年1月公布、2025年9月施行）を策定しています。

　続いて、欧州委員会はハイレベル専門家グループを設置、このグループにより2019年4月に「トラストワージネスをもつAIのための倫理ガイドライン」を公開しました。このガイドラインの第3章は開発者自らが行う自己確認用のチェックリストとなっています。これと、NIST AIリスク管理フレームワークが示したトラストワージネスをもつAIシステムが備える特性（3.2.1項）とを比較すると、共通部分がある一方で差異が存在することがわかるでしょう。特に、1つ目に、人間が主体的にかかわることを挙げている点が、EUらしさといえるかもしれません。2020年7月に、次に示す7つの特性で構成される改定版が公開されています。

- 人間による行為主体性と監査（Human Agency and Oversight）
- 技術的頑健性と堅牢性（Technical Robustness and Safety）

【13】2020年当時のレートを120円／ユーロとすると、1兆5,000億円強から2兆円弱に相当します。

- プライバシーとデータガバナンス（Privacy and Data Governance）
- 透明性（Transparency）
- 多様性、非差別と公平性（Diversity, Non-discrimination and Fairness）
- 社会的・環境的な健康と安全（Societal and Environmental Well-being）
- 説明責任（Accountability）

　欧州委員会は2020年2月に、「欧州におけるデジタルな未来の形成」を発表し、基本的人権や民主主義の確保を重視する人間中心のアプローチをAIに対しても採用することを明確にしました。そして、同年4月具体的な政策の方向性を示す、「AI白書：卓越性と信頼性を追求する欧州の取り組み」を発表しました。

　また、欧州議会は2020年10月、「AI・ロボットおよび関連技術の倫理的側面の枠組み」と、「AIの民事責任制度」を採択し、EU機関で唯一法案提出権をもつ欧州委員会に対して法制度化を行うことを提言しました。前者はEU法・EU基本憲章と国連人権法に基づいて、特にハイリスクなAI技術に対して効果的で調和のとれた規制が必要であるとしています。後者は、AIを用いたシステムが引き起こした特定の危害または損害に対し、AIを用いたシステムのオペレータに民事責任を適用することや、生産者の概念をAIを用いたシステムに適用し、バリューチェーン内のAIアクターにも責任を負わせることなどが記載されています。

　さらに欧州議会の求めに応じて欧州委員会は、2021年4月に「AI法（案）」を、2022年9月に「改正製造物責任指令（案）」と「AI責任指令（案）」を公表しました。このうちAI法と改正製造物責任指令は2023年12月にEU理事会と欧州議会による政治的合意にいたっており、それぞれ2024年7月と同11月に公布しました。残されたAI責任指令は審議が十分進んでおらず、先行するAI法と改正製造物責任指令の施行状況をみながら進めていくと推察されます。

　上記の改正製造物責任指令により、EU域内ではデジタルファイルや純粋なソフトウェアが新たに製造物に含まれることになりました。また、製造物の技術的複雑性によって、製品の欠陥あるいは欠陥と損害の因果関係を立証する

ことが過度に困難である場合には被害に遭った被害者の立証責任が緩和され、裁判所が因果関係を推定します（日本ではあくまでも被害者に立証責任があります）。

　また、上記のAI法ではAIを用いたシステムを基本的人権や身体・生命に対するリスクに応じて分類し、リスクの規模に応じた義務などを課します。ただし、大部分のAIを用いたシステム、例えば製品の推奨システムやスパムフィルタなど、リスクが最小限またはまったくないAIを用いたシステムには義務は課せられません。一方で、ハイリスクと特定されたAIを用いたシステムの場合は、品質の高いデータセットの利用・アクティビティのログ記録・詳細な仕様の文書化・人間による監督などの厳格な要件に従わねばなりません。このようなハイリスクなAIを用いたシステムには、水道・ガス・電気などの特定重要インフラにかかわるシステムが含まれます。また、バイオメトリクス情報に基づく識別や分類、感情認識を行うシステムもハイリスクと見なされます。さらに人間にとって明らかな脅威と見なされるような、例えば政府や企業による個人に対する社会的なスコア付けシステムなどが禁止のシステムに分類されます。

　このほか、チャットボットなどに生成AI技術を適用する際には機械との対話であることを明示しなければなりません。ディープフェイクなどを用いて生成したコンテンツにはラベルを付与し、バイオメトリクス技術を応用した分類や感情認識にはそれらを使用していることの通知などが求められます。特に、プロバイダは、生成AIによる合成音声やビデオ・画像・テキストには、それとわかるように、システムを設計することが求められています。

　今後も開発が進む基盤モデル[14]は強力で多様なタスクに適用できる可能性があります。したがって、AI法ではサプライチェーンにおける透明性を確保するため、基盤モデル専用のルールを導入しています。システムにリスクをもたらす可能性のある非常に強力な基盤モデルについては、リスク管理と重大なインシデントの監視、モデル評価と敵対的テストの実施に関する追加的な義務が設けられています。

【14】AI法では、汎用AI（GPAI）という名称で呼ばれています。

実効性を維持するため、各国の市場監視当局が国レベルでAI法の実施を監督するとともに、欧州委員会内に新しい欧州AIオフィスを設立し、EUレベルで調整します。欧州AIオフィスは、各国の市場監視機関とともに、AIに関する拘束力のある規則を施行する世界初の機関であり、国際的な基準点となることを目指しています。

また、AI法は、2008年に採択された新しい法的枠組み（New Legislative Framework）[53]を前提に開発されており、適合製品はCEマーキングを付与して、欧州の域内市場へと投入できます。2024年12月現在、適合性評価に必要な整合規格[54]の開発が急ピッチで進んでいるところです（3.3.2 (4)節参照）。なおEUでは、AI法への適合性をチェックできるサイトを公開しています[55]。読者の皆さんも活用してみてください。

3.3.2 ❖ アメリカの動向

EUがAI法という強い規制を行おうとしている（ハードローアプローチ）のに比較し、アメリカは現行法にプラスしてガイダンスをまず整備し（ソフトローアプローチ）、それらガイダンスでは不十分と判断したときに追加的な法規制を考慮する、産業発展を主眼とし双方をミックスするポリシーを採用しています。バイデン大統領の時代に、安全・安心・公平でトラストワージネスをもつAIを目指した幅広い活動が活発化しており、特に2023年11月の大統領令14110発令後、商務省配下のNISTによって矢継ぎ早に文書が公開されるとともに、グローバルへの関与を深めています（表3.2）。

表3.2 アメリカにおけるAI規制等の動向年表

年	月	規制等動向
2016	5	国家科学技術会議（NSTC）配下に、機械学習とAIに関する小委員会を設置[56]
	5〜	大統領府 科学技術政策局（OSTP）が、「AIに関するワークショップ」を開催
	10	NTSCが、「AIの未来に備えて」を発表[57]、AIに関連する政策を提言するとともに、「国家AI研究開発戦略」を策定[58]
	12	大統領府が、「AI・自動化と経済」を公表[59]、経済と雇用にもたらす影響に言及し、その対策を提案

年	月	規制等動向
2018	5	大統領府が、「米国産業のためのホワイトハウスAIサミット」を開催し、同月にその要約書を公表[60]、AI特別委員会を設置
2019	2	大統領府が、「AI分野における米国の主導権維持に関する大統領令13859」を公表[61]、連邦政府の各省庁がAI技術開発に対して優先的に投資を拡充
	6	NSTCが、「国家AI研究開発戦略」を更新[62]
	8	商務省配下のNISTが、「技術標準および関連するツールの開発における連邦政府の関与に関する計画」を公表[63]
2021	1	大統領府が、「連邦政府を通して人種的平等とサービスの行き届いていないコミュニティへの支援の推進に関する大統領令13985」を公表[64]
	4	NISTが、「人工知能における説明可能性と解釈可能性の心理学的基盤」を公表[27]
	9	NISTが、「説明可能なAIの四原則」を公表[26]
2022	3	NISTが、「AIにおけるバイアスの同定と管理のための標準へ向けて」を公表[32]
	10	大統領府OSTPが、「AI権利章典のための青写真」を公表[65]、AI開発などで考慮すべき5つの原則を策定しその実践を推進
2023	1	NISTが、「AIリスク管理フレームワーク 第1版」を公表[1]
	2	大統領府が、「連邦政府を通して人種的平等とサービスの行き届いていないコミュニティへの支援のさらなる推進に関する大統領令14091」を公表[66]、連邦政府機関はAIおよび自動化システムを設計・開発・取得・使用するにあたり公平性を促進
	3	NISTが、「トラストワージネスと責任あるAIリソースセンター」を設置[67]
	5	NSTCが、「国家AI研究開発戦略」を更新[68]
	7	大統領府が、AI開発で世界的にも先行する米国大手企業7社が、安全、堅牢でトラストワージネスをもつAI開発について自主的な取り組みを約束したと公表[69]
	10	大統領府が、「安全・安心でトラストワージネスをもつAIに関する大統領令14110」を公表[70]
	11	NISTが、「AIセーフティ インスティテュート」を設立し、参加を呼びかけ[71]
2024	1	NISTが、「敵対的機械学習：攻撃と緩和策の分類法と用語」を発表[33]
	3	NISTが、「トラストワージネスをもつAIの言語：詳細な用語集」を発表[71]
	7	NISTが、次の3つの文書を公表 • 「生成AIとデュアルユース基盤モデルのための安全なソフトウェア開発の実践：SSDFコミュニティプロファイル」[72] • 「AI標準規格に関するグローバルな関与計画」[73] • 「AIリスク管理フレームワーク：生成AIプロファイル」[74]
		国務省が、「AIと人権に関するリスク管理プロファイル」を公表[75]
	11	NISTが、「合成コンテンツがもたらすリスクの軽減：デジタルコンテンツの透明性に対する技術的アプローチの概要」を公表[76]
		AIセーフティインスティテュートは、国家安全保障の能力とリスクを管理するための新しいアメリカ政府タスクフォースを設立[77]

さかのぼると、オバマ大統領の時代に、国家目標の達成へ向けて科学技術の道筋を定める国家科学技術会議（NSTC）の技術委員会配下に2016年5月、「機械学習とAIに関する小委員会」が設置されています。この小委員会により、同年10月に「AIの未来に備えて」と題する報告がNSTC技術委員会に提出され、承認されています。本報告は、規制制度・研究開発・経済と雇用・公正性と安全性・安全保障といった幅広い内容を含むとともに、アメリカ連邦政府機関等に対する23の提言をまとめています。本報告を受けて同年12月に大統領府は、「AI・自動化と経済」を公表し、AI主導の自動化によるアメリカ経済全体に広がる影響に対処するために、3つの戦略を提案しました。

続いて、2017年1月のトランプ大統領の就任から1年ほど経過した2018年5月、大統領府は「アメリカの産業のためのAIサミット」を開催し、同月その要約書を公表しました。また、当時のトランプ大統領は2019年度予算要求にあたり、AIを行政の研究開発優先事項として初めて明記するとともに、連邦政府がAIとその関連研究に毎年数十億ドルを費やす中で投資対効果を高めるため、NSTCの下に連邦政府 研究開発部門の最高幹部で構成するAI特別委員会を設置しました。AI特別委員会は、AIに関する連邦政府間の政策調整とその発展に寄与し、この時点ですでに確立していたAI分野におけるアメリカのリーダーシップの継続に貢献することを目的としています。

さらに、2019年2月にトランプ政権は、「AI分野におけるアメリカの主導権維持に関する大統領令13859」を公表し、連邦政府の各省庁がAI技術開発に対して優先的に投資を拡充する、AIイニシアチブ政策を開始しました。同年6月に大統領を議長とするNSTCは、AIイニシアチブに整合する「国家AI研究開発戦略」の改定版を公表しました。2016年版で打ち出した7つの戦略は維持したままで内容を更新したほか、民間資金によるAI研究開発の急速な増加と、産業界によるAIの急速な採用を考慮し、連邦政府と民間部門との研究開発の関与を強化することを求める意見に応えるための新しい戦略を追加しました。つまり新たなAI分野における技術的ブレークスルーを生み出し、そのブレークスルーを迅速に実用へと移行させるために、連邦政府と学界・産業界・その他連邦政府以外の組織との効果的なパートナーシップを強化する

ことに加え、戦略的競合相手や敵対国からアメリカのAI研究開発事業を保護しつつ、これらの目標を成功裡に実施するための国際協力の重要性を強調しています。

同年8月、NISTは、技術標準および関連ツール開発における計画を公表して次の4つの提言を打ち出し、具体的な活動を開始しています。

- AIの標準化に関する知識・リーダーシップ・連邦政府機関間の調整を強化し、有効性と効率を最大化する
- トラストワージネスの側面を標準に実際に組み込む方法について、より広範な調査と理解を行い、さらに加速するために焦点を絞った研究を推進する
- 官民のパートナーシップを支援・拡大し、堅牢でトラストワージネスに優れたAIを推進するための標準や関連ツールを開発・活用する
- アメリカ経済および国家安全保障の要望に対するAIの標準化を推進するために、国際的な関与を戦略的に実施する

そして、バイデン大統領へと政権交代後、大統領府科学技術政策局はAIを含む自動化システムの設計・使用・導入の指針となるべき5つの原則を特定し、アメリカ国民を保護するための「AI権利章典の青写真」を2022年10月に公表しました。ここで、権利章典とはアメリカ合衆国憲法の基本的人権条項を規定しているものですが、公表された青写真は既存の法令や規則を修正するものではなく、法的拘束力はありません。ただし、この青写真ではアメリカ国民の権利、機会、または重要なリソースやサービスへのアクセスに重大な影響を与えうる自動化システムを対象とし、次の5つの原則をまとめています。

① **安全で効果的なシステム**：ユーザーは安全ではないシステムや効果のないシステムから保護されるべきである
② **アルゴリズム由来の差別からの保護**：ユーザーはアルゴリズム由来の差別を受けるべきではない。システムは公平に機会を提供する方法で設計され、利用されなければならない

③ **データプライバシー**：ユーザーは、組み込まれた保護機能を通じて不正なデータから保護されるべきであり、自身に関するデータがどのように使用されるかを知る権限を保持すべきである

④ **ユーザーへの通知と説明**：ユーザーは自動化システムが使用されていることを通知されなければならない。また、自動化システムがどのようにしてユーザーに影響を与えるのか、なぜ自動化システムがユーザーに影響を与えるのかを説明されるべきである

⑤ **人による代替手段・配慮・予備的措置**：適切な場合に、ユーザーは自動化システムの使用を拒否できなくてはならない。また、ユーザーは問題が生じたときにはその問題を迅速に検討して解決できる AI アクターに連絡する手段を保持すべきである

　この青写真はアメリカ連邦政府機関から大小企業等を含むさまざまな機関や人まで参照されることを想定しており、原則に続いて各原則の実行手順や例を記載しています。連邦政府各機関ではすでに実行されています。

　2023 年 1 月、NIST は AI リスク管理フレームワークを公表しました。これは 2021 年 7 月から情報提供依頼、公開コメント用ドラフト公表、複数のワークショップなどを通じ、関係者の同意に基づいたオープンで透明性ある、協調的なプロセスで開発されました。本章の 3.2.1 項と第 4 章で、AI リスク管理フレームワークに基づいた、トラストワージネスをもつ AI システムの設計・開発・資料・評価の組織への組み込み方法を説明しています。

　続いてバイデン大統領が議長である NSTC は、オバマ大統領下で 2016 年、トランプ大統領下で 2019 年にそれぞれ発表した国家 AI 研究開発戦略を、2023 年 5 月に更新しました。2019 年に公表した 8 つの戦略を再確認するとともに、AI 研究における国際協力に対する原則的かつ協調的なアプローチを強調する 9 番目の戦略を追加しています。

　さらに 2023 年 10 月、大統領府は「安全・安心でトラストワージネスをもつ AI に関する大統領令 14110」を公表しました。この大統領令は、アメリカが AI による成功をつかみ、リスク管理の上で世界の先頭に立つことを確実にすることを目標としており、連邦政府が協調連携すべく、広範な 8 つの指針を示

しています。

- **AI技術の安全性と堅牢性の確保**：単に生成AI技術だけではなく、民間および軍事用途の双方に使用できる基盤モデルを含む開発手法、さらに重要インフラからCBRN（Chemical・Biological・Radiological・Nuclear／化学・生物・放射性物質・核）によるテロや事故等から守る、国家安全保障分野が対象
- **イノベーションと競争の促進**：アメリカ国外からのAIにかかわる人材の招聘・官民パートナーシップの強化・4つの国立AI研究所の設立・知的財産の保護・医療応用や気候変動リスク緩和・半導体開発の推進・中小企業支援など
- **アメリカ国内の労働者の支援**：AIを採用したことにより失職したアメリカ国内の労働者に対する教育やリスキングを含む支援、AIによる労働者の福利厚生の拡充など
- **公平性と公民権の保護**：AIを含む自動化されたシステムに関連する公民権侵害および差別の防止と対処など
- **消費者・患者・公共交通機関利用者・学生の保護**：アメリカの消費者を詐欺・差別・プライバシーの脅威から保護、医療・公衆衛生やその他リスクへの対処など
- **プライバシー保護**：AIによる個人に関する情報の収集または使用によるプライバシーの悪化を軽減、差分プライバシー（277ページ参照）による保護有効性ガイドライン、プライバシー強化技術（PET：Privacy Enhancing Technologies）の研究開発と利用など
- **連邦政府によるAI活用の推進**：省庁評議会による連邦政府全体でのAI活用の調整、リスク管理の実施、生成AIの適切な使用に関するガイドラインと制限の確立、AIにかかわるプロジェクトへの投資増加、連邦政府におけるAIにかかわる人材の採用と育成など
- **海外におけるアメリカのリーダーシップ強化**：国際的な同盟国やパートナーとの関係を強化、アメリカの既存および計画中のAI関連ガイダンス

3.3　AIを用いたシステムに対する各国および国際的な動向

や政策に対する国際協力の強化など

　現在、アメリカの各連邦政府機関はこの大統領令に従って活発な活動を進めています。その1つである商務省配下のNISTは2024年1月から複数の文書を立て続けに発表しています。1月に「敵対的機械学習：攻撃と緩和策の分類法と用語」、3月に「トラストワージネスをもつAIの言語：詳細な用語集」をそれぞれ発表しました。さらに7月から12月にかけて計画に従い、順次文書を発表しています[78]。

　アメリカはグローバルリーダーを自認しつつ、今後、国際協力も深化させながら影響力を行使していくものと思われます。ただし、2025年1月に就任したトランプ大統領の意向によっては動きに変化がみられる可能性があります。

3.3.3 ❖ 日本の動向

　日本は、現行法に加えてガイダンスをまず整備するソフトローアプローチを採用してきました。2023年以降、日本政府は広島AIプロセスと呼ぶグローバルへの関与を深めるとともに、特に生成AIに対する強い規則、すなわちハードロー制定の選択を視野に入れた検討を加速しています。

表3.3　日本におけるAI規制等の動向年表

年	月	規制等動向
2016	5	安倍総理の指示に基づき人工知能技術戦略会議を、またこの会議体の配下に研究連携会議と産業連携会議をそれぞれ設置[79]
2017	3	人工知能技術戦略会議が、「人工知能技術戦略」を公表[80]
	7	総務省 情報通信政策研究所 AIネットワーク社会推進会議が、「国際的な議論のためのAI開発ガイドライン案」を公表[81]
2018	6	安倍内閣が、統合イノベーション戦略推進会議設置を閣議決定[82]
2019	3	統合イノベーション戦略推進会議が、「人間中心のAI社会原則」を公表[83]
	6	統合イノベーション戦略推進会議が、「AI基本戦略2019」を公表[84]
	8	AIネットワーク社会推進会議が、「AI利活用ガイドライン〜AI利活用のためのプラクティカルリファレンス〜」を公表[85]
2020	6	産業技術総合研究所が、「機械学習品質マネジメントガイドライン（第1版）」を公表[86]

193

年	月	規制等動向
2021	1	経済産業省 AI社会実装アーキテクチャ検討会が、「我が国のAIガバナンスの在り方ver.1.0」を公表[87]
	6	統合イノベーション戦略推進会議が、「AI基本戦略2021」を公表[88][89][90]
	7	産業技術総合研究所が、「機械学習品質マネジメントガイドライン（第2版）」を公表[91]
		AI社会実装アーキテクチャ検討会が、「我が国のAIガバナンスの在り方 ver.1.1」を公表[82]
		経済産業省 AI原則の実践の在り方に関する検討会が「AI原則実践のためのガバナンス・ガイドライン ver. 1.0」を公表[93]
2022	1	AI原則の実践の在り方に関する検討会が、「AI原則実践のためのガバナンス・ガイドライン ver. 1.1」を公表[94]
	4	統合イノベーション戦略推進会議が、「AI基本戦略2022」を公表[95]
	8	産業技術総合研究所が、「機械学習品質マネジメントガイドライン（第3版）」を公表[96]
2023	5	内閣府 AI戦略会議が、「AIに関する暫定的な論点整理」を公表[97]
	10	G7首脳が、「広島AIプロセス」に関して声明を発表[98]
	12	G7デジタル・技術閣僚が、「広島AIプロセス」に関して声明を発表[99]
		産業技術総合研究所が、「機械学習品質マネジメントガイドライン（第4版）」を公表[100]
		G7首脳が、「広島AIプロセス」に関して声明を発表[101]、またAI関係者・組織向けの国際指針、国際行動規範を合わせて発表[102][103][104]
2024	2	官民が合同で情報処理推進機構（IPA）内に「AIセーフティ インスティテュート」を設置[105]
	4	総務省と経済産業省が、「AI事業者ガイドライン（第1.0版）」を公表[106]
	5	第9回AI戦略会議において、議題の1つであった「AI戦略の課題と対応」の中で「AI制度に関する考え方」について議論[107]

　さかのぼると、2016年4月に開催された未来投資に向けた官民対話における当時の安倍総理による指示を受け、翌月に人工知能技術戦略会議が設置されました。この会議が司令塔となり、総務省・文部科学省・経済産業省がそれぞれに行っていたAI技術の研究開発を連携させるとともに、成果の社会実装加速を図りました。続いて、2017年3月、人工知能技術戦略会議はAIの技術戦略とともに研究開発目標と産業化へ向けたロードマップを公表しました。これによると、AIは大まかに3つのフェーズで発展していき、最終フェーズではさまざまな領域が複合的につながったエコシステムが構築されるとしてい

ます。

　2018年6月に当時の安倍内閣は、統合イノベーション戦略推進会議の設置を閣議決定しました。これにより、総合科学技術・イノベーション会議・デジタル社会推進会議・知的財産戦略本部・健康・医療戦略推進本部・宇宙開発戦略本部・総合海洋政策本部・地理空間情報活用推進会議という、イノベーションに関連する複数の会議体を横断的に調整し、戦略を推進します。

　統合イノベーション戦略推進会議はまず、2019年3月に「人間中心のAI社会原則」を公表しました。続いて2019年6月に「AI基本戦略2019」を公表した後、2021年6月に「AI戦略2021」、2022年4月に「AI戦略2022」と戦略を改定していきます。「AI戦略2022」では5つの戦略目標とともに、差し迫った危機への対処と社会実装の推進目標を掲げ、それぞれについて具体的な推進テーマを設定して各省庁が担当・推進するとしました。

　また、総務省 情報通信政策研究所のAIネットワーク社会推進会議が2017年7月に「国際的な議論のためのAI開発ガイドライン案」、2019年8月に「AI利活用ガイドライン～AI利活用のためのプラクティカルリファレンス～」をそれぞれ公開しました。ここで、AI開発ガイドラインとは、AIの便益増進およびリスク抑制のために研究開発に留意が期待されるAI開発原則と、その内容を解説した指針です。対して、AI利活用ガイドラインは、AIのサービスプロバイダやAIを用いたシステム等において、「人間中心のAI社会原則」を踏まえてAI開発利用原則を規定する際に参照されることを企図しており、AIの利活用で留意すべき事項を適切に認識し、それらへの対応の自主的な検討を促しています。

　さらに、経済産業省 AI原則の実践の在り方に関する検討会が、「AI原則実践のためのガバナンス・ガイドライン ver . 1.1」を2022年1月に公開しました。このガイドラインは、AIの社会実装促進に必要なAI原則の実践を支援すべく、AI事業者が実施すべき行動目標を提示し、各行動目標について仮想的な実践例やAIガバナンスが目指すゴールとの乖離を評価するための実務的対応を例示するものです。

　一方、日本政府は国際的な関与を深めていきます。2023年12月、G7首脳は「広島AIプロセス」に関する共同声明を発表しました。声明では、すべて

のAIにかかわる関係者と高度なAIを用いたシステムの開発組織に向けた国際指針、高度なAIを用いたシステムの開発組織に向けた国際行動規範を定めました。

そして2024年4月、総務省と経済産業省が、これまでの活動をまとめ発展させた「AI事業者ガイドライン（第1.0版）」を公表しました。AI事業者ガイドラインの開発にあたっては、人間中心のAI社会原則を土台とし、これまでの「AI開発ガイドライン」「AI利活用ガイドライン」「AI原則実践のためのガバナンス・ガイドライン」を統合して再検討するとともに、諸外国の動向や新しく現れてきた技術も合わせて考慮しています。

AI事業者ガイドラインの対象者は、AIの事業活動を担う主体であるAI開発者（AI developer）、AI提供者（AI provider）、AI利用者（AI business user）の3つに大別されるとしています。AI開発者とはAIを用いたシステムを研究・開発する事業者のことで、AI提供者とはAIを用いたシステムを製品や既存のシステム等に組み込み、ユーザーに提供する事業者のことです。

また、AI事業者ガイドラインは基本理念として、①人間の尊厳が尊重される社会（dignity）、②多様な背景をもつ人々が多様な幸せを追求できる社会（diversity & inclusion）、③持続可能な社会（sustainability）を基本理念として掲げ、次からなる10の共通の指針を定めています。

- **共通の指針：各主体が取り組む事項**
    i) **人間中心**：AIが人々の能力を拡張し、多様な人々が多様な幸せを追求できるよう行動する。生成AIによりリスクが高まっていることを認識し、必要な対策を講じる。また、社会的弱者によるAI活用が容易になるよう注意を払う
    ii) **安全性**：適切にリスクを分析し対策する。AI本来の利用目的を逸脱した提供や利用により発生しうる危害を回避する。利用するデータの透明性の確保支援、法的枠組みの遵守、AIモデル更新等を合理的範囲内で適切に実施する
    iii) **公平性**：人種、性別、国籍その他多様な背景を理由とした不当で有害な偏見と差別をなくすよう努める。AIの出力結果が公平性を欠く

ことのないよう、適切なタイミングで人間の判断を介在させることを検討し、無意識あるいは潜在的なバイアスに留意する

iv) **プライバシー保護**：関連法令の遵守、プライバシポリシーの策定と公表により、社会的なコンテキストと人々の合理的な期待を踏まえてステークホルダーのプライバシーが尊重され保護されるよう、重要性に応じた対応をとる

v) **セキュリティ確保**：機密性、完全性、可用性を確保・維持するため、技術的水準に照らして合理的な対策を講じる。外部からの攻撃が日々更新されていることを踏まえ、これらリスクに対応するための留意事項を確認する

vi) **透明性**：社会的コンテキストを踏まえ、AIを用いたシステムやサービスの検証可能性を確保しながら、必要かつ技術的に可能な範囲で、ステークホルダーに対し、合理的な範囲で適切な情報を提供する

vii)**アカウンタビリティ（説明責任）**：追跡性の確保や共通の指針への対応状況等について、ステークホルダーに対して情報の提供や説明を行う。このためにAIガバナンスポリシー、プライバシポリシー等を策定し公表する。また、関連する情報を文書化して一定期間保管し、必要なときに必要なところで入手でき、利用に適した形式で参照できるようにする

- 社会と連携した取り組みが期待される事項

viii) **教育・リテラシー**：AIにかかわる関係者が十分なAIリテラシーを確保するために必要な措置をとる。AIがもたらす特性や悪用の可能性を理解し、ステークホルダーに対して教育を行うことを支援する

ix) **公正競争確保**：AIを活用して持続的な経済成長を実現し、社会課題の解決へつなげるため、AIを巡る公正な競争環境の維持に努める

x) **イノベーション**：国際化、多様化、産学官連携、オープンイノベーションを推進する。複数のAIを用いるシステムやサービス間での相互接続性や相互運用性を確保する。標準仕様がある場合にそれに準拠する

第3章　AIの発展と規制

　また経営層には、(1) 最終的な価値を構成するバリューチェーンおよび最終的なリスクを構成するリスクチェーン全体にわたる連携を確保し、(2) 連携が複数の国にまたがる場合に、データの自由な越境を確保するために適切なリスク管理とAIにかかわるガバナンスを実施し、(3) 経営層のコミットメントによって組織戦略や企業体制へと落とし込み、文化として浸透させることを求めています。

　さらに、AIのライフサイクルにかかわる各主体であるAI開発者・AI提供者・AI利用者に対し、次の行動を求めています。

- **AI開発者**

  AIモデルを直接設計し、変更する立場であることから、AIがユーザーに提供・利用された際の影響を事前に可能な限り検討し、もしものときの対策を講じておくことが特に重要

  - **データの前処理・学習時**：①適切なデータによる学習、②データが含むバイアスへの配慮
  - **開発時**：①人間の生命・身体・財産、精神および環境に配慮した開発、②適正利用に資する開発、③AIモデルのアルゴリズム等に含まれるバイアスへの配慮、④セキュリティ対策のための仕組みの導入、⑤検証可能性の確保
  - **開発後**：①最新動向への留意、②関連するステークホルダーへの情報提供、③AI提供者への共通の指針に関する対応状況の説明、④開発関連情報の文書化、⑤イノベーションの機会創造への貢献

- **AI提供者**

  AIの稼働と適正な利用を前提としたAIを用いたシステムのサービス提供を実現することが重要

  - **システム実装時**：①人間の生命・身体・財産、精神および環境に配慮したリスク対策、②適正利用に資する提供、③AIを用いたシステムサービスの構成およびデータが含むバイアスへの配慮、④プライバシー保護のための仕組みおよび対策の導入、⑤セキュリティ対策の

ための仕組みの導入、⑥システムアーキテクチャ等の文書化
- **システムサービス提供後**：①適正利用に資する提供、②プライバシー侵害への対策、③脆弱性への対応、④関連するステークホルダーへの情報提供、⑤AI利用者への共通の指針に関する対応状況の説明、⑥サービス規約等の文書化

- **AI利用者**

  AI提供者が意図した範囲内で継続的に適正利用し、より効果的なAIの利用のために必要な知見を習得することが重要

  - **システムサービス利用時**：①安全を考慮した適正利用、②入力データまたはプロンプトに含まれるバイアスへの配慮、③個人情報の不適切入力およびプライバシー侵害への対策、④セキュリティ対策の実施、⑤関連するステークホルダーへの情報提供、⑥関連するステークホルダーへの説明、⑦提供された文書の活用および規約の遵守

　今後については、当該ガイドラインの実効性・正当性を重視しながら、複数のステークホルダーによる検討を進めることで更新を重ねていく予定としています。

　2024年5月に開催された第8回AI戦略会議では、AI戦略チームがまとめた「AI制度に関する考え方」について審議が行われました。同資料では、「国民の安全・安心を守る観点から、あるべきAIの制度について検討を進めていくことが重要である」と述べています。さらに規制の有無にかかわらず2024年2月に情報処理推進機構内に設置されたAIセーフティ インスティテュートのような官民連携組織に専門人材を集め、AIの安全性や信頼性について検討・評価を行うとともに、米英における同種の機関との国際的な連携・協調を通じて、AIのリスク対応や安全性確保のための標準的な方策をとりまとめ、AI開発者・AI提供者に対してその遵守を促すことも必要であるとしました。

　これら以外に、政権与党である自由民主党がまとめた、AIに関連する詳細なホワイトペーパー[111][112]や政策提言[113][114]があります。今後の日本の動向を探るために参考にするとよいでしょう。

第3章　AIの発展と規制

3.3.4 ❖ OECDの動向

表3.4　OECDにおけるAI規制等の動向年表

年	月	規制等動向
2019	5	OECD諸国およびパートナー諸国が、「AIについてのOECD原則」を採択[115]
2024	5	OECD閣僚理事会が「AIについてのOECD原則」の改定版を採択[116]

　2019年5月、経済協力開発機構（OECD）加盟国およびパートナー諸国は
AIに関する初めての国際的な政策ガイドライン「AIについてのOECD原則」
を正式に採択し、AIを用いたシステムが健全・安全・公正・信頼に足るよう
に構築されることを目指す国際標準を支持することで合意しました。

　この原則は、政府・学術関係・企業・市民社会・国際機関・ハイテクコ
ミュニティ・労働組合などから集まった50人以上のメンバーで構成される専
門家グループの指針をもとにまとめられたもので、政府・組織および個人が、
AIを用いたシステムについて人間の便益を最優先と考えて構築・運用すると
ともに、AIを用いたシステムの設計者・運用者に対し適切な利用となるよう
責任をもたせる際の指針を与えることを目的としています。

　さらに、生成AIが生み出す虚偽情報に対処するために、2024年5月に
OECD閣僚理事会がこの原則の改定版を採択しました。改定版のOECD原則
の概要は次のとおりです。

- **包摂的な成長、持続可能な開発および福祉**：ステークホルダーはトラス
  トワージネスをもつAIの責任ある管理に積極的に関与し、人間と地球に
  とって有益な成果を追求することを推奨する
- **法の支配・人権・公平性やプライバシーを含む民主的価値観の尊重**：AI
  アクターは、AIを用いたシステムのライフサイクルを通じて、法の支配・
  人権・民主主義・人間中心の価値観を尊重することを推奨する
- **透明性と説明可能性**：AIアクターは、AIを用いたシステムに関する透明
  性と責任ある情報開示に取り組むべきであり、そのためにアプリケーショ
  ンコンテキストに適切で技術水準に合致し有意義である情報を提供する

ことを推奨する

- **頑健性・堅牢性・安全性**：AIを用いたシステムはそのライフサイクル全体を通じて、通常の使用・予見可能な使用もしくは誤用、またはその他の不利な条件下において、適切に機能するとともに不合理な安全やセキュリティにかかわるリスクをもたらさないよう、頑健・堅牢かつ安全であることを推奨する

- **説明責任**：AIアクターはAIを用いたシステムが適切に機能し、上記原則が尊重されることについての役割やアプリケーションコンテキストに基づき、かつ技術水準に合致する説明責任を負うことを推奨する

あわせて採択された、各国政府に対する提言の概要は次のとおりです。

- **AI研究開発への投資**：困難な技術的課題とAIに関連する社会的・法的・倫理的な意味合いや政策課題に焦点を当てた、トラストワージネスをもつAIのイノベーションを促進するための公共投資の検討と、民間投資の奨励を推奨する

- **AIによって可能になる包摂的なエコシステムの育成**：トラストワージネスをもつAIのための包摂的・動的・持続可能・相互運用可能なデジタルエコシステム開発とそのアクセス促進を推奨する

- **AIのための相互運用可能なガバナンスと政策環境の形成**：トラストワージネスをもつAIシステムの研究開発段階から展開・運用段階への移行を支援する機動的な政策環境促進を推奨する。また、組織のガバナンスの目的を達成するための、柔軟性を提供する成果ベースアプローチの採用、適切な場合には相互運用可能なガバナンスと政策環境促進のために管轄区域内外での協力を推奨する

- **人間の能力構築と労働市場変革への準備**：ステークホルダーと緊密に協力して職務と社会の変革に備え、人々に幅広い用途でAIを用いたシステムを効果的に利用し相互作用できるようにすることを推奨する。さらに労働者の安全、雇用と公共サービスの質の向上、起業家精神と生産性の育成のために職場におけるAIの責任ある利用を促進し、AIからの便

第3章　AIの発展と規制

益が広く公平に共有されることを目指すことを推奨する

● **トラストワージネスをもつAIのための国際協力**：ステークホルダーとともに本原則を推進し、トラストワージネスをもつAIについての監督と報告の責務を進展させるために積極的に協力するとともに、OECDやその他の世界的・地域的な場において適宜、AIに関する知識の共有の促進に協力することを推奨する。さらに、複数のステークホルダーによるコンセンサスに基づくグローバルな技術標準の策定を促進し、AIの研究・開発・普及を測定するための国際的で比較可能な指標の策定と利用により、本原則の実施状況を評価する証拠資料を収集することを推奨する

　これらの原則と提言には法的拘束力はないものの、例えばOECDが1980年に採択した「OECDプライバシー保護と個人データの国際流通についてのガイドラインに関する理事会勧告」が、アメリカ・ヨーロッパ・アジアにおいて多くのプライバシー保護法制の枠組みの基礎となったのと同様に、すでに国際社会へと大きな影響を及ぼし始めています。表3.5に、OECD.AIサイト[117]へ2023年5月までに登録された、世界各国および地域におけるAIにかかわる戦略の策定の年表を示します。本書ではここまでEUと米国、そして日本の動きを詳述してきましたが、その他の国も含めた最新の状況については、OECD.AIサイトを参照してください。

表3.5　世界各国・地域における2023年5月までの、AIにかかわる戦略の策定の動向[118]

年	AI戦略の策定国
2017	カナダ（2021年更新）、中国、フィンランド（2021年更新）
2018	EU（2021年更新）、フランス（2021年更新）、ドイツ（2020年更新）、ハンガリー、インド、モーリシャス共和国
2019	アルゼンチン、オーストラリア、コロンビア、キプロス、チェコ、デンマーク、エジプト、エストニア、日本（2022年更新）、韓国、リトアニア、ルクセンブルグ、マルタ、オランダ、ポルトガル、シンガポール、UAE、アメリカ、ウルグアイ
2020	ブルガリア、ラトビア、ノルウェー、ポーランド、サウジアラビア、セルビア、スペイン、スイス
2021	オーストリア、ブラジル、チリ、アイルランド、ペルー、スロベニア、トルコ、ウクライナ、イギリス、ベトナム
2022	ベルギー、イスラエル、イタリア、タイ

3.3.5 ❖ 欧州評議会の動向

　欧州評議会（Council of Europe）は、第二次大戦後の1949年、ロンドンで締結された欧州評議会規定に基づいて同年に発足した組織です。人権・民主主義・法の支配の分野で国際社会への基準の策定を主導する汎欧州国際機関です。欧州人権条約などの多国間条約の作成のほか、欧州人権裁判所や条約のモニタリング機関を通じて人権保護等を行うとともに、選挙の監視を行ったり、場合によっては国家に対して憲法を改正することを求めたりなどすることで、旧東側諸国の民主化を積極的に支援しています。なお、欧州評議会にはEU加盟国に加え、イギリス・トルコ・ウクライナのほか、西バルカン・南コーカサス諸国等を含む46か国、その他オブザーバー国として日本・アメリカ・カナダ・メキシコ・ローマ教皇庁が加盟しています。

　2019年に発足したAIに関するアドホック委員会（CAHAI）は、2021年に「人権、民主主義および法の支配に関する、欧州評議会の基準に基づくAIについての法的枠組みの可能な要素」に関する報告書を発表しました。このアドホック委員会（臨時委員会）には、日本もオブザーバー国として参加しています。

　報告書では、AIを用いたシステムによって進歩と革新が促進され、ひいては人類の繁栄と個人および社会の幸福が促進されるとする一方で、人権・民主主義および法の支配に対する潜在的なリスクをもたらす懸念が生じるとしています。したがって、リスクの効果的な防止と軽減のために、欧州評議会の基準に基づいたAIに対する適切な法的枠組みをもとにした、一般原則と具体的な法規範を定める横断的な法的拘束力のある文書に加え、特定領域でAIの設計・開発・適用に対する詳細なガイダンスが必要となる可能性を指摘しました。さらに、法的問題においては欧州評議会加盟国だけでは対応が難しいことを踏まえ、欧州評議会の基準を共有する域外の国々が締結しやすいよう起草することを勧告しました。同時に国連教育科学文化機関（UNESCO）を含む国連機関やEU、OECDなどの法的・規制的枠組みを考慮に入れることも推奨しました。

　CAHAIの成果はAIに関する委員会（CAI）に引き継がれ、2022年5月の

第3章　AIの発展と規制

表3.6　欧州評議会におけるAIにかかわる規制等の動向

年	月	規制等動向
1949	5	欧州評議会規定（通称、ロンドン条約）を、10か国で締結[119]
	8	同規定を7か国が批准し、発効
1996	11	日本が、欧州評議会にオブザーバー国として参加
2019	9	AIに関するアドホック委員会（CAHAI：Ad Hoc Committee on Artificial Intelligence）を設置（日本はオブザーバーとして参加）
2021	12	CAHAI が「人権、民主主義および法の支配に関する、欧州評議会の基準に基づくAIについての法的枠組みの可能な要素」を発表[120]
2022	4	AIに関する委員会（CAI：Committee on Artificial Intelligence）を設置（日本はオブザーバー国として参加）。CAHAIの成果を受け、法的拘束力のある文書の導入を全会一致で勧告[121]
	5	閣僚委員会が、CAIの勧告を歓迎し、閣僚代議会合に条約起草を指示[122]
	6	閣僚代理会合が、CAIに対して条約起草を指示[123]
2023	1	CAIが、「AI・人権・民主主義および法の支配に関する条約」のゼロドラフト改定版を公表[124]
	12	CAIが、上記条約の最終となるドラフト版を公表[125]
2024	5	閣僚委員会が、上記条約を承認[126]
	9	各国法務大臣が、上記条約に署名開始[127]
	11	CAIが、「人権・民主主義および法の支配の観点からのAIのリスクとインパクトアセスメントのための手法」を採択[128]

閣僚委員会で条約の起草が決議されました。2023年12月に最終ドラフトが公表され、2024年5月に閣僚委員会で承認されました。本条約は、公的機関（公的機関を代理する民間関係者を含む）および民間関係者によるAIを用いたシステムの使用が対象であり、AIを用いたシステムのライフサイクル内の活動を次の基本原則に準拠させることを求めています。

- 人間の尊厳および個人の自律（human dignity and individual autonomy）
- 平等と非差別（equality and non-discrimination）
- プライバシーの尊重と個人情報の保護（respect for privacy and personal data protection）

204

- 透明性と監督（transparency and oversight）
- 説明責任と義務（accountability and responsibility）
- 信頼性（reliability）
- 安全なイノベーション（safe innovation）

　また、救済措置・手続き上の権利および保護措置として次を規定しています。

- AIを用いたシステムとその使用の関連情報を文書化し、影響を受ける人が閲覧可能とする
- 上記情報は、関係者がAIシステムの使用を通して、あるいは実質的にAIシステムに基づき行われた決定に対して、異議を申し立て、またはAIを用いたシステム自体の使用に異議を申し立てるうえで十分でなければならない
- 所轄官庁に苦情を申し立てるための、効力ある方法を提供する
- 人権および基本的自由の享受に重大な影響を与えるAIを用いたシステムの適用に関連し、影響を受ける人々に効力ある手続き上の保証・保護措置および権利を提供する
- 対話型AIでは、人間ではなく、AIを用いたシステムと対話していることを通知する

次は、リスクと影響の管理要件です。

- 人権・民主主義・法の支配に対する現実的および潜在的な影響に関する、リスクと影響の評価を反復的に実施する
- 上記の評価を実施した結果として、十分な予防および緩和措置を確立する
- 規制当局が、AIを用いたシステムの特定適用を禁止、または一時停止する可能性（超えてはならないライン）を確保する

この条約には、欧州評議会加盟各国の法務大臣が2024年9月に署名を開始しました。2025年2月1日に発行する見込みです。また、2024年11月、CAIは人権へのインパクトを評価する新しいツール「人類・民主主義および法の支配の観点からのAIのリスクとインパクトアセスメントのための手法」を採択しました。2025年には、柔軟なツールや拡張可能な勧告を含むサポート資料やリソースが提供される見込みです。

3.3.6 ❖ 国際連合の動向

国際連合も動き始めています。

2023年10月、国際連合事務総長はAIに関する諮問機関の設立を発表し、AIの活用が17の持続可能な開発目標（SDGs）達成の加速につながる可能性に言及しました。しかし現状、AIがひと握りの企業や国に集中していることを踏まえ、加速に向けては、責任をもってAIが利用され、すべての人がAIにアクセス可能となる必要性を訴えました。さらに、誤情報や偽情報の拡散の加速、バイアスや差別の定着、監視やプライバシー侵害・詐欺などに悪用されることへの懸念も表明しました。したがって、AIの国際的なガバナンス強化、リスクと課題の共通理解、AI活用によるSDGsを加速させるための検討などを行っていくこととしています。

2023年11月にイギリスで開催されたAIセキュリティサミットでは、当時のグテーレス国連事務総長が「AIに対する世界的な監視は、国際連合憲章の中

表3.7 国際連合におけるAIにかかわる規制等の動向

年	月	規制等動向
2023	10	国際連合におけるAIについての諮問機関を設立[129]
	11	事務総長がイギリスで開催されたAIセキュリティサミットで「AIに対する世界的な監視は国際連合憲章の中核的原則に基づいて行われ、人権への完全なる尊重が確保されるべき」と強調[130]
2024	3	総会で、「すべての人に持続可能な開発のための、安全で安心な、トラストワージネスをもつAIを用いたシステムの促進」に関する決議を採択[131]
	9	未来サミットで、グローバルデジタル協定[132]を採択[133]
		国際連合とOECDは、グローバルなAIガバナンスに関する新たな協力関係を発表[134]

核的な原則に基づいて行われることで、人権への完全なる尊重を確保すべき」と述べました。また、「AIに対する倫理原則が世界中で100以上策定されている」と指摘し、ギャップの発生を防ぐためにも世界的な監視が必要であると述べました。

また、アメリカが主導し、日本を含む54か国で共同提案した、「すべての人に持続可能な開発のための、安全で安心なトラストワージネスをもつAIを用いたシステムの促進」に関する決議は、2024年3月の国連総会で最終的に120か国を超える賛同を得て無投票で決議として採択されました。この決議は、新興分野に対する規制の初採択でもあり、国際人権法に照らして運用することが不可能、または人権の享受に過度のリスクをもたらすAIを用いたシステムの使用は、控えるか注視することを求められています。さらに、国際連合加盟国とステークホルダーに対し、発展途上国を排除せず、公平なアクセスを実現して情報格差のない社会を目指すよう促しています。

2024年9月に開催された未来サミットで、世界の指導者たちはグローバルデジタル協定と将来世代に関する宣言を含む「未来のための協定」を採択しました。「祖父母が築いたシステムで、孫のための未来をつくることはできない」とし、劇的に変化した世界を前にし、国際連合、国際システムと国際法に対する各国の強いコミットメントになっています。

3.3.7 ❖ 国際標準の動向

ISO/IEC JTC1/SC42（人工知能）における審議を中心として、国際標準の動きをまとめます。

民間による情報技術に関する国際標準は、ISO（International Organization for Standardization／国際標準化機構）とIEC（International Electrotechnical Commission：国際電気標準会議）の配下に設置されたJTC 1（Joint Technical Committee 1／第1合同技術委員会）で分野別に審議、開発されます。2017年のJTC 1総会でAIに関する新しい分科委員会としてSC 42[135]の設立が承認されました。その後、2018年4月の北京総会を皮切りに、半年に一度の総会を継続して開催し、国際標準を順次開発しています。この審議

表3.8 AIに関する国際標準化の動向

年	月	規格名称と概要
2014	11	ISO/IEC JTC 1総会で、ビッグデータに関する国際標準を開発するWG 9をJTC 1直下に設立
2017	11	ISO/IEC JTC 1総会が、アメリカによるAIに関する新しいSC（subcommittee）設置を承認
2018	4	ISO/IEC JTC 1/SC 42（AI）総会を北京で開催。その後、半年ごとに会議開催を継続、また、JTC 1/WG 9をSC 42/WG 2へと編入

には、欧州委員会やOECD、UNESCO、世界貿易機関（WTO）などのほか、多くの標準化組織がリエゾン（連絡役）として参加しています。

特にEUの法制度は、法令それ自体が詳細な技術標準も定める古い枠組みから、法令と技術標準を分離する新しい法的枠組み[53]へと移っています。AI法はこの新しい法的な枠組みに則っており、施行にあたって同法と整合する詳細な技術標準（整合規格[54]）が必要ですが、欧州委員会によるAI法と現存する国際標準のギャップ分析も終了し、ヨーロッパの標準化団体であるCEN/CENELEC JTC 21[136]とSC 42とで開発されています。

アメリカは、自身でNIST AIリスク管理フレームワークを開発しましたが、3.2.1項で説明したように、用語とその概念を国際標準にそろえるとともに、NIST AIリスク管理フレームワークとSC 42開発のリスク管理国際標準であるISO/IEC 23894:2023との関連を明示しており[137]、国際的な動きとの同調も図っています。

すでにSC 42で開発を終えた、リスク管理に何らか関係する国際標準には次のようなものがありますので、適宜参照するとよいでしょう。

- **基礎的な標準：**
  - Information technology – Artificial intelligence – Artificial intelligence concepts and terminology, ISO/IEC 22989:2022
  - Framework for Artificial Intelligence (AI) Systems Using Machine Learning (ML), ISO/IEC 23053:2022

- リスク管理と評価：
  - Information technology – Artificial intelligence – Guidance on risk management, ISO/IEC 23894: 2023
  - Information technology – Artificial intelligence – Bias in AI systems and AI aided decision making, ISO/IEC TR 24027:2021
  - Information technology – Artificial intelligence – Overview of trustworthiness in artificial intelligence, ISO/IEC TR 24028:2020
  - Information technology – Artificial intelligence – Overview of ethical and societal concerns, ISO/IEC TR 24368:2022
  - Artificial intelligence – Functional safety and AI systems, ISO/IEC 5469:2024
  - Information technology – Artificial intelligence – Controllability of automated artificial intelligence systems, ISO/IEC TS 8200:2024
  - Information technology – Artificial intelligence – Treatment of unwanted bias in classification and regression machine learning tasks, ISO/IEC 12791:2024
  - Artificial intelligence (AI) – Assessment of the robustness of neural networks – Part 1: Overview, ISO/IEC TR 24029-1:2020
  - Artificial intelligence (AI) – Assessment of the robustness of neural networks – Part 2: Methodology for the use of formal methods, ISO/IEC 24029-2:2023
  - Information technology – Artificial intelligence – Assessment of machine learning classification performance, ISO/IEC TS 4213: 2022
- データ：
  - Information technology – Artificial intelligence – Data life cycle framework, ISO/IEC 8183:2023
  - Artificial intelligence – Data quality for analytics and machine learning (ML) – Part 1: Overview, terminology, and examples, ISO/

IEC 5259-1:2024

- Artificial intelligence – Data quality for analytics and machine learning (ML) – Part 2: Data quality measures, ISO/IEC 5259-2: 2024
- Artificial intelligence – Data quality for analytics and machine learning (ML) – Part 3: Data quality management requirements and guidelines, ISO/IEC 5259-3:2024
- Artificial intelligence – Data quality for analytics and machine learning (ML) – Part 4: Data quality process framework, ISO/IEC 5259-4:2024

- ガバナンス：
  - Information technology – Governance of IT – Governance implications of the use of artificial intelligence by organizations, ISO/IEC 38507:2022

- ライフサイクル：
  - Information technology – Artificial intelligence – AI system life cycle processes, ISO/IEG 5338:2023

- 管理標準：
  - Information technology – Artificial intelligence – Management system, ISO/IEC 42001:2023

4

AIシステムにおける
リスク管理

第4章 AIシステムにおけるリスク管理

　本章では、"Artificial Intelligence Risk Management Framework（AI RMF 1.0）"（NIST AIリスク管理フレームワーク）[1] の主要部分を抄訳・翻案し、「統治」「位置付け」「測定」「管理」の4つの機能カテゴリーに基づいたリスク管理についてまとめ、続いて各機能カテゴリーを解説します。さらに、NIST AIリスク管理フレームワークを活用する目的でNISTが発行した、"AI RMF Playbook"（NIST AIリスク管理フレームワークプレイブック）[2] および "Artificial Intelligence Risk Management Framework: Generative Artificial Intelligence Profile"（NIST AIリスク管理フレームワーク：生成AIプロファイル）[3] から同様に一部抜粋・翻案し、各機能カテゴリー下のサブカテゴリーに対してAIにかかわるリスクを、読者の皆さんが実際に管理するにあたってヒントとなるような具体的な質問を設けています。

　AIのリスクを自組織で具体的に管理することを想定しながら、業務プロセスのどこで、どの部署が、どういった観点で、どのようにリスク管理を行うのが自組織にとって適しているかを考えながら読んでいただければと思います。

4.1 NIST AIリスク管理フレームワークおよび関連文書

　前章の3.3.2項で説明したように、NISTは2023年1月に "Artificial Intelligence Risk Management Framework（AI RMF 1.0）"（文書番号：NIST AI 100-1／以下、**NISTリスク管理フレームワーク**）[1] を公表しました。これは、同じくNISTが2018年4月に公表した "Framework for Improving Critical Infrastructure Cybersecurity Version 1.1"（重要インフラのサイバーセキュリティ向上のためのフレームワーク バージョン1.1（文書番号：CSWP 6）／以下、**NISTサイバーセキュリティフレームワーク** バージョン1.1）[4] や2020年1月に公表した "NIST Privacy Framework"（文書番号：CSWP 10／以下、**NISTプライバシーフレームワーク**）[5] とともに使用されることも意図しており、

リスク管理手法の概念や機能と体制の整備など包括的な内容となっています。

なお、上記のNISTサイバーセキュリティフレームワークバージョン1.1は、NIST AIリスク管理フレームワークとの整合性を高めるために2024年2月にバージョン2.0に改定されました。また、従来のNISTサイバーセキュリティフレームワークバージョン1.1は対象を重要インフラに限定していましたが、バージョン2.0では対象を大きく広げ、名称も"The NIST Cybersecurity Framework（CSF）2.0"（文書番号：CSWP 29／以下、NISTサイバーセキュリティフレームワーク バージョン2.0）[6] となりました。NIST AIリスク管理フレームワークが含む機能カテゴリーである統治を追加するとともに、サプライチェーンに対する機能が強化されています。

NISTプライバシーフレームワークもNISTサイバーセキュリティフレームワークと同期するよう、2024年3月で、バージョン1.1への改定作業が始まっており、データガバナンスプロファイル文書と合わせて2025年の早い段階での公開を予定しています[7]。

なお、NISTサイバーセキュリティフレームワークとNISTプライバシーフレームワークの遵守は、NIST AIリスク管理フレームワークと同じく義務ではありません。これらとは別に、アメリカ連邦政府機関などが従うべきサイバーセキュリティやプライバシー保護に関する標準文書であるFIPSシリーズやSP 800シリーズが整備されています。第2章で参照したSP 800-37は、セキュリティおよびプライバシーにかかわるフレームワークを規定しており、NISTサイバーセキュリティフレームワークとも整合して利用できます。

さらに、NISTでは生成AI公開ワーキンググループを2023年7月に発足し、NIST AIリスク管理フレームワークを生成AIに拡充する議論を行い[8] 2024年7月に"AI Risk Management Framework: Generative AI Profile"（文書番号：AI 600-1／以下、NIST AIリスク管理フレームワーク：生成AIプロファイル）[3] を公開しました。このドラフトには「AI 600」がシリーズ番号として割り当てられており、SP 800シリーズと同様にAIにかかわる文書が順次発行されていくものと思われます。

ほかにも、"Secure Software Development Framework (SSDF) Version 1.1: Recommendations for Mitigating the Risk of Software Vulnerabilities"（セ

キュアソフトウェア開発フレームワーク）[9] と一緒に利用する "Secure Software Development Practices for Generative AI and Dual-Use Foundation Models: An SSDF Community Profile"（生成 AI とデュアルユース基盤モデルのための安全なソフトウェア開発の実践）[10] が発表されているほか、AI 100 シリーズとして "Reducing Risks Posed by Synthetic Content An Overview of Technical Approaches to Digital Content Transparency"（合成コンテンツがもたらすリスク低減：デジタルコンテンツの透明性に対する技術的アプローチ概要）[11] と、"A Plan for Global Engagement on AI Standards"（AI 標準規格に関するグローバルな関与計画）[12] の 2 つが発表されています。これらは大統領令[13] の指示に従った組織的な開発です。NIST AI リスク管理フレームワークはハイレベルのガイドラインであり、ターゲットを絞ったより具体的内容は、このような文書を参照するのがよいでしょう。

図 4.1 に、NIST AI リスク管理フレームワークのコアとなる 4 つのコア機能「統治（govern：GV）」「位置付け（map：MP）」「測定（measure：MS）」「管理（manage：MG）」の概念図を示します。

次節からは、次の文書から主要部分を抄訳するとともにわかりやすくなるよう翻案し、4 つの機能のカテゴリーとサブカテゴリー、具体的なリスク管理行動へとつなげるヒントである「具体的なリスク管理へ向けて」について解説していきます。それぞれのより網羅的な記載や定義については、以下の原文を参照してください。なお、AI セーフティ・インスティテュートから、NIST AI リスク管理フレームワークと同プレイブックの翻訳が 2024 年 7 月に公表されています[14] ので、こちらも参考になるでしょう。

- NIST AI リスク管理フレームワーク（Artificial Intelligence Risk Management Framework (AI RMF 1.0)）[1]
- NIST AI リスク管理フレームワークプレイブック（NIST AI RMF Playbook）[2]

4.1 NIST AIリスク管理フレームワークおよび関連文書

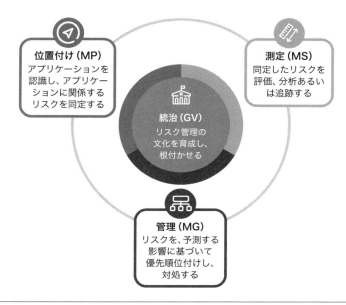

図4.1 NIST AIリスク管理フレームワークにおける4つのコア機能[1]
Artificial Intelligence Risk Management Framework (AI RMF 1.0), National Institute of Standards and Technology, 2023の図5をもとに作成

- NIST AIリスク管理フレームワーク：生成AIプロファイル[1]（Artificial Intelligence Risk Management Framework: Generative Artificial Intelligence Profile）[3]

なお、以降を読み進めるにあたって、原文に関する次の2点について、あらかじめご注意ください。

- AIを用いたシステムの目的や使用条件、使用にあたっての限界に対し、「意図する」「宣言する」といった形容がたびたびみられます。これは、AIを用いたシステムにかかわるAIアクターが意図する目的はもちろんあるものの、実際に意図するとおりの目的を達成できるかがAIにかかわるリ

【1】 本書では公開コメント用文書を参照しているため、正式版とは異なるところがあります。

215

スクの1つであることを考えると自然な表現といえます。しかし、従来の
ITシステムに親しんでいる方にとっては目的自体が意図するものである
ので、違和感が残るかもしれません。この表現自体がAIにかかわるリス
クの特徴として出てくるものであるとご理解ください。

- **コンテキスト**（context）という用語が、バリエーションをもつ形容詞句
を付けて用いられており、やや混乱を招くかと思われます。これは、AIを
用いたシステムのライフサイクル（表紙裏〔前見返し〕の表を参照）での
「計画と設計」や、「展開と使用」および「運用と監視」におけるアプリ
ケーションコンテキスト（application context）を指しており、形容詞句
を省いて単純にするほうが読みやすくなると判断し、本書では、単に**アプ
リケーションコンテキスト**と置き換えています。

　読者の皆さんは所属する組織や、その組織が取り扱うプロジェクトの特性に
応じてNIST AIリスク管理フレームワークの適切な機能のカテゴリーおよび
サブカテゴリーを選択し、自組織ですでに実装済みであろうサイバーセキュリ
ティやプライバシーなどに関するリスク管理プロセスと統合して運用できない
かを検討することになります。このとき、各機能のサブカテゴリーで記述する
「具体的なリスク管理へ向けて」が、自組織の現状と照らし合わせて考えると
きのヒントになります。ただし、すべてを必ず満たさねばならないわけではあ
りませんし、網羅的でもないことに注意してください。
　なお、リスク管理では、ネガティブな影響への対処を想定することが多いで
しょう。しかしAIを用いたシステムの場合、ポジティブな影響の恩恵を受け
ることもあるでしょう。AIを用いたシステムではポジティブとネガティブの両
方の影響をアプリケーションコンテキストと合わせて考慮し、管理することで、
ネガティブな影響を下げながらポジティブな恩恵を享受していくことが重要
です。そのような観点で、各機能カテゴリー、サブカテゴリーの下で、どう具
体的な行動に移せばよいかを考えてもらえればと思います。

4.2　統治機能

統治機能では、次の事項を実施します。

- AIを用いたシステムを設計・開発・展開・評価・取得する組織内における、リスク管理文化の育成と管理の実施
- ユーザーや社会全体を含めてAIを用いたシステムのリスクを予測・特定し、管理できるプロセス・文書・組織構造の大まかな姿を描き、実施していくための手順の提供
- 潜在的な影響を評価するプロセスの組み込み
- AIを用いたシステムのリスク管理機能を、組織の原則・ポリシー・戦略的優先事項に沿って構造化
- AIを用いたシステムの設計および開発における技術的な側面を組織の価値観と原則に結び付け、その取得・訓練・展開・監視に関与する個人に対して、組織的な業務と能力の取得を支援
- サードパーティのソフトウェアやハードウェアシステム、データの使用に関する法的その他の問題を含む、製品の完全なライフサイクルと関連プロセスに対処

　統治はほかの3つの機能（位置付け、測定、管理）を有効にするために必要であり、AIにかかわるリスク管理の全体にわたって行うべきです。特に、法令遵守や評価に関連する統治機能にかかわるものは、ほかの各機能と統合して運用すべきです。強力な統治によって、組織のリスク管理文化を促進する業務を推進し、規範を強化することができるからです。このために、統治にかかわる部門には、組織の使命・目標・価値・文化・リスクの許容度に対する包括的なポリシーを決定する権限が与えられます。上級幹部は組織内のリスク管理のレベル感を設定して組織文化を形成し、管理者はAIにかかわるリスク

第4章　AIシステムにおけるリスク管理

表4.1　リスク管理における統治機能の6つのカテゴリー

カテゴリー	説明
GV-1	AIにかかわるリスクの位置付け（4.3節）、測定（4.4節）、管理（4.5節）に関連する組織全体のポリシー・プロセス・手順・業務を整備し、透明性をもたせ、効果的に実施する
GV-2	説明責任を構造化しており、AIにかかわるリスクを位置付け（4.3節）、測定（4.4節）し、管理（4.5節）するために、適切なチームと個人に権限を与え、責任をもたせ、訓練を受けさせる
GV-3	AIにかかわるリスクの位置付け（4.3節）、測定（4.4節）、管理（4.5節）において、人材の多様性（ダイバーシティ）、平等、包摂性、アクセシビリティをライフサイクル全体で優先するプロセスを確立する
GV-4	組織のチームは、AIにかかわるリスクを十分に考慮するとともに、チーム内外で共有する組織文化にコミットする
GV-5	関連するAIアクターと堅固に関与するためのプロセスを整備する
GV-6	サードパーティのソフトウェアやデータ、サプライチェーンから生じるAIにかかわるリスクと便益に対処するためのポリシーと手順を整備する

　管理の技術的な処理をポリシーと運用に連動させていきます。また、必要な文書を適切に作成することで透明性が向上し、AIアクターによる評価プロセスが改善、チームとしての説明責任強化にもつながっていきます。
　統治機能には、6つのカテゴリーと19のサブカテゴリーがあります。**表4.1**に統治の6つのカテゴリーを示します。以下、サブカテゴリーを順に示すとともに、それぞれの具体的なリスク管理へ向けてのヒントを説明します。

GV-1

AIにかかわるリスクの位置付け（4.3節）、測定（4.4節）、管理（4.5節）に関連する組織全体のポリシー・プロセス・手順・業務を整備し、透明性をもたせ、効果的に実施する

GV-1.1
AIにかかわる法的要件および規制を理解し、管理して、文書化する

AIを用いたシステムには、特定の法的要件および規制が適用される場合があります。それらによって、文書化、情報開示、透明性向上などが義務付けられることがありますが、これらの要件は複雑であり、アプリケーションやそのアプリケーションコンテキストによっては適用できない、あるいは異なることがあるかもしれません。

■具体的なリスク管理へ向けて

- 自組織にとっての業界やビジネスの目的などに特有の法律および規制の考慮事項と要件、およびAIを用いたシステムのアプリケーションコンテキストを常に認識していますか？
- 上記の考慮事項や要件をどのように、どの程度定義して文書化し、遵守していますか？
- 自組織で取り組んでいるリスク管理には、上記の考慮事項や要件が包含されていますか？
- AI関連の設計、開発、展開にあたって影響を与える可能性のある上記の考慮事項や要件について、自組織の人員を訓練するためのポリシーが存在していますか？ また、そのポリシーは維持されていますか？
- 経営陣、法務担当者、コンプライアンス担当者を通じ、生成AIを用いたシステムへの組織的アクセスの方法を定義し、伝達していますか？

GV-1.2	組織のポリシー・プロセス・手順・業務に、トラストワージネスをもつAIを用いたシステムが備える特性（3.2.1項）を統合する

自組織のポリシー・プロセス・手順・業務は、AIにかかわるリスク管理を効果的に行うために中心的な役割を果たし、個人および組織における説明責任の基本になります。これらが存在しなければ組織全体でのリスク管理は担当者の判断に依存することになり、時間経過とともにリスクが増大する可能性があります。

第4章　AIシステムにおけるリスク管理

■具体的なリスク管理へ向けて

- AIにかかわるガバナンスとリスク管理を、組織がすでにもつガバナンスとリスク管理に結び付けていますか？
- AIにかかわるリスク管理ポリシーは、トラストワージネスをもつAIを用いたシステムが備える特性（3.2.1項）に合致していますか？
- より広範なデータにかかわるガバナンスのポリシーと業務は、特に機密データやその他ハイリスクなデータであっても利用できるように調整していますか？
- 位置付け（4.3節）と測定（4.4節）に関するプロセスと基準を定め、文書化していますか？
- 組織内外のステークホルダーを関与させるプロセスを定めていますか？
- AIを用いたシステムに対する重大な懸念事項を容易に報告できるよう、内部通報制度を設けていますか？
- 監視・監査・レビューのプロセスの頻度とその詳細を定めていますか？
- インシデント対応計画を詳細に定め、そのテストを行っていますか？
- 自組織のAIにかかわるリスク管理ポリシーは、既存の法的基準、業界のベストプラクティスや規範に沿っていますか？
- 自組織のAIにかかわるリスク管理ポリシーは、現在すでに展開しているAIを用いたシステムやサードパーティのAIを用いたシステムを対象に含めていますか？
- 有害または違法なコンテンツを確実に排除するためのポリシーと手順を確立していますか？

GV-1.3	組織のリスク許容度に基づいて、必要なリスク管理の活動レベルを決定するためのプロセスと手順、および業務を整備する

　リスク管理に利用可能なリソースは有限です。適切なAIにかかわるガバナンスポリシーを定めることで、リスクの位置付け（4.3節）や測定（4.4節）を実施し、リスク管理の効果を確実にするため、最も重要な問題にリソースを

割り当てるための優先順位を明確にします。こうすることで、先にポリシーによって、位置付けし測定したリスクを、標準化したリスク指標に割り当てる体系的なプロセスを規定できます。

しかし、AIを用いたシステムにはリスクがほとんどないものから、取り返しのつかない人的損失、風評被害、経済的または環境的損失をもたらす可能性のあるリスクをもつものまで考えられます。したがって、まず組織におけるリスクの許容度を評価するポリシーではさまざまなリスク源、例えば財務リスク、運用リスク、安全リスク、健康で安心な生活へのリスク、ビジネスリスク、風評リスクなどを考慮します。

なお、一般的なリスクの測定アプローチでは、測定あるいは推定した影響の大きさとその発生する可能性に対し、その乗算や定性的な組み合わせに基づいて**リスクスコア**とします。次にリスクスコアを、交通信号に基づいて赤（リスク高）、黄（中）、青（低）に格付けする定性的な手法[2]、シミュレーションや計量経済学的アプローチ[3]などを用いて、リスクレベルやリスク指標へと割り当てます。

■具体的なリスク管理へ向けて

- AIにかかわるライフサイクルにおいて、リスクがもたらす影響の大きさと発生する可能性の測定、あるいは理解に必要な仕組みを定義するポリシーを確立していますか？
- リスク評価のための評価指標を定義するポリシーを確立していますか？
- 組織のAIに関するポートフォリオ全体で、有効で統一したリスク指標にAIを用いたシステムを割り当てるポリシーを確立していますか？
- リスク許容度とリスクレベルは、AIを用いたシステムのライフサイクル中で変化する可能性があることを認識していますか？

【2】 NIST AIリスク管理フレームワークプレイブック[1]では"Red Amber Green（RAG）"と表現しています。

【3】 シミュレーションや計量経済学的アプローチは、現象が複雑であるなどの場合に用いられることがあります。例えば、AIそのものが対象ではありませんが具体的事例に関するものとして、アメリカにおけるサブプライム住宅ローンの不良債権化後に書かれた文献［15］を参照ください。

- 組織におけるデータセキュリティとプライバシーの評価を、リスク許容度の決定にどのように反映していますか？
- 生成AIを用いたシステムに関する技術や、アプリケーションコンテキストの予期しない変化に対応するため、内部監査を実施する周期を短縮していますか？
- 生成AIを用いたシステムの出力精度や多様性が低下する**モデル崩壊**[16]【用語】、**アルゴリズムに起因するモノカルチャー**[17]【用語】など、生成AIを用いたシステムには独特なリスクが存在する可能性を認識していますか？

GV-1.4	リスク管理プロセスとその結果は、組織のリスク優先順位に基づいた透明性の高いポリシーや手順、その他の管理手法を通して確立する

　文書化と透明性に関する明確なポリシーと手順によって、AIにかかわるライフサイクル全体にわたって位置付け（4.3節）、測定（4.4節）、管理（4.5節）の3機能の役割と責任伝達の取り組みが促進され、強化されます。つまり、AIにかかわるリスク管理プロセスを体系的に統合し、説明責任への取り組みを強化するため、標準化された文書を作成することは有用です。

　文書化は、システムの再現性と堅牢性の向上に関連するこのシステムの便益を生み出す可能性があります。また、適切な文書の保管とアクセス手順を整備することで、ネガティブなインシデント発生時に重要な情報を迅速に取得できるようになります。AIアクターによるレビューと、解釈のための追加情報

モデル崩壊（model collapse）
生成AIが生成したコンテンツをAIモデルの訓練に使用した結果、AIモデルに不可逆な欠陥が発生することを指します。例えば、生成AIモデルの訓練には、Webサイト上に公開されているコンテンツが用いられていますが、Webサイト上に公開されているコンテンツが、そもそも生成AIでつくられたものであふれるとモデル崩壊が起こりえます。

アルゴリズムに起因するモノカルチャー（algorithmic monocultures）
多くの組織が同一のアルゴリズムやAIモデルを使用し、それに依存する度合いが社会的に高まることを指します。この場合、生物学的な環境でのモノカルチャーと同じように、予期せず多くの組織で相関をもつ障害が生じる、あるいは同質な意思決定が生じ、質が低下する可能性があります。

を導入することで、説明可能なAIに対する取り組みにおける技術を文書化する業務を強化できる可能性があります。

■ **具体的なリスク管理へ向けて**

- AIを用いたシステムに関する文書化ポリシーを組織全体で確立し、定期的に見直していますか？ また、次の表の情報に対処していますか？

AIアクターの連絡先	AIを用いる業務上の正当な理由	AIを用いる範囲と使用方法
想定されるリスク、潜在的なリスクとそれらの影響	AIを用いる前提条件と制限事項	訓練データに関する説明と特徴
AIのアルゴリズム	評価した代替アプローチ	出力データに関する説明
評価と検証の結果	上流・下流との依存性	展開・監視・変更管理の計画
ステークホルダーの関与計画		

- リスク管理プロセスの有効性を、定期的にレビューする仕組みを確立していますか？
- リスク管理プロセスとアプローチの有効性を評価し、その評価結果に基づいて軌道修正する責任をもつAIアクターを特定できますか？
- AIを用いたシステムの設計・開発・展開・評価・監視に関与するAIアクターの役割と責任、そして各AIアクターに委任された権限はそれぞれどのようなものですか？
- AIを用いたシステムの展開後、AIモデルの精度などの適切な性能評価指標をどのように監視しますか？ ベースラインの性能からの分布のシフトや**モデルのドリフト**【用語】はどの程度許容できますか？

> **モデルのドリフト**（model drift）
> AIモデルの性能が時間の経過とともに劣化していくことを指します。これには、訓練データと運用時のリアルなデータの統計的な分布がずれることに起因するデータドリフトと、出力するラベルの意味や概念、統計的な性質が訓練データから変化することに起因するコンセプトドリフトがあります。後者については、例えば特殊詐欺の手口が対策を回避していくことで変わっていくようなケースをイメージすると理解しやすいでしょう。

第4章　AIシステムにおけるリスク管理

GV-1.5	リスク管理プロセスとその成果の継続的な監視および定期レビューを計画し、定期レビューの頻度決定も含めて組織の役割と責任を明確に定義する

　AIを用いたシステムは動的に変化することも起こりうるので、AIを用いたシステムの運用中に予想外の動作が起こる可能性があります。**継続的な監視**とは、AIを用いたシステムのライフサイクル全体にわたって予期しない問題や性能の変化を、リアルタイムあるいは特定の頻度で追跡するためのリスク管理プロセスのことです。

　また、インシデント対応や、誤った結果に対する異議申し立てと無効化（appeal and override）は、ITのリスク管理で一般的に使用するプロセスです。このようなプロセスによって、潜在的なインシデントに対してリアルタイムで注意することができ、AIを用いたシステムの結果を人間が判断できるようになります。

　インシデントへの対応計画を確立し、維持することで、AIにかかわるインシデント中に付加的な影響がさらに発生する可能性を減少させることができます。特に、十分なガバナンスプログラムを保持していない小規模な組織では、インシデントへの対応計画を利用してシステム障害、悪用および誤用に対処できます。

■具体的なリスク管理へ向けて

- AIを用いたシステムが個人、コミュニティ、社会へ与える影響を評価するために必要なリソースと能力を割り当てるポリシーを確立していますか？
- AIを用いたシステムのライフサイクル全体にわたって、バイアスやセキュリティの問題など、AIを用いたシステムの性能とトラストワージネスをもつAIシステムが備える特性（3.2.1項）を監視し対処するためのポリシーと手順を確立していますか？
- インシデントに対応するためのポリシーを確立していますか？
- 影響を受ける個人またはコミュニティが、問題のあるAIを用いたシステム

224

の結果に異議を唱える手段を提供する仕組みを確立していますか？

- 明示したAIを用いたシステムの目標や目的に対する進捗を、どの程度一貫して測定していますか？
- 生成AIを用いたシステムのインシデント対応後およびインシデント開示後のレビューのために必要な、組織のポリシーと手順を確立していますか？
- 監査や調査、またコンテンツをどこから得たかの確認方法の改善を目的とした、完全な履歴を保持するための長期的な文書保存のポリシーを確立していますか？

GV-1.6	AIを用いたシステムのインベントリを作成する仕組みを整備しており、組織が定めるリスク優先順位に応じて提供する

　AIを用いたシステムの**インベントリ**とは、AIを用いたシステムやAIモデルに関連する情報を収めたデータベースのことです。これには、AIを用いたシステムにかかわる文書、インシデントへの対応計画、データ辞書、実装しているソフトウェア、およびソースコードへのリンク、関連するAIアクターの名前と連絡先の情報、さらにAIモデルやAIを用いたシステムの保守ならびにインシデントの対応を目的とした各種情報を含むことがあります。

　また、AIを用いたシステムのインベントリをみれば、組織が保持するAIを用いたシステム関連のリソースの全体を把握できるようにします。

■具体的なリスク管理へ向けて

- AIを用いたシステムのインベントリの作成と保守を定義する自組織のポリシーを確立していますか？
- AIを用いたシステムのインベントリの保守を担当する特定の個人またはチームを定義する自組織のポリシーを確立していますか？
- AIを用いたシステムのインベントリの詳細を文書化して維持する責任は誰にありますか？
- AIを用いたシステムのインベントリの対象となるAIモデルやシステムの属

性を定義するポリシーを確立していますか？

- 最近廃止したシステムや展開計画が間近に迫るシステム、および、展開中のシステムのインベントリを更新していますか？

GV-1.7	AIを用いたシステムを安全かつリスクを増加させず、組織としてのトラストワージネスを毀損しない方法で廃止や段階的な縮小、あるいは廃止を行うためのプロセスと手順を整備する

　AIモデルやAIを用いたシステムを不規則あるいは一斉に廃止や削除すると、組織のリスクを高める可能性があります。トラストワージネスを維持するためには、AIを用いたシステムの体系的かつ計画的な廃止のためのポリシーとプロセスを事前に確立しておきます。また、廃止したAIモデルやAIを用いたシステムを、一定期間中、インベントリに保存しておくことも重要です。

■具体的なリスク管理へ向けて

- 次の項目に配慮した、AIを用いたシステムの廃止に関するポリシーを定めていますか？
  - ユーザーとコミュニティの関心事および風評リスク
  - 事業継続および財務に関するリスク
  - 上流や下流における他システムとの依存関係
  - 将来における、法律、規制、セキュリティ、犯罪捜査での調査
  - 必要に応じた代替システムへの移行
- 廃止したAIを用いたシステムやAIモデル、関連する成果物を、どこにどの程度の期間にわたって保存するかについてのポリシーを確立していますか？
- 自組織のAIを用いたシステムが倫理的な枠組みを満たしていないと指摘された場合、その懸念を受け入れ、必要に応じて問題を調査し修正する責任者はいますか？ その責任者は自組織のAIを用いたシステムの利用を変更、制限、または停止する権限はありますか？
- 生成AIを用いたシステムを廃止するときに、影響を受けたユーザーやコ

ミュニティへの償還の仕組みや、生成AIに対するユーザーの感情に配慮するポリシーを確立していますか？

GV-2

説明責任を構造化しており、AIにかかわるリスクを位置付け（4.3節）、測定（4.4節）し、管理（4.5節）するために、適切なチームと個人に権限を与え、責任をもたせ、訓練を受けさせる

GV-2.1
AIリスクの位置付け（4.3節）、測定（4.4節）、管理（4.5節）にかかわる役割や責任、伝達経路を文書化し、組織全体の個人やチームに明確に示す

　リスクを意識した組織文化の醸成は、責任の定義から始まります。例えば、評価を行う専門家には、AIを用いたシステムの開発者とは独立して、経営幹部へ報告する責任があるとします。このような責任の定義により**集団思考**[用語]や**サンクコスト効果**[用語]といった暗黙のバイアスに対抗してリスク管理機能を強化することができ、評価結果が簡単に無視されることがなくなります。

　つまり、AIを用いたシステムの設計と実装に対する組織の決定を覆す仕組みを導入し、権限が付与されたAIアクターが適宜、軌道修正できる文化を浸透させることで、リスクが定着してしまう前に対策し、効果的に管理する組織の能力を高めることができます。

用語

集団思考（group think）
集団思考とは、集団で議論するときに、不合理な決定が容認されることや、その思考パターンを指します。AIが対象ではありませんが、具体例については文献 [18] を参照してください。

サンクコスト効果
サンクコスト効果はサンクコスト（埋没費用）の誤謬とも呼ばれ、継続することが損失の拡大につながると理解していても、それまでに費やした資金や時間、労力を惜しむあまりにやめる判断ができない傾向を指します。

第4章　AIシステムにおけるリスク管理

■具体的なリスク管理へ向けて

- AIを用いたシステムに直接的あるいは間接的に関連する役職者に対して、AIにかかわるリスク管理の役割と責任を定義するポリシーを確立していますか？

- AIにかかわるリスク管理に取り組む関係者間で、定期的なコミュニケーションを促進するポリシーを確立していますか？

- AIを用いたシステムの開発と評価を分離し、AIを用いたシステムの自律的な軌道修正を可能とするポリシーを策定していますか？

- AIにかかわるリスクの管理活動において、法務・監督・コンプライアンス・リスク管理の各部門の協力を奨励するポリシーを確立していますか？

- AIを用いたシステムの利用の決定に、最終的に責任を負うのは誰ですか？その責任者は、AIを用いたシステムの意図した用途や、使用にあたっての制限を認識していますか？

- AIを用いたシステムの設計・開発・展開・評価・監視に関与するAIアクターの役割、責任、委任された権限はそれぞれどういうものですか？

- 生成AIのインシデントを特定し、このタスクに従事するAIアクターが適切なスキルを保有し、必要な訓練を受けていることを確認していますか？ また、継続していますか？

GV-2.2	組織の人員とそのパートナーは、関連するポリシー、手順と合意事項に従って業務および責任を遂行できるよう、AIにかかわるリスク管理の研修を受ける

　AIにかかわるリスク管理の有効性を高めるために、組織は適切な研修カリキュラムを設け、受講させます。各AIアクターは、このような定期的な研修を通じてAIを用いたシステムのリスク管理目標とその達成へ向けての役割や組織のポリシー、適用される法律と規制、業界のベストプラクティスと規範などを認知し続けることができます。そのほか、位置付け（4.3節）のMP-3.4・MP-3.5も参照してください。

■具体的なリスク管理へ向けて

- AIを用いたシステムに適用される法律や規制、生じる可能性のある潜在的でネガティブな影響、組織のAIにかかわるポリシーやトラストワージネスをもつAIを用いたシステムが備える特性（3.2.1項）についての継続的な研修に取り組むためのポリシーを確立していますか？
- 自組織の研修カリキュラムは、AIにかかわるリスク管理の技術的、および**社会技術**【用語】的な側面を勘案していますか？
- 自組織のAIにかかわるポリシーは、社内のAIアクターが自分の役割と責任を認識し、コミットするために十分ですか？
- リスクへの懸念を上位の管理者に報告するために、内外への説明責任の連鎖に沿った経路を定義していますか？
- AIを用いたシステムの設計・開発・展開・評価・監視に必要なスキルと分野の知識や経験を、どのように決定し、評価していますか？
- 影響を受けるコミュニティに配慮できる経歴・経験・視点を保持するような従業員を採用し、育成および維持するために、どのような取り組みを行っていますか？

GV-2.3	経営幹部は、AIを用いたシステムの開発と展開に関連するリスク管理についての決定に責任をもつ

　AIポートフォリオを維持する組織の上級管理職と経営幹部は、AIにかかわるリスクの認識を維持し、組織のリスク許容度を常に確認し、それらのリスク管理の責任を負うべきです。

　経営幹部に最終的な説明責任をもたせることで、チームや個人がそれぞれAIにかかわるリスク管理の取り組みに自律的に責任を負うようになります。

社会技術（sociotechnology）
社会技術とは、社会のための科学技術を指します。多様で幅広い関係者とのコミュニケーションなどを通じて、社会問題の解決に資する技術であり、AIは社会技術として応用される側面を強くもっています。

第4章　AIシステムにおけるリスク管理

■具体的なリスク管理へ向けて

- 組織管理において、次を考慮していますか？
  - 経営幹部がAIを用いたシステムの開発や使用におけるリスク許容度を確認する
  - 経営幹部がAIにかかわるリスク管理への取り組みを支援し、積極的な役割を果たす
  - 経営幹部がAIにかかわるライフサイクル全体にわたるリスクと損害防止の考え方を、組織文化の一部として統合する
  - リスク管理を実行するにあたって、経営幹部が必要な権限とリソースを組織内の適切な各レベルに委任する
- 取締役会や上級管理職は、組織のAIにかかわるガバナンスを起草して支援し、実行していますか？
- AIを用いたシステムの設計・開発・展開・評価・監視に関与するAIアクターの役割・責任・委任された権限を規定していますか？
- AIを用いたシステムを含むソリューションについて、AIアクターが情報に基づいた意思決定を行い、決定事項に即して行動を起こすための支援に十分な情報を提供していますか？

GV-3

AIにかかわるリスクの位置付け（4.3節）、測定（4.4節）、管理（4.5節）において、人材の多様性（ダイバーシティ）、平等、包摂性、アクセシビリティをライフサイクル全体で優先するプロセスを確立する

GV-3.1　ライフサイクルを通じたAIにかかわるリスクの位置付け（4.3節）、測定（4.4節）、管理（4.5節）に関する意思決定にあたり、多様な人材で構成されるチーム（例えば、人口統計学的、専門分野とその知識、経験、経歴の多様性など）が情報を提供する

4.2　統治機能

リスクを予測する組織の能力を強化するために、多様な経験、分野、経歴で構成された AI アクターのチームは有効です。一方、社内で多様な人材を確保できない場合は、外部に協力を求める必要があります。

なお、上級管理職のコミットメントがないと、多様な人材によるチームがもたらす便益は、対立するチームによって喪失される可能性があることに注意が必要です。

■具体的なリスク管理へ向けて

- AI を活用する取り組みに対する学際的領域を含む多様な視点、スキル、能力を促進するポリシーと、人材雇用の業務を定義していますか？
- 多様な人口統計学的および分野へつながる人材雇用の業務を定義していますか？ 上級管理職は必要なリソースと支援を与えることで、報復を恐れずに懸念等を共有できるようにしていますか？
- 組織の多様性、公平性、包括性、アクセシビリティを補完するために、外部の専門知識を求めていますか？
- AI を用いたシステムを扱う関連スタッフは、AI モデルの出力と決定を解釈し、データのバイアスを検出して管理するための適切な研修を受けていますか？
- 潜在的なバイアスや差別など、意図しない結果の発生を予測し軽減するために、AI にかかわるライフサイクル全体を通じて、技術的な、また技術以外のコミュニティからの多様な視点を求めていますか？

GV-3.2	人間と AI を用いたシステムの役割の構成や、AI を用いたシステムの監督に関する人間の役割と責任を定義し、ポリシーと手順を整備する

AI にかかわるリスクと影響の特定と管理は、技術・法務・コンプライアンス・社会科学、ヒューマンファクターなど、AI にかかわるライフサイクル全体にわたる幅広い視点と関係者を関与させることで強化されます。

第4章 AIシステムにおけるリスク管理

■具体的なリスク管理へ向けて

- AIを用いたシステムを使用し、操作または監視する際のさまざまな関係者の役割と責任を定義し、それらを区別するポリシーと手順を確立していますか？

- 人間とAIの役割の構成[4]（位置付け（4.3節）のMP-3.4を参照）と、それに関連する結果に関するリスク情報を取得し、追跡するための手順を確立していますか？

- システム運用業務やシステム監視業務を行うAIアクターの習熟度基準を策定するポリシーがありますか？ また、リスク管理の研修の手順を確立していますか？

- AIを用いたシステムの説明、出力の解釈および全体的な透明性を高めるためのポリシーを確立していますか？

- エンドユーザー、消費者、規制当局、AIを用いたシステムの使用によって影響を受ける個人などの外部のステークホルダーは、AIを用いたシステムの設計・運用・制限に関して、どのような種類の情報にアクセスできますか？

- AIを活用した意思決定に対し、人間が関与できる適切なレベルをどの程度文書化していますか？

- 説明責任をもつAIアクターは、AIを用いたシステムを混乱させようとする敵対者の試みや、運用環境およびビジネス環境の変化による精度の変化にどのように対処しますか？

- AIアクターが割り当てられた責任を果たすために必要なスキル、訓練、リソース、分野の知識を保持しているかをどのように評価しますか？

- 独立した監査や評価、または権威ある外部基準を適用することで、生成AI

【4】 人間とAIが共同で課題解決にあたるアプローチであるヒューマン マシン チーミング（HMT：human-AI teaming / Human-Machine Teaming）、あるいはヒューマンAIチーミング（HAT：Human-AI Teaming）が挙げられます。これによって、安全性・頑健性・ひいてはトラストワージネスの向上を図ることが可能です。LLMにおけるHATについては、例えば文献[19]を参照してください。

4.2 統治機能

を用いたシステムに対する監督を強化していますか？

GV-4

組織のチームは、AIにかかわるリスクを十分に考慮するとともに、チーム内外で共有する組織文化にコミットする

GV-4.1

潜在的でネガティブな影響を最小限に抑えるために、AIを用いたシステムの設計、開発、展開および使用において、批判的思考と安全第一の考え方を育成する組織のポリシーと業務を整備する

　リスクに対して組織に根付いた文化とそれに付随する業務は、組織が最も重要なリスクを効果的に選別するのに役立ちます。リスク管理の重要性が高い組織では、3つ以上の防衛ライン[20]を設けています。**3つの防衛ライン**【用語】によるアプローチは小規模な組織にとっては非現実的かもしれませんが、ほかにも**効果的な課題**【用語】などのアプローチで強力なリスク文化を育むことができます[21][22]。また、**レッドチーム**【用語】によるアプローチは、リスクの測定（4.4節）と管理（4.5節）に有効です。ストレス条件下でのAIを用いたシステムの敵対的なテストを構成することで、障害モードまたは脆弱性を探し出します。原則、社内のAIアクターから独立した外部の専門家またはAIアクターで構成します。

用語

3つの防衛ライン（three lines of defense）
業務執行部門（第1の防衛ライン）、リスク管理やコンプライアンス部門（第2の防衛ライン）、監査部門（第3の防衛ライン）というように、ライフサイクルのさまざまな側面で別々のチームが責任を負う体制を指します。

効果的な課題（effective challenge）
重要な設計や実装を決定するにあたって、情報に通じた客観的な立場の当事者が、その限界と限界につながる仮定を特定し適切な変更が生み出せるような、批判的思考と質問を奨励する文化ベースのアプローチのことです。

レッドチーム（red team）
攻撃者の立場から実際にシステム等の脆弱性を確認、防御策を検証するために構成された、独立したチームのことです。

■ 具体的なリスク管理へ向けて

- 法務やリスク管理部門や担当者による監視機能を、システム設計プロセスの最初から関与させるように義務付けるポリシーを確立していますか？
- 集団思考などによる危険な意思決定のリスクを最小限に抑えるために、3つの防衛ラインやレッドチーム、**悪魔の代弁者**[23]【用語】などのアプローチを通じて、AIを用いたシステムの設計、実装および展開に関する有効性を確認し、集団思考に陥るリスクを最小限に抑えるポリシーを確立していますか？
- 安全第一の考え方と一般的な批判的思考を奨励するポリシーを確立し、組織や手順のレベルでレビューしていますか？
- AIを用いたシステムの深刻な問題を報告する内部関係者を守るため、内部告発者保護制度を確立していますか？
- 組織における情報共有の業務が広く守られており、関連する過去の失敗を予防できますか？
- インシデント対応のための訓練マニュアルやその他リソースを文書化しており、利用することが可能ですか？
- オペレータによる事故やヒヤリハットの報告プロセスを文書化しており、常に利用することが可能ですか？
- 問題の策定やサプライチェーン、システム廃止にいたるまで、生成AIを用いたシステムのライフサイクル全体にわたる監督機能のためのポリシー、手順、プロセスを確立していますか？

GV-4.2 組織のチームは、自ら設計・開発・展開し評価して、使用するAI技術のリスクと潜在的な影響を文書化し、それら影響について広く伝達する

用語

悪魔の代弁者（devil's advocate）
アイデアや決定、判断の有効性をあえて批判し、反論する人物を指します。必ずしも批判や反論が正しいと信じている必要はなく、相手の思い込みをただして反論しづらい雰囲気を打破することを目的とします。

責任ある技術開発の業務を推進するためには、**影響評価**【用語】が有効です。これにより、組織がリスクを明確にし、損害などが発生した場合に活動を管理し監視するための文書を作成することもできます。

■**具体的なリスク管理へ向けて**

- AIを用いたシステムに対する影響評価のポリシーとプロセスを確立していますか？
- 自組織の影響評価に関する活動は、関連する規制または法的要件に合致していますか？
- 影響評価に関する自組織の活動は、システムの潜在的でネガティブな影響と、AIを用いたシステムやアプリケーションコンテキストの変化の速さを踏まえて適切に設定されており、定期的に行われていますか？
- 不公平または差別的な結果につながる訓練データのバイアスについて、潜在的な影響をどのように特定し、軽減しましたか？
- 自組織のAIを用いたシステムの技術仕様や要件を、どの程度明確に定義していますか？
- 機械のエラーは人為的なエラーとは異なる可能性があることを文書化し、ステークホルダーに説明していますか？
- 生成AIを用いたシステムを用いるリスクや、利用・サービス条件をステークホルダーに伝達し、報告するための組織的な役割、ポリシー、手順を、異なるAIアクターごとに確立していますか？
- 脆弱性に対する攻撃への強靭性を強化するために、AIモデルの学習プロセスに攻撃への対処や影響の軽減策を組み込むポリシーを確立していますか？

影響評価（impact assessment）
実施中もしくは計画中の行為が将来引き起こすであろう結果を予測する作業（プロセス）のことです[24]。OECDのトラストワージネスをもつAIのためのツールや評価指標カタログには、本書執筆時では、Responsible Artificial Intelligence Institute（責任あるAI研究所）のAI影響評価[25]を始め、11の影響評価の手法が掲載されています。

> **GV-4.3** AIのテスト、インシデントの特定、情報の共有を可能にするような業務を、組織に整備する

　AIを用いたシステムの限界を特定し、ネガティブな影響やインシデントを検出して追跡し、それらの問題に関する情報を適切なAIアクターと情報共有することによって、リスク管理を改善できます。

　ただし、当初の開発コンセプトからの逸脱、訓練データに由来するバイアスや差別、対象を必ずしも正しく認識しない**ショートカット学習**【用語】などの問題は、現在の標準的なAIの評価プロセスでは特定が困難です。このような問題を特定して管理するためには、自組織での使用やテストにおけるポリシーと手順を制定する必要があります。具体的には、プレアルファテストまたはプレベータテストのAIを用いたシステムや製品を組織内に展開して評価するという形をとることになります。

　ここで、一貫したテスト手法を可能にするポリシーと手順がなければ、リスクの悪化や一貫性のないリスク管理活動につながる可能性があります。

　AIに関するインシデント共有の仕組みを提供するAIインシデントデータベース[26]、AI訴訟データベース[27]、OECDインシデントデータベース[28]、AIAAIC[29]のほかに、サイバーセキュリティに関する脆弱性のデータベースであるMITRE CVEリスト[30]などの外部リソースの活用も重要となるでしょう。

■**具体的なリスク管理へ向けて**

- AIを用いたシステムの評価を容易にし、テストに備えるためのポリシーと

用語

ショートカット学習（shortcut learning）
ショートカット学習とは、訓練データ（や評価データ）中で共通の、しかし目的のタスクの処理とは関係のない特徴量を学習してしまうことを指します。例えば、画像中の動物を識別させるタスクにおいて、訓練データ中のウシを含む画像が、草原を背景とするウシだけであると、背景が草原であるかどうかを特徴量として学習してしまうことがあります。評価データも同様な傾向にあると誤った特徴量の抽出に気づくことができず、草原以外も含むデータが入力されるような運用環境で性能が出ないという事態が生じます。

手順を確立していますか？

- インシデントに対応した報告とその文書化に関するポリシーを確立していますか？
- インシデントの公開と情報共有に関するポリシーとプロセスを確立していますか？
- 自組織のAIを用いたシステムのリスクと性能に関連するインシデント処理のガイドラインを確立していますか？
- 開発の初期段階から関連するコミュニティやエンドユーザーとコミュニケーションをとり、使用する技術とその展開方法に関する透明性を確保していますか？
- AIを用いたシステムの出力によって影響を受けるユーザーや関係者は、どの程度AIを用いたシステムを評価しフィードバックできますか？
- 生成AIを用いたシステムのリスクについて、独立した測定（4.4節）、継続的な監視、十分な情報共有が可能になるよう十分な時間を配していますか？

GV-5

関連するAIアクターと堅固に関与するためのプロセスを整備する

GV-5.1	AIリスクに関連する個人と社会に及ぶ潜在的な影響に関し、AIを用いたシステムの開発・展開にかかわるチーム外からのフィードバックを収集し、優先順位をつけて対応するための組織のポリシーと対処を整備する

　組織のポリシーと対処を検討する際には、組織内部や実験室における評価を行い、意図するアプリケーションコンテキストに関連するAIを用いたシステムの目的との適合性を考慮する場合があります。

　このとき、ステークホルダーを関与させることで、プロジェクトの推進とその影響をどのように考慮する設計を行うか、という問いに答えることができます。また、専門家の意見を取り入れることで、AIを用いたシステムにおいて

新しく現れるシナリオとリスクを特定することができます。さらに、このような活動は1回限りではなく、試用の段階からライフサイクルの終わりまでにわたって実施するのが適切です。しかし一方で、ステークホルダーや専門家を参加させることで責任を転嫁する、いわゆる参加洗浄（participation washing）につながる可能性も指摘されています[31]。ステークホルダーや専門家に参加してもらう目的と目標に関する透明性を組織が確保することが、参加洗浄の疑いを軽減するのに役立ちます。

　また、検討結果を補完するために、対象分野の専門家と的を絞った検討を追加で実施することで、これまで考慮されていない潜在的でネガティブな影響を特定して概念化することができる場合があります。

■具体的なリスク管理へ向けて

- 自組織のAIにかかわるリスク管理ポリシーにおいて、ステークホルダーやユーザーからのフィードバックを収集および評価し、組み込む仕組みを明示的に確立していますか？
- 環境への懸念を含め、例えば歴史的に除外されてきた人々、障がい者、高齢者、インターネットやその他基本技術へのアクセスを制限されている人々など、AIを用いたシステムが対象とするすべてのユーザーにわたるステークホルダーから得られるフィードバックを考慮していますか？
- AIを用いたシステムに適用する組織の原則を明確にし、外部のステークホルダーに組織の価値観を知らせていますか？
- エンドユーザー、消費者、規制当局、AIを用いたシステムの使用によって影響を受ける個人などの外部のステークホルダーは、AIを用いたシステムの設計・運用・制限にかかわるどのような種類の情報にアクセスできますか？
- ステークホルダーに損害が発生する可能性を軽減するために何をしましたか？
- AIにかかわるライフサイクル全体を通じて、外部を含むステークホルダーのコミュニティから多様な視点を取り入れて、リスクを軽減していますか？

- 生成AIを用いたシステム開発において、従来より遠くへと範囲を広げてフィードバックを求め、損害を受けたステークホルダーを救済するプロセスに時間とリソースを割り当てていますか？

GV-5.2	関連するAIアクターからの解決にいたったフィードバックを、定期的にシステムの設計と実装に組み込める仕組みを確立する

　AIアクターと共同でAIを用いたシステムの今後の展開を決定していくには、それに必要なプロセス、知識、および、特定の分野における専門的な知識、スキル、経験を習得させる組織のポリシーと手順を定める必要があります。これは、AIを用いたシステムおよび組織のリスク許容度と密接に関連しています。

■具体的なリスク管理へ向けて

- AIを用いたシステムを使用することには、潜在的な便益とともに固有のリスクがあることを明確に認識していますか？
- 関連するすべてのAIアクターに、AIを用いたシステムの設計と実装に関してフィードバックを行う有意義な機会を与えるポリシーを確立していますか？
- 法律、規制、ベストプラクティス、業界標準に基づき、自組織のAIを用いたシステムの合理的なリスク許容度を定義していますか？
- AIを用いたシステムの影響評価と影響が発生する可能性を組み合わせて、AIを用いたシステムのリスク許容度レベルを定義するポリシーを確立していますか？
- リスク許容度レベルに従ってリスク管理のリソースを割り当てるためのポリシーを確立していますか？
- リスクが顕在化した際の影響が甚大で、自組織ではリスクの軽減が困難なAIを用いたシステムに対し、早期に廃止を促すポリシーを確立していますか？

第4章　AIシステムにおけるリスク管理

- AIを用いたシステムの出力に対し、最終的に責任を負う責任者は誰ですか？　その責任者は自組織のAIを用いたシステムにおける意図する用途と限界を認識していますか？
- 導入後のAIを用いたシステムの保守・再検証・監視・更新の責任者は誰ですか？
- AIにかかわるライフサイクルのすべての段階における倫理上の責任者は誰ですか？

GV-6

サードパーティのソフトウェアやデータ、サプライチェーンから生じるAIにかかわるリスクと便益に対処するためのポリシーと手順を整備する

GV-6.1
知的財産やその他権利への侵害リスクを含む、サードパーティに関連するAIにかかわるリスクに対処するポリシーと手順を整備する

　専門知識やデータ、ソフトウェア（オープンソースおよび商用）、ハードウェアのプラットフォームなどを自組織ですべてまかなうことは困難なことが多いです。一方、サードパーティのソフトウェアやデータなどの利用方法をよく検討しないと、リスクの測定と管理が複雑になる可能性があります。

　このようなサードパーティに関するリスク管理のアプローチでは、各システムのリソース、リスクプロファイルや使用場面に合わせて調整することになります。また、サードパーティのデータやAIを用いたシステムに対しても、自組織内と同様にガバナンスによるアプローチを適用できます。

■具体的なリスク管理へ向けて
- -

- 自組織のシステムとかかわりのあるサードパーティのAIを用いたシステムやデータに対応するポリシーを、サードパーティと共同で確立にかかわりましたか？

- 自組織のシステムとかかわりのあるサードパーティのAIを用いたシステムは、十分な評価（測定（4.4節））が行われていますか？
- 自組織のシステムとかかわりのあるサードパーティでは、ソフトウェア、ハードウェア、データの調達先と使用などに関する法的・倫理的などの課題を含むサプライチェーン、製品ライフサイクル全体やその他プロセスに対処するためのポリシーを確立していますか？
- 自組織のAIを用いたシステムの開発プロセスについて、追跡可能性、訓練データの調達先、出力結果やその影響の記録などの監査可能性を促進する仕組みを確立していますか？
- 自組織のAIを用いたシステムにかかわるサードパーティが開発したAIに対する説明可能性や解釈可能性のレベルを、どのように確保していますか？
- AIを用いたシステムに対して、独立した第三者による監査を実施していますか？
- サードパーティと契約を結ぶ前に、与信調査を実施していますか？
- サードパーティのコンテンツの所有権・使用権・品質基準・セキュリティを明記した契約書とサービスレベルアグリーメント（SLA：service level agreement）を作成し維持していますか？
- 自組織のAIを用いたシステムにかかわるサードパーティに対して定期的な監査を実施し、契約上の合意を遵守していることを確認していますか？
- 上記の契約には、生成AI特有のリスクにかかわる補償や紛争解決の仕組みなどが含まれていますか？

GV-6.2 ハイリスクと見なされるサードパーティのデータやAIを用いたシステムに対して、障害やインシデントに対処するための緊急時の対応プロセスを整備する

　サードパーティのシステム障害に起因する潜在的な損害を軽減するためには、サードパーティが提供する機能をカバーする、冗長性を含むポリシーと手

第4章　AIシステムにおけるリスク管理

順を実装する必要があります。

■具体的なリスク管理へ向けて

- 自組織のAIを用いたシステムにかかわるサードパーティの重要なAIを用いたシステムの障害に対応するため、冗長性を含むポリシーと手順を確立していますか？

- 自組織のインシデント対応計画は、サードパーティのAIを用いたシステムの影響を考慮していますか？ それは位置付け（4.3節）のMP-5.1が列挙する影響と整合していますか？

- 自組織のAIを用いたシステムにかかわるサードパーティのパッケージソフトウェアの取得や調達、サイバーセキュリティ管理策、計算リソース、データ、展開の仕組み、システム障害などに関連するリスクに対し、自組織で具体的にどの程度対処していますか？

- サードパーティのAIを用いたシステムがもつ潜在的な脆弱性、リスク、バイアスについて適切に報告を受けるためのプロセスは確立されていますか？

- オープンソースのデータやソフトウェアを含む、自組織のAIを用いたシステムにかかわるサードパーティの生成AIに関するデータとシステムのインシデントを文書化していますか？

- 既存のリスク管理ポリシー、手順、文書化プロセスを、（オープンソースのデータやソフトウェアを含め）自組織のAIを用いたシステムにかかわるサードパーティの生成AIに関するデータとシステムに適用していますか？

- 生成AIを用いたシステムが使用不能となったときに、システム下流のユーザーへの代替手段を提案する緊急時対応計画を確立していますか？

4.3 位置付け機能

　位置付け機能では、AIを用いたシステムに関連するリスクを整理するためにアプリケーションコンテキストを設定します。AIにかかわるライフサイクルには、多様なAIアクターが関与し、相互に依存する多くの活動が必要になります。一方、それぞれのAIアクターは、各プロセスの一部を担当しており、ほかのプロセスやアプリケーションコンテキストがみえているわけではありません。つまり、AIアクターは相互に依存しており、それぞれが影響を確実に予測することは一般的に困難です。AIにかかわるライフサイクルのある次元で最善であることを意図した決定であっても、後では最善でなくなることがあります。

　ネガティブなリスクの発生を予防し、AIモデルの管理などのプロセスや、AIによるソリューションの適切性や必要性における初期の判断を支援するには、この位置付け機能で収集する情報が役立ちます。この位置付け機能で収集した情報が、次の測定（4.4節）と管理（4.5節）の基礎となります。いいかえれば、アプリケーションコンテキストに基づく知識や、特定したアプリケーションコンテキストにおけるリスクを認識しなければ、リスク管理は困難ということです。多様な内外のAIアクターがもつ幅広い観点からの意見を位置付けで収集することによって、組織はネガティブなリスクを未然に防ぎ、よりトラストワージネスをもつAIを用いたシステムを開発できるようになっていきます。さらに、組織がそのリスクや要因を特定する能力を向上させていくことにもなるでしょう。

　位置付けの完了後には、自組織のAIを用いたシステムの設計・開発または初期展開の実施判断にかかわる十分なアプリケーションコンテキストに関する知識を保持する状態になっているでしょう。

　位置付け機能には、5つのカテゴリーと18のサブカテゴリーがあります。

第4章　AIシステムにおけるリスク管理

表4.2　リスク管理における位置付け機能の5つのカテゴリー

カテゴリー	説明
MP-1	アプリケーションコンテキストを確立し、理解する
MP-2	AIを用いたシステムを分類する
MP-3	AIの能力、想定する用途、目標および適切な基準と比較した、予想される便益とコストを把握する
MP-4	サードパーティのソフトウェアおよびデータを含む、AIを用いたシステムのすべてのコンポーネントのリスクと便益を位置付ける
MP-5	AIを用いたシステムが及ぼす個人、グループ、コミュニティ、組織および社会への影響の特性を明らかにする

　表4.2に位置付けの5つのカテゴリーを示します。以下ではサブカテゴリーを順に示すとともに、それぞれの具体的なリスク管理へ向けてのヒントを説明します。

MP-1

アプリケーションコンテキストを確立し、理解する

MP-1.1

自組織のAIを用いたシステムを展開するにあたり、意図する目的、潜在的に便益をもたらす用途、システムのアプリケーションコンテキストにかかわる法律・規範や、準拠が期待される業務、展開先で見込まれる設定を理解し、文書化する
考慮すべき事項には次が含まれる：具体的なユーザーのグループ、ユーザーの期待、AIを用いたシステムを利用することが個人・コミュニティ・組織・社会・地球にもたらす潜在的なポジティブおよびネガティブな影響、AIを用いたシステムの目的・用途・製品のAIにかかわるライフサイクル全体にわたるリスクについての仮定、制約、および関連するTEVVや評価指標

　AIアクターは外部関係者と協力しながら自組織のAIを用いたシステムが稼働可能と想定する展開範囲を明確にし、必要に応じて望ましい代替案を検討

し、起こりうるリスクを管理するための原則と戦略を特定します。このための最初のステップが、アプリケーションコンテキストを位置付けることです。アプリケーションコンテキストを位置付けることによって、AI技術についての展開・運用に関連する制限や制約などが、現実の世界で展開・運用する際にどのような影響を与えるのかを理解することができます。アプリケーションコンテキストへの位置付けでは、次の検討事項を含めます。

意図する目的と、試用における影響	運用におけるコンセプト	意図する設定、展開後の設定、および実際の展開における設定
展開と運用にあたっての要件	エンドユーザーとオペレータの期待	特定のエンドユーザーのグループ
個人、グループ、コミュニティ、組織や社会に対する潜在的かつネガティブな影響や、法的要件・環境への影響などの、AIを用いたシステムのアプリケーションコンテキスト特有の影響	予期しない、あるいは下流での、またはその他未知のアプリケーションコンテキストにおける要因	AIを用いたシステムの変化が、どのように影響へと結び付くか

　ここで、先に統治（4.2節）で確立したポリシーと手順によって強化した組織文化を組み合わせることで、リスクや影響にアプローチするための新しいとらえ方、活動、スキルを育成し、浸透させる機会を提供できます。

■具体的なリスク管理へ向けて

- 自組織のAIを用いたシステムのリスク管理にかかわる業界の慣行、技術動向、適用対象となる法的基準を常に意識していますか？
- 設計段階でトラストワージネスをもつAIシステムが備える特性（3.2.1項）を検証し、必要に応じてAIを用いないソリューションを検討していますか？
- 自組織のAIを用いたシステムの性能が変化することで、意思決定などの下流の業務へどのように影響するか調査していますか？
- エンドユーザーとの間で組織が求める要件（業務要件や技術要件を含む）を定めていますか？

第4章 AIシステムにおけるリスク管理

- 社会規範、自組織のAIを用いたシステムの影響を受ける個人・グループ・コミュニティとその影響、動作環境など、許容可能なアプリケーションコンテキストを想定し、明確化していますか？ また、人間の意思決定を支援する、あるいは置き換えるなど、人間とAIを用いたシステム間での相互作用や役割を特定していますか？
- 人間とAIを用いたシステムの構成に関連するリスクを洗い出し、展開したAIを用いたシステムを人間が監視する要件・役割・責任を明確化していますか？
- どのAIアクターが自組織のAIを用いたシステムの意思決定に責任をもちますか？ そのAIアクターは、自組織のAIを用いたシステムの意図する用途と限界を認識していますか？
- 展開した自組織のAIを用いたシステムの維持・再検証・監視・更新を担当するのはどのAIアクターですか？
- 自組織のAIを用いたシステムにかかわるサードパーティやオープンソースのソフトウェアやシステムに対しても、位置付けを行っていますか？
- 社会文化やその他の分野の専門家と協力し、基盤モデルの使用にあたってリスクを予想し、そのうち受容可能な状況を評価・決定し、文書化していますか？

MP-1.2	アプリケーションコンテキストを定めるにあたって、広範で多様な年代・行動特性・スキル・能力・知識・経験をもつAIアクターがもつ行動特性・スキル・能力は、人口構成の多様性・広範な領域とユーザーエクスペリエンスの専門知識を反映していること、また、そのようなAIアクターが参加することを文書化する。特に、異なる分野間で協力する機会を設ける

　AIを用いたシステムのライフサイクルにおいてアプリケーションコンテキストを適切に位置付けるためには、多様な経験・専門知識・能力・背景を保持するとともに、重要な調査に従事するためのリソースがあり、それぞれが独立性を備えるAIアクターで構成されるチームが必要です。そのような多様性を

もつチームにより、設計し開発する自組織のAIを用いるシステムの目的や機能に関する考えと仮定が、より広範かつオープンに共有されることになり、明らかでなかった部分がなくなっていきます。そして、個々のスタッフがもつ信念ではなく、多様なスタッフがもたらす相対的な観点が生み出す価値が便益として得られます。特に、批判的な探究心を育む環境が、隠された問題を表面化し、すでに存在する、あるいは今後顕在化してくるリスクを特定する機会を生み出します。

■具体的なリスク管理へ向けて

- 自組織のAIを用いたシステムへの取り組みに対し、幅広い行動特性、スキル、能力をもつチームを結成しており、チームの構成を文書化していますか？
- 法学・社会学・心理学・人類学・公共政策学・システム設計工学などのAI以外の分野と、展開するAIを用いたシステムに関連する用語や概念の相互依存関係を把握し関与するための学際的な専門家チームを構成し、権限を与えていますか？
- 個々のAIアクターはそれぞれ、自組織のAIを用いたシステムの設計・開発・展開・評価・監督にまたがる観点をどのように共有していますか？
- 自組織のAIを用いたシステムの、エンドユーザーや影響を受ける人々に与える潜在的でネガティブな影響について、ステークホルダーがもつ観点にどの程度対処していますか？
- エンドユーザー・消費者・規制当局や、自組織のAIを用いたシステムの使用によって影響を受ける個人などの外部のステークホルダーは、自組織のAIを用いたシステムの設計・運用・制限に関してどのような種類の情報にアクセスできますか？
- フィードバックを期待する公開テストに関与する人々は、自組織のAIを用いたシステムのアプリケーションコンテキストで想定するユーザーグループを代表していますか？

第4章 AIシステムにおけるリスク管理

MP-1.3	AIを用いた技術に関する組織のミッションと目標を理解し、文書化する

　例えば、より公平性を満たすといったような、社会的価値をより高め広げるアプリケーションコンテキストを掲げ、自組織のAIを用いたシステムのビジネスの目的を定義して文書化することで、それにかかわるリスクの評価と導入可否に関する決定をより明確に行うことができます。

　特に、トラストワージネスをもつAIを用いたシステムの場合、導入にあたってのコスト以上にビジネス上の実証可能な便益があることを明確に示すことが重要になります。逆に、リスクが便益を上回ることがわかった場合には、システムを導入しない判断をすることに自信をもてます。

■具体的なリスク管理へ向けて

- 社会技術的な観点を取り入れるため、社会的な価値を考慮して、自組織のAIを用いたシステムの目的を文書化して定期的にレビューしていますか？
- 社会的な価値観と、自組織の原則および倫理規定との間に不整合がないかを検証していますか？
- ネガティブな影響をもたらす可能性のある、潜在的な要因に注意を払っていますか？
- 自組織のAIを用いたシステムの技術仕様と要件は、その目標と目的とどのように整合していますか？

MP-1.4	ビジネスにおける価値またはビジネス利用のアプリケーションコンテキストを明確に定義する。また、導入済みのAIを用いたシステムを再評価する

　AIを用いたシステムの社会技術的なリスクは、技術開発における判断と、使用方法、運用者およびアプリケーションコンテキストとの相互作用によって生じます。よって、対処は複雑であり、特にアプリケーションコンテキストに

起因する要因が、AIにかかわるライフサイクルにおける活動とどのように相互作用するのかを理解する必要があります。このような要因の1つに、組織のミッションとシステムの目的が、設計、開発および展開の各段階においてどのような影響を及ぼすかというものがあります。

　したがって、リスクを特定し管理するには、自組織のAIを用いたシステムのビジネスへの利用と、想定するアプリケーションコンテキストを包括的かつ明示的に列挙する必要があります。

■具体的なリスク管理へ向けて

- 自組織のAIを用いたシステムのビジネスにおける価値、またはビジネス利用におけるアプリケーションコンテキストを文書化していますか？
- アプリケーションコンテキストにおける自組織のAIを用いたシステムの目的に関する懸念を文書化し、組織の価値観、行動指針、社会的責任へのコミットメント、AI原則とそれぞれ比較し、調和させていますか？
- AIを用いたシステムを設計・開発・展開することによって、どのような目標と目的を達成できると考えていますか？
- 自組織のAIを用いたシステムの出力は、社会の信頼と公平性を育むための価値観や原則とどの程度一致していますか？
- 自組織のAIを用いたシステムの評価指標は、倫理的およびコンプライアンス上の考慮事項を含む目標・目的・制約とどの程度一致していますか？

MP-1.5	組織のリスク許容度を決定し、文書化する

　リスク許容度には、組織がそのミッションと戦略を遂行する中で、進んで受容するリスクのレベルと種類を反映します。

　また、領域・分野や専門的な要件等に応じてリスク基準やその許容範囲を既存の規制やガイドラインに従って決定します。一部の業界では損害の定義や、文書化・報告・開示の要件が明確に定められています。

定まった規制やガイドラインがない場合には、財務・運用・安全性・評判などのリスク源、またさまざまなレベルのリスクを考慮して、合理的なリスク基準やその許容範囲を独自に決定します。

リスク許容度は、開発や展開を計画どおりに続けるかどうかの判断の鍵となります。もちろん、ステークホルダーのフィードバックも考慮しますが、ステークホルダーはそれぞれ既得権益などをもちます。開発や展開を続けるかどうかの判断は、ステークホルダーのフィードバックとは独立させるのが適切です。

リスク許容度の決定が極端に困難な場合、開発や展開を進めないと判断することもありえます。

■具体的なリスク管理へ向けて

- 自組織のAIを用いたシステムのリスク許容度を決定し、監督のためのリソースを適切に割り当てていますか？
- アプリケーションコンテキストが設定する範囲内であっても、AIを用いたシステムを展開しない、あるいは早期に廃止する必要があると判断するために、リスク許容度を決定していますか？
- アプリケーションコンテキストの下でトラストワージネスをもつAIを用いたシステムが備える特性（3.2.1項）間のトレードオフを明確にし、分析していますか？ また、トレードオフが発生する場合にはそれらを文書化し、影響の軽減などが追跡可能となる行動を計画し、リスク管理にあたっての意思決定を行うようにしていますか？
- 自組織のAIを用いたシステムを対象外の目的で使用する、特にリスクが高いと見なす設定で使用するにあたり、事前にレビューを実施していますか？
- 自組織のAIを用いたシステムのリスク許容度を決定する際に、どのような評価指標や規制、ガイドライン、あるいは前提条件を利用しましたか？

> **MP-1.6**
>
> 「AIを用いたシステムはユーザーのプライバシーを尊重すべき」等のシステム要件を、関連するAIアクターから引き出して理解する。AIにかかわるリスクに対処するために、社会技術的な意義を考慮して設計を決定する

　AIを用いたシステムが満たすべきシステム開発の要件を文書化するにあたり、従来のソフトウェアに対する文書化のプロセスでは不十分な可能性があります。文書化が不完全な場合には、AIアクターはビジネスやステークホルダーのニーズを見落としてしまい、自分にとって都合のよい情報を集めてしまう確証バイアスや集団思考などの人間が生来もつ傾向（バイアス）に陥ったり、あるいは計算で示せる要件のみを満たすことに専心してしまったりするおそれがあります。

　設計の早い段階でシステム要件を明確にし、社会的影響を考慮することは、AIを用いたシステムのトラストワージネスを高めるために重要です。

■ **具体的なリスク管理へ向けて**

- トラストワージネスをもつAIシステムが備える特性（3.2.1項）を、システム要件に積極的に組み込んでいますか？
- システム設計や展開に関する決定について、関連するAIアクターや内外のステークホルダーとの間で定期的なコミュニケーションを行い、フィードバックを得る仕組みを確立していますか？
- エンドユーザーに**定性インタビュー**[用語]を行い、人間とAIを用いたシステムとの構成や、タスクへの期待や次へ向けての設計に関する計画を定期的に評価していますか？
- アプリケーションコンテキストにおける要因と、AIを用いたシステムが満たすべき要件の間の依存関係を分析していますか？

| 用語 | **定性インタビュー**（qualitative interview）
質的インタビューとも呼ばれ、定性調査（質的調査）の1つであり、対象者の生の声や数値化できないデータの収集を目的に行う、定性的な調査のことです。 |

第4章　AIシステムにおけるリスク管理

- ユーザー調査を実施して、AIの影響を受ける個人、グループ、コミュニティ、およびこれらの人たちの価値観、アプリケーションコンテキストや制度的あるいは歴史的なバイアスが及ぼす影響が果たしている役割を理解していますか？
- エンドユーザー、消費者、規制当局に加え、AIを用いたシステムの使用によって影響を受ける個人といった外部のステークホルダーは、自組織のAIを用いたシステムの設計・運用・制限に関して、どのような種類の情報にアクセスできますか？
- 自組織のAIを用いたシステムに関し、(a)何のためのシステムか、(b)何のためのシステムでないか、(c)どのように設計されたか、(d)その限界は何かといった関連情報をどの程度開示していますか？
- 自組織のAIを用いたシステムを混乱させようとする企て、あるいは攻撃などとは無関係なビジネス環境の変化に起因する精度や正確さの変動に、AIアクターはどのように対処していますか？
- 自組織のAIを用いたシステムの性能を測定するために、どのような評価指標を作成し、利用していますか？

MP-2

AIシステムを分類する

MP-2.1	AIを用いたシステムがサポートする具体的なタスクと、タスクの実装に使用する方法を定義する（例えば、分類器、生成AIモデル、推薦システムなど）

　AIアクターはAIを用いたシステムが達成の対象とするタスクや、それによる便益を定義します。なぜなら、タスクの定義がより明確で適用範囲がより限定されていれば、便益とリスクの位置付けが容易になり、よりよいリスク管理につながるからです。

■具体的なリスク管理へ向けて

- 自組織のAIを用いたシステムが実行可能なタスクを、その仮定や制限とともに定義し、文書化していますか？
- 自組織のAIを用いたシステムの技術仕様と要件を、どの程度明確に定義していますか？
- 自組織のAIを用いたシステムの開発・評価方法・評価指標・性能を、どの程度文書化していますか？
- 自組織のAIを用いたシステムの技術仕様と要件は、その目標と目的とどのように整合していますか？
- 明確に、AIを用いたシステムからの出力であることを示すために、出力結果とわかるマークを付けていますか？
- コンテンツの出所についての信頼性や真正性が不確かなタスクに関する制限を特定し、文書化していますか？

MP-2.2	AIを用いたシステムに関する知識の限界と、その出力を人間がいかに利用し監督するかに関する情報を文書化する。それによって、関連するAIアクターが意思決定し、その後の行動をとる際に十分な情報を提供する

　AIにかかわるライフサイクルは、多様なAIアクターが関与する多くの相互依存的な活動で構成されることになります。このため、ライフサイクルのある次元において、他の次元とそれに関連するアプリケーションコンテキストやリスクを完全に可視化し、制御するのはほぼ不可能です。ある次元で最善と思われる意図が、それ以降での決定や条件との相互作用によって損なわれることもあります。また、AIを用いたシステムを展開した後で性能が低下する、あるいは予期しないネガティブな影響が発生する、法的または倫理的規範への違反が生じる可能性もあります。

　したがって、自組織のAIを用いたシステムに関する知識の限界と、その出力を人間がいかに利用し監督するかを予測し、明確化して評価し、文書化して

第4章　AIシステムにおけるリスク管理

おくことは、AIを用いたシステムを展開するにあたっての不確実性を軽減するのに役立ちます。

■具体的なリスク管理へ向けて

- AIを用いたシステムの定めた使用目的から外れる設定・環境・条件を文書化していますか？
- 実際のアプリケーションコンテキストに近い条件で人間とAIによる構成を計画し、評価してその結果を文書化していますか？
- ステークホルダーからのフィードバックに従って、自組織のAIを用いたシステムが特定のアプリケーションコンテキストにおいて文書化した目的を達成したか、およびエンドユーザーがその結果を正しく理解できているかを判断していますか？
- 対象となるAIを用いたシステムの上流工程や、他のAIを用いたシステムへの依存関係を文書化していますか？
- 自組織のAIを用いたシステムについて文書化された情報は、AIアクターが判断し、行動を起こすために十分ですか？
- AIを用いたシステムを評価した結果に基づいて、自組織のAIを用いたシステムを使用することによって拡張されることになる意思決定に、適切なレベルの人間が関与することを求めていますか？
- 生成AIのオペレータとエンドユーザーは、自組織のAIを用いたシステムが利用しているコンテンツの由来や出所を正確に理解できるかを評価していますか？

MP-2.3　テストの設計、データの収集と選択（例えば、可用性、代表性、適合性などに基づく）、トラストワージネスをもつAIシステムが備える特性（3.2.1項）および構成要素の妥当性の確認に関連するものを含め、科学との整合とTEVVでの考慮事項を特定して文書化する

　標準的なテストとその評価プロトコルは、設計したAIを用いたシステムが設計どおりに動作することを確認する基礎となります。プロトコルは、静的あ

るいは独立したシステム性能のために設計する傾向をもつため、複雑なAIを用いたシステムにはあまり適しません。リスク発生の可能性が設計や展開のフェーズだけに留まらず、システム運用や意思決定にまで及びます。性能・安全性・信頼性などの主要な評価指標を、アプリケーションコンテキストにおける社会技術として解釈することでTEVVを強化します。

　また、AIにかかわるリスク管理に関するその他の課題として、データの品質とその妥当性に対しての懸念をもたらす、大規模データセットへの高い依存性があります。これは「適切な」データセットを見つけるのが困難であるとき、AIを用いたシステムが意図する目的に適合するデータセットではなく、入手の容易性や可用性に基づいてデータセットを選択する可能性があるからです。つまり、大規模データセットに依存しすぎることで、アプリケーションコンテキストとそぐわないAIモデルが構築されてしまうおそれがあります。

■具体的なリスク管理へ向けて

- ヒューマンファクター・創発的特性・動的に変動しうるアプリケーションコンテキストなどにかかわる、AIを用いたシステムという複雑な社会技術システムの評価のために有効な実験プロトコルの設計と使用する統計手法を特定し、文書化していますか？
- AIモデル、AIを用いたシステムとそのサブコンポーネント、展開および運用のためのTEVVプロトコルを策定して適用していますか？
- 自組織のAIを用いたシステムの性能と検証の指標が、下流の意思決定タスクにおいて解釈可能で曖昧さがなく、アプリケーションコンテキストといった、社会技術的要因を考慮したものであることを実証し、文書化していますか？
- 統治（4.2節）で確立したデータ統治のポリシーに従い、データ収集・選択・管理のための実験設計手法を含む、AIにかかわるライフサイクル全体にわたっての評価に使用する前提条件・技術と評価指標を特定して文書化していますか？
- 自組織のAIを用いたシステムの設計と展開に関する前提条件の妥当性に

関連して、AIアクターと内外のステークホルダー間で定期的なコミュニケーションとフィードバックを行う仕組みを確立していますか？

- リスクを位置付けるための評価および訓練データの由来とそのメタデータリソースを理解し、追跡するためのプロセスを特定して文書化していますか？
- 訓練データの収集・選択・ラベル付け・クリーニング・欠損データ等の処理などに関連する、制限やリスク軽減の取り組み、AIを用いたシステムの使用方法を文書化していますか？
- アプリケーションコンテキストに関する、設計にあたっての一連の前提条件が継続して正確であり、十分に完全であると思われるテストを行って検証するプロセスを確立していますか？
- 専門家や、その他外部のAIアクターと協力して、アプリケーションコンテキストを認識しており、関連する知識を取得し、参加型アプローチを用いてバイアスの要因を管理して緩和していますか？
- 自組織のAIを用いたシステムのライフサイクルや関連プロジェクトに関して、自組織の価値観や原則と矛盾する可能性のある、潜在的でネガティブな影響を調査して文書化していますか？
- 時間が経過して条件が変化したとしても、訓練データが現在においてもアプリケーションコンテキストを代表していることを確認していますか？
- 収集したデータが、意図する目的に関して適切で、関連性があり、過剰ではないことをどのように保証していますか？
- 正確で関連性や一貫性があり、アプリケーションコンテキストにおいて代表的で、多様なデータを含むとともに倫理的・法的基準に準拠する、高品質のデータセットを収集し、文書化して管理していますか？
- 生成AIを用いたシステムが生成した情報の的確性や正確性を検証するファクトチェック技術を導入し、その使用の必要性や使用したときの記録を文書化していますか？

4.3 位置付け機能

MP-3
AIの能力、想定する用途、目標および適切な基準と比較した、予想される便益とコストを把握する

MP-3.1	意図するAIを用いたシステムの機能と性能の潜在的な便益を調査し、文書化する

　AIを用いたシステムは人間の生活の質を向上させ、経済的繁栄を高め、安全保障コストを改善させる大きな可能性を秘めています。したがって、システムの目的と有用性、およびその潜在的でポジティブな影響と、その時点で知られている性能のレベルを超える便益を定義し、文書化する必要があります。

　文書化にあたっては、リスク管理と、便益と影響の評価が求められます。ここで、影響を受ける可能性のあるグループやコミュニティと定期的かつ有意義なコミュニケーションをとるプロセスを含めます。これらのステークホルダーからは、AIを用いたシステムに必要な制限に関する貴重な情報を提供できます。

　また、人間中心設計（human-centered design）や価値に敏感な設計（value-sensitive design）といったアプローチは、AIにかかわるチームがさまざまな個人やコミュニティから幅広い関与を得るために役立ちます。これらによりAIにかかわるチームは、当初考慮していなかった、あるいは意図していなかったポジティブあるいはネガティブな影響がどのように起こるかを学ぶことができます。

■具体的なリスク管理へ向けて

- 参加型のアプローチを活用し、エンドユーザーと連携して自組織のAIを用いたシステムの出力がもたらす潜在的な便益や有効性・解釈可能性を理解して、文書化していますか？
- ユーザー、オペレータ、その他外部のステークホルダーからフィードバックを引き出して統合し、自組織のAIを用いたシステムの設計や開発機能へと

257

反映するなど、参加型の活動を行っていくための適切なスキルと手順が組織内にあることを確認していますか？

- AIを用いたシステムのかわりに、人間が実行する場合を想定したベースラインとなる評価指標などのほか、標準的な基準に対するAIを用いたシステムの性能を考慮していますか？
- AIを用いたシステムがもたらすと想定される便益について、エンドユーザーや影響を受ける可能性のある個人やコミュニティからのフィードバックを取り込んでいますか？
- 自組織のAIを用いたシステムの便益は、エンドユーザーに正しく伝わっていますか？
- 自組織のAIを用いたシステムを適切に使用する方法について、適切な資料とその免責事項が、エンドユーザーに提供されていますか？

MP-3.2	組織のリスク許容度と関連し、あらかじめ予想したあるいは現実に発生したAIのエラーやシステムの機能から帰結する潜在的なコスト（金銭的でないコストを含む）と、組織のリスク許容度につながるトラストワージネスをもつAIを用いたシステムが備える特性（3.2.1項）を調査し、文書化する

　AIを用いたシステムのネガティブな影響をもれなく予測することは困難です。実際、ネガティブな影響とひと口にいっても、システムの機能不全や運用上の制限を外れた使用など、さまざまな要因による可能性があり、軽微な煩わしさのようなものから重大な人的障害・経済的損失または規制当局による強制措置にいたるものまで多岐にわたります。だからこそAIアクターは幅広いステークホルダーと協力することで、システムの潜在的な影響、ひいてはシステムのリスクを理解する能力を向上させる必要があります。

■具体的なリスク管理へ向けて

- アプリケーションコンテキストを分析し、トラストワージネスをもつAIを用いたシステムが備える特性（3.2.1項）を十分考慮していないことによって

生じる潜在的でネガティブな影響を位置付けていますか？

- ネガティブな影響が間接的あるいは明白でない場合、AIアクターは、AIを用いたシステムの開発や展開を担うチーム外にいるステークホルダーや、影響を受ける可能性のあるコミュニティと協力して調査し、文書化していますか？

- AIを用いたシステムの障害によって生じる内外での定性的・定量的なコストを、定期的に評価する手順を設定して実施していますか？ また、システム障害の潜在的なリスクおよび関連する影響を防止・検出・修正するための活動を策定していますか？

- 自組織の目標と目的に対する進捗状況を、どの程度一貫して測定していますか？

- 自組織のAIを用いたシステムのエラーは人為的なエラーとは異なる可能性があることを文書化し、説明していますか？

MP-3.3	AIを用いたシステムが対象とするアプリケーションの適用範囲を、システムの能力や確立したアプリケーションコンテキスト、AIを用いたシステムの分類に基づいて特定し、文書化する

　特定の限定された範囲で機能するAIを用いたシステムは、アプリケーションコンテキストにおけるリスクの位置付け（4.2節）、測定（4.4節）、管理（4.5節）をより適切に実施できる傾向にあります。また、適用範囲が狭いことにより、TEVV機能の実行や関連リソースの確保と配置が容易になります。

■具体的なリスク管理へ向けて

- 自組織のAIを用いたシステムのアプリケーションコンテキストを絞り込むことを検討していますか？ また、ユーザー・グループ・コミュニティに加え、環境にどのように影響するか、システムが動作する地域の広さ、システムの誤用や乱用の可能性などを考慮していますか？

- 自組織のAIを用いたシステムが対象とするアプリケーションの適用範囲を

特定するときに、法務部門や調達部門における AIアクターを関与させていますか？

- 自組織の AIを用いたシステムの技術仕様や要件を、どの程度明確に定義していますか？
- 上記の技術仕様と要件は、目標および目的とどのように整合していますか？

MP-3.4	AIを用いたシステムの性能とトラストワージネスをもつAIを用いたシステムが備える特性（3.2.1項）についてのオペレータや実践家の習熟度、および関連する技術の基準と認証のためのプロセスを定義し、評価して文書化する

　AIを用いたシステムの利用方法としては、自律的に意思決定を行う、意思決定を人間の専門家に任せる、あるいは人間の意思決定者が追加の意見としてその出力を利用する、などがあります。また、特定分野で高い専門知識を保持する専門家が、特定の最終目標に向けて AIを用いたシステムと連携して作業することもあります。

　システムの目的によっては専門家が AIを用いたシステムと対話することはあっても、その設計や開発に関与することはほとんどないでしょう。これら専門家は、機械学習・データサイエンス・コンピュータサイエンスなど、AIの設計や開発に関連付けられていた分野に精通してはおらず、アプリケーションによってはそのような知識を必要としていないかもしれません。例えば、医療用の AIを用いたシステムにとっては医師が専門家であり、データサイエンスなどではなく医療に関する専門知識をもたらします。このような場面での課題は、AIを用いたシステムの機能についてエンドユーザーを教育することではなく、また実務家の専門知識を置き換えるのでもなく、活用することにあります。

　また、AIにかかわるリスクを管理するために人間と AIの役割をどのように構成するかは重要です。次の事項を、熟練したオペレータや実務家が使用する AIを用いたシステムの設計・開発・展開で考慮することで、リスク管理が強化されると考えられます。

4.3 位置付け機能

- AIを用いたシステムに対する知識の限界を認識し、すべてのアプリケーションコンテキストにおける人間とAIの相互作用やそれらの構成におけるリスクと、その結果生じる潜在的な影響を特定するよう努める
- AIを用いたシステムの使用または操作における、それぞれの人間の役割と責任を定義し、区別する
- 位置付け（4.3節）のMP-1で列挙し、統治（4.2節）のGV-3.2で確立するアプリケーションコンテキストの案において、AIを用いたシステムを操作する習熟度の基準を決定する

■ **具体的なリスク管理へ向けて**

- 展開と運用における、下流のAIアクターの意思決定に影響を与える可能性のあるAIを用いたシステムの特徴と機能をあらかじめ特定し、宣言していますか？ 例えば、自組織のAIを用いたシステムには**選択的な遵守**【用語】のリスクがどのように顕在化するかなどを宣言します[32]。
- AIを用いたシステムと対話するオペレータ・実務家・その他の専門家のスキルと習熟度の要件を特定するとともに、位置付け（4.3節）のMP-1で扱う既知のリスク、そのリスク軽減の基準、トラストワージネスをもつAIを用いたシステムが備える特性（3.2.1項）に関する情報を含む、自組織のAIを用いたシステムの展開・運用環境におけるAIアクター向けの運用に関する文書を作成していますか？
- 想定するエンドユーザー、実務家、オペレータ向けに、AIを用いたシステムの使用と既知の制限に関する資料を制作していますか？
- エンドユーザー、実務家、オペレータをAIを用いたシステムのプロトタイピングと評価の活動に取り込み、運用上の限界と許容可能な性能を知らせていますか？

用語

選択的な遵守（selective adherence）
AIを用いたシステムからのアドバイスが、意思決定者であるAIアクターがもつ固定観念と一致する場合、そのアドバイスを選択的に採用する傾向のこと。このほか、別の情報源から得られる情報と矛盾、あるいは別にアラートが出ているにもかかわらず、システムからのアドバイスに自動的に従う**自動化バイアス**（automation bias）も知られています。

- プロトタイピングや評価において、危機的な状況や倫理的に慎重になるべき状況など、AIモデルの出力の根拠が重要な役割を果たすシナリオをカバーしていることを確認していますか？

- AIを用いたシステムの出力が解釈可能であり、下流の意思決定タスクに対して明確であることを確認していますか？

- AIを用いたシステムの説明の複雑さは、取り扱う問題とアプリケーションコンテキストの複雑さのレベルに合わせて設計されていますか？

- 意思決定が必要な場面で、AIアクターが安全に操作できるよう設計されていることを確認していますか？

- AIを用いたシステムの使用にあたり、表明した価値および原則と一致していることを確認するために、どのようなポリシーを策定していますか？

- 各AIアクターが割り当てられた責任を果たすために必要なスキル・訓練・情報・知識などをもっていることをどのように確認していますか？

- 自組織のAIを用いたシステムを扱う関連スタッフは、AIモデルの出力と決定を適切に解釈し、データのバイアスを検出して、管理するために、適切な訓練を受けていますか？

- AIを用いたシステムに対する人間の技能テストと、自組織のAIを用いたシステムの能力テストを区別していますか？

MP-3.5	AIを用いたシステムに対する人間の監督プロセスを統治（4.2節）における組織ポリシーに従って定義し、評価して文書化する

　AIを用いたシステムの精度と正確性が高まるにつれて、単なる人間の意思決定支援、あるいはオペレータの制御下での利用から、人間からの入力を限定的なものに留めた、直接、AIを用いたシステム自身が意思決定を行う利用へと移行してきました。今後は人間の関与がほとんどない用途で使われていく可能性が高まっています。AIを用いたシステムのガバナンスにおいては、それぞれの人間の役割と責任を定義して区別するとともに、AIを用いたシステムの監督（oversight）者とAIを用いたシステムを使用または相互作用する人間

とを区別することで、AIにかかわるリスク管理活動を強化できます。

特に、重要なAIを用いたシステムやリスクを高く設定したAIを用いたシステム、および、そもそもリスクが高いと見なされるAIを用いたシステムでは、それらを展開する前にリスクと監督手順の有効性を評価することがきわめて重要です。

AIを用いたシステムは、監督者と、それを保有する組織との共同責任下にあります。したがって、監督者に対し適切な権限を与えて管理しようと努めても、例えば統治（4.2節）で示した組織の同意と説明責任の仕組みがなければ効果的ではありません。

■具体的なリスク管理へ向けて

- 位置付け（4.3節）のMP-1で特定したアプリケーションコンテキスト、トラストワージネスをもつAIを用いたシステムが備える特性（3.2.1項）、さらにさまざまなリスクに関連し、人間の監督を必要とする自組織のAIを用いたシステムの特徴と機能を特定し、文書化していますか？

- 統治（4.2節）のGV-1で策定したポリシーに従って、AIを用いたシステムの監督についての手順や方法を確立していますか？

- 自組織のAIを用いたシステムの性能、アプリケーションコンテキスト、既知の制限とネガティブな影響、推奨する警告の表示について、関連するAIアクター向けの資料を作成していますか？

- 自組織のAIを用いたシステムを監督する業務の有効性と信頼性を評価していますか？　監視業務を広範囲に更新する、あるいは適応させる場合には、あらためて評価を行い、その結果に基づいて軌道修正していますか？

- AIモデルに関する文書が、自意識のAIを用いたシステムの仕組みに通じる解釈可能な説明を含むことを確認し、監督者がAIを用いたシステムのリスクについて情報に基づいたリスクベースの決定を下せるようにしていますか？

- AIを用いたシステムの設計・開発・展開・評価・監視に関与する各AIアクターの役割・責任・権限委任の内容はどういったものですか？

第4章 AIシステムにおけるリスク管理

- AIを用いたシステムを扱う関連スタッフは、その出力を適切に解釈し、データのバイアスを検出して管理するための適切な訓練を受けていますか？
- AIを用いたシステムの開発・評価方法・評価指標・性能を、どの程度文書化していますか？

MP-4

サードパーティのソフトウェアおよびデータを含む、AIを用いたシステムのすべてのコンポーネントのリスクと便益を位置付ける

MP-4.1

AIを用いたシステムにかかわるサードパーティのソフトウェアおよびデータの利用を含め、AI技術およびそのコンポーネントの法的リスクを位置付けるアプローチを、サードパーティによる知的財産やその他の権利侵害へのリスクと同様に整備して遵守し、文書化する

　AIを用いたシステムにかかわるサードパーティの技術と人材は、AIにかかわるリスク管理で考慮すべき潜在的なリスクにつながる1つの要因です。しかし、このリスクは、優先順位や許容範囲がAIを用いたシステムを展開するAIアクターと同一ではなく、位置付けることが困難な場合があります。

　例えば、事前学習モデルは、クリーニングなどが行われていない、さらに多くの場合にその出所が公開されていないような大規模データセットに依存する傾向にあります。よって、プライバシーやバイアス、予期しない影響に関する懸念があり、出力結果の統計的な不確実性レベルが高く、その結果、再現性確保が困難になり、科学的な妥当性に問題が生じる可能性があります。

■具体的なリスク管理へ向けて

- AIを用いたシステムにかかわるサードパーティに関し、監査報告書・評価結果・製品ロードマップ・保証書・サービス規約・契約その他の関連文書を確認し、それらの妥当性を評価するとともにサードパーティのリスク管理を

支援していますか？

- 自組織のAIを用いたシステムのリスクの一因になりうる逸脱がないか、サードパーティのソフトウェアリリーススケジュールとパッチやアップデートを含むソフトウェア変更管理計画を確認していますか？

- 自組織のAIを用いたシステムの実装と保守に必要なサードパーティの資料のインベントリを作成していますか？

- サプライヤ、エンドユーザーなどの第三者から、自組織のAIを用いたシステムの潜在的な脆弱性、リスクまたはバイアスの報告を受けるプロセスを確立していますか？

- サードパーティからデータセットを取得する場合、そのデータセットを使用するリスクを評価し、管理していますか？

- AIを用いたシステムからの出力を第三者がどのように検証していますか？

- AIが生成したコンテンツのプライバシーリスクや知的財産権の侵害リスクを、定期的に監査していますか？

- 個人の肖像権などの使用にあたって同意を取得し確認するポリシーを含む、訓練データの管理ポリシーを文書化していますか？

- サードパーティのAIモデルをファインチューニングした後、性能などを再評価していますか？

MP-4.2	サードパーティのAI技術を含む、AIを用いたシステムの構成要素に対する内部リスク管理策を特定し、文書化する

　AIアクターはその活動の過程で、オープンソースの形式あるいはその他無料で入手可能な技術を利用することが多く、その一部にはプライバシー、バイアスや頑健性にかかわるリスクが存在する可能性があります。これらに対して内部におけるリスク管理策を検討し、AIを用いたシステムを展開する前に評価する手順や方法を構築することが重要です。

第4章　AIシステムにおけるリスク管理

■具体的なリスク管理へ向けて

- 自組織のAIを用いたシステムのリスクを位置付けるにあたり、阻害あるいは妨害するサードパーティを、リスク増加の要因として注意していますか？

- AIモデルの仕様等に関する文書化にあたってのテンプレートや、一般に安全とされているソフトウェアのリストなどの資料をサードパーティに提供し、サードパーティからその技術のインベントリと承認を得る活動を行っていますか？

- データやモデルを含むサードパーティから提供されているリソースに、バイアス・プライバシー・脆弱性に関連するリスクをもつものがないか確認していますか？

- 従来からの技術リスクの管理策を、買収したすべてのサードパーティの技術に適用していますか？

- 自組織のAIを用いたシステムは、独立した第三者による監査を受けることができますか？

- 開発プロセスの追跡性や訓練データの調達先の情報などを含む、自組織のAIを用いたシステムの監査可能性を促進する仕組みを確立していますか？

MP-5
AIを用いたシステムが及ぼす個人、グループ、コミュニティ、組織および社会への影響の特性を明らかにする

MP-5.1	データに基づいて特定した影響（潜在的に有益・有害の両方）が発生する可能性と規模を特定し、文書化する ここでデータとは、AIを用いたシステムの利用にあたってあらかじめ予想される、あるいは類似のアプリケーションコンテキストでの過去における利用や、公開されたインシデント報告、AIを用いたシステムの開発・展開、および、チーム外からのフィードバック、その他関連するデータのことである

4.3 位置付け機能

　AIアクターは、データに基づいて特定したAIを用いたシステムの影響の大きさとその発生する可能性を評価して文書化し、選別します。つまり、組織がシステムの展開を決める際には、それらの影響の規模と発生する可能性の推定値を使用して、リスクレベルに適したTEVVリソースを割り当てることになります。

■具体的なリスク管理へ向けて

- 自組織のAIを用いたシステムの影響を測定するための評価指標を確立していますか？ その尺度には、交通信号に模して赤–黄–青を割り当てる定性的なものや、シミュレーションまたは計量経済学的アプローチなどによる定量的なものがありますが、自組織のAIポートフォリオ全体で統一し、文書化し、適用していますか？
- 自組織のAIを用いたシステムへの影響やシステム更新の頻度に関連し、AIにかかわるライフサイクルの重要な段階でTEVVを定期的に適用していますか？
- トラストワージネスをもつAIを用いたシステムが備える特性（3.2.1項）に関連するAIを用いたシステムの便益とネガティブな影響について、その大きさと発生する可能性を特定して文書化していますか？
- 自組織のAIを用いたシステムは、どの集団に影響を与えるか、特定していますか？
- 自組織のAIを用いたシステムは、独立した第三者によるテストが可能ですか？
- 最善のケース、平均的なケース、最悪のケースといったシナリオを含め、自組織のAIを用いたシステムの潜在的な影響を考慮していますか？
- リスクベースでのガバナンスや管理を可能とするために、自組織のAIを用いたシステムの適用範囲を適切に狭めていますか？

267

MP-5.2	関連するAIアクターと定期的に連携し、ポジティブ、ネガティブまたは予期しない影響に関するフィードバックを統合するための手順や方法、人員を整備し、文書化する

　AIを用いたシステムは本質的に社会技術的であり、組織が宣言している目的以上に、ポジティブ、ニュートラルあるいはネガティブそれぞれの影響を及ぼす可能性があります。特に、ネガティブな影響は社会的に広範囲におよび、個人・グループ・コミュニティ・組織・社会・環境、さらには国家安全保障にまで影響を与える可能性があります。

　したがって、自組織のAIを用いたシステムのリスクが顕在化する機会を増やすために、監視のための基準を作成します。そして、システムの展開後に、予想外の便益やネガティブな影響を認識する、あるいは経験するステークホルダーを関与させることで、AIを用いたシステムの便益やネガティブな影響をより容易に理解し、監視できるようになります。

■具体的なリスク管理へ向けて

- 自組織のAIを用いたシステム構築の初期段階でステークホルダーが関与するプロセスを確立して文書化し、自組織のAIを用いたシステムが個人・グループ・コミュニティ・組織・社会に及ぼす潜在的な影響を特定していますか？

- 価値に敏感な設計（value-sensitive design）のような手法を採用し、自組織と社会の価値観や自組織のAIを用いたシステムの実装と影響の間に生じる不整合を特定していますか？

- 潜在的な影響や顕在化したリスクを継続的に監視するため、自組織のAIを用いたシステムのエンドユーザーやその他主要なステークホルダーから有益な情報を取得して取り込むアプローチをとっていますか？

- 自組織のAIを用いたシステムが及ぼす個人・グループ・コミュニティ・組織および社会への潜在的な影響評価とその文書化に、定量的・定性的、あるいはそれらを組み合わせた手法を取り込んでいますか？

- 自組織のAIを用いたシステムの便益・ポジティブとネガティブな影響および発生する可能性と規模を評価するために、設計および開発から独立した組織内外のチームを設置していますか？
- ステークホルダーからのフィードバックを評価して文書化し、潜在的な影響を評価して、トラストワージネスをもつAIを用いたシステムが備える特性（3.2.1項）、設計アプローチや原則の変更についての実用的な洞察を得ていますか？
- 自組織のAIを用いたシステムにかかわるサードパーティのデータやアルゴリズムなど、AIを用いたシステムへのインプットに責任をもつAIアクターと定期的に連携し、予期していない影響の可能性を検討し、評価していますか？

4.4 測定機能

　測定機能では、定量的、定性的、あるいはそれらを組み合わせたツール・技術や方法論を用い、AIにかかわるリスクと関連する影響を分析評価して、あらかじめ定めておいた性能等の基準と比較、そして監視を行います。つまり、測定は、位置付け（4.3節）で特定したAIにかかわるリスクに関する知識を使用し、管理（4.5節）へ情報を提供する機能を果たします。AIを用いたシステムに対しては、運用前だけでなく運用中も定期的な評価を実施するのがよいでしょう。AIにかかわるリスクの測定のプロセスには、AIを用いたシステムの機能とトラストワージネスをもつAIを用いたシステムが備える特性（3.2.1項）についての状況を文書化することも含めます。こうすることで、トラストワージネスをもつAIを用いたシステムが備える特性間でトレードオフが生じた場合であっても、測定機能が追跡可能な根拠を提供し続けます。

　また、測定におけるプロセスには、関連する不確定性を測定してあらかじめ

第4章　AIシステムにおけるリスク管理

定めておいた性能基準と比較し、正式に結果を報告して文書化する、厳格な
ソフトウェアテストと性能評価の方法論も含めるのがよいでしょう。特に、検
査を独立させることによって、評価結果に基づいて改善させることができ、内
部のバイアスや利益相反を軽減できます。

　測定は、科学的、法的および倫理的規範に従って、オープンかつ透明性の
高い方法で実施することが重要です。NIST AIリスク管理フレームワークに
沿うことでは、AIを用いたシステムのトラストワージネスを包括的に評価す
る能力が向上し、既存の、あるいは新しく発生するリスクを特定・追跡し、指
標を検証していくことができます。

　測定機能には、4つのカテゴリーと22のサブカテゴリーがあります。**表4.3**
に測定の4つのカテゴリーを示します。以下では、サブカテゴリーを順に示す
とともに、それぞれの具体的なリスク管理へ向けてのヒントを詳しく説明して
いきます。

表4.3　リスク管理における測定機能の4つのカテゴリー

カテゴリー	説　明
MS-1	適切な方法と評価指標を特定し、適用する
MS-2	AIを用いたシステムをトラストワージネスをもつAIを用いたシステムが備える特性（3.2.1項）について評価する
MS-3	特定したAIにかかわるリスクを、長期にわたって追跡する仕組みを整備する
MS-4	測定の有効性に関するフィードバックを収集し、評価する

MS-1

適切な方法と評価指標を特定し、適用する

MS-1.1　位置付け（4.3節）でリストにまとめたAIにかかわるリスクをそれぞれ測定するアプローチと評価指標を、最も重要なAIにかかわるリスクから実施していくために選択する。また、測定しない、あるいは測定できないリスクやトラストワージネスをもつAIを用いたシステムが備える特性（3.2.1項）を、適切に文書化する

トラストワージネスをもつ AI を用いたシステムの開発とその有用性の高さは、基盤となる技術に加えて、その AI を用いたシステムを使用するにあたって高い信頼性で測定と評価が可能か否かに左右されます。AI を用いたシステムは、データの品質や機械学習の手法に起因して、従来のシステムと異なる障害を引き起こします。

さらに、AI を用いたシステムは本質的に社会技術的であり、社会の変遷や人間の行動の影響を受けます。したがって、そのリスクと便益は、使用方法、他の AI を用いたシステムとの相互作用、運用者およびアプリケーションコンテキストに関連する、すなわち社会的要因と技術的側面の相互作用から発生する可能性があります。いいかえれば、AI を用いたシステムの何を測定すべきかについては、評価の目的、対象者やニーズによって異なることになります。

これら 2 つの要因が、AI にかかわるリスクを測定するためのアプローチと評価指標の選択に影響を与えます。一方、測定方法や評価指標も進化しています。用いている評価指標の適切さを再検討し、必要に応じて更新していくことは、AI にかかわるリスクへの対策の有効性を維持するための鍵となります。

■具体的なリスク管理へ向けて

- 既知のリスク、エラー、インシデント、あるいはネガティブな影響を、検出して追跡し、測定するアプローチを確立していますか？
- 自組織の AI を用いたシステムは、公表している目的と機能に適合することを実証する評価の手順と評価指標を特定していますか？
- 自組織の AI を用いたシステムがトラストワージネスをもつことを実証する評価の手順と評価指標を特定していますか？
- 自組織の AI を用いるシステムの性能の許容限界を定義し、それを超えた場合に実施する手順やポリシーを必要に応じて修正できるようにしていますか？
- 説明責任の指標を活用し、AI の設計者・開発者・展開者が明確で透明性の高い責任範囲を維持し、問い合わせを受け付けていますか？
- 考慮してはいるが使用していない評価指標を含め、AI を用いたシステムの

導入前後の性能を評価して文書化していますか？
- 位置付けで特定した、測定しないリスクまたはトラストワージネスをもつAIを用いたシステムが備える特性（3.2.1項）を、測定しない理由も含めて文書化していますか？
- AIを用いたシステムの展開後、その精度などの適切な性能の評価指標をどのように監視していますか？
- データの品質・正確性・信頼性と代表性を向上させるため、どのような是正措置を講じていますか？
- ユーザビリティの問題に対処し、自組織のAIを用いたシステムのユーザーインタフェースが意図する目的を達成していることを評価しましたか？
- 敵対的な演習、レッドチーム（233ページ）による演習や**カオステスト**【用語】などを実施し、異常または予期しない故障モードを特定していますか？
- 自組織のAIを用いたシステムの展開前に容易には測定できない、長い時間スケールで波及するリスクも含め、生成AIにかかわるリスクを測定および追跡するアプローチを文書化していますか？
- AIアクター、ユーザー、ステークホルダーに、自組織のAIを用いたシステムのコンテンツの出所に関するリスク管理の情報や教育を提供していますか？

> **MS-1.2**　AIにかかわる評価指標の適切性と既存の管理策の有効性を、エラー報告や影響を受けるコミュニティへの影響を含め、定期的に評価し更新する

　内部処理の解釈が困難なニューラルネットワークや自然言語処理など、それぞれのAIが実行するタスクに合わせた異なる評価手法を用いる必要があります。また、AIを用いたシステムのユースケースやそのときの設定も、評価

カオステスト（chaos testing）
システムの使用環境において予期しない障害を発生させることで、システムのレジリエンス（回復力や、しなやかに復元する力）を向上させるために用いる手法を指します。例えば、分散システムにおいて、ランダムにインスタンスを止める、などがこれにあたります。

手法が適切かに影響を及ぼします。さらに、運用途中での設定の変更、訓練データやAIモデルのドリフトなども考慮して、評価指標の適切性と有効性を定期的に評価し更新することが、AIを用いたシステムの測定に対する信頼性を高めるでしょう。

■具体的なリスク管理へ向けて

- 例えば、あるアプリケーションコンテキスト下における評価指標の測定結果が他のアプリケーションコンテキストへとどの程度一般化できるかなど、すべての測定値に対して妥当性を評価していますか？
- AIを用いたシステムのライフサイクル全体を通じ、選択した評価指標の測定結果と管理策の有効性を定期的に評価していますか？
- エラーやインシデントなど、ネガティブな影響の報告を文書化し、自組織のAIを用いたシステムの修理や更新において評価指標の十分性と有効性を評価していますか？ 不十分である、あるいは効果がない場合、新しい評価指標を選定していますか？
- 評価指標や関連する情報について、関係者や影響を受けるコミュニティと共有する頻度と範囲を決定していますか？
- 位置付け（4.3節）で確立したステークホルダーからのフィードバックの手順を利用して、エンドユーザーや影響を受ける可能性のあるコミュニティからフィードバックを収集するとともに対処し、その結果を含めて共有していますか？
- バグの発生率とその重大度、および対応にかかった時間や修復にかかった時間などのソフトウェア品質評価の指標を収集し、報告していますか（管理（4.5節）のMG-4.3）？
- 自組織のAIを用いたシステムに対して選択した評価指標は、どの程度まで正確で有用な性能の尺度となっているといえますか？

第4章 AIシステムにおけるリスク管理

MS-1.3	AIを用いたシステムの開発業務に直接関与していない内部の専門家や独立した評価者が、定期的な評価や更新に関与する。専門家、ユーザー、開発または展開するチームに所属していないAIアクター、影響を受けるコミュニティに、組織のリスク許容度に従って、評価支援のために必要に応じ助言を求める

　現在のところ、一般にAIを用いたシステムは脆く、故障モードが十分に説明できず、開発時のアプリケーションコンテキストへの依存度が高く、訓練データに含まれないアプリケーションコンテキストに対してはうまく機能しないことがあります。

　したがって、継続的に監視することに加えて、稼働する現場で影響を評価することがリスク管理活動の基本となります。例えば、潜在的に大きなコストが発生する可能性のある障害に焦点を当てて測定を行うことが重要です。また、自組織のAIを用いたシステムがどのように使用されているかについて、影響を受けるコミュニティからフィードバックを得ることにより、しっかりと目的をもった評価にすることも重要です。

■具体的なリスク管理へ向けて

- 統治（4.2節）のGV-2.1・GV-4.1で設立する個別のテストチームを利用して、AIを用いたシステムに対して独立した判断や軌道修正を可能にしていますか？ また、判断や軌道修正のプロセスを追跡し、性能の変化を測定して文書化していますか？

- AIにかかわるライフサイクルの初期段階から継続的に、エンドユーザーと一緒にAIを用いたシステムのプロトタイプを計画し、評価していますか？ また、テストのたびに結果を文書化し、その結果に応じて軌道修正していますか？

- TEVVおよび監査に携わるAIアクターの独立性と地位を評価し、評価・適合性・フィードバックの各タスクを効果的に実行するために必要なレベルのリソースを確保していますか？

- 外部ステークホルダーからフィードバックを受ける仕組み、特に多様なグ

ループから情報を引き出し、評価して統合するプロセスに関する有効性を
評価していますか？

- 自組織のAIを用いたシステムの目標と目的を、ステークホルダーにどの程
  度伝えていますか？
- 自組織のAIを用いたシステムの出力によって影響を受けるユーザーまた
  は関係者は、どの程度AIを用いたシステムをあらかじめ評価してフィード
  バックできますか？
- AIを用いたシステムの使用によって影響を受けるエンドユーザー・消費
  者・規制当局・個人などの外部のステークホルダーは、AIを用いたシステ
  ムの設計、運用、制限についてどのような種類の情報にアクセスできます
  か？
- レッドチームによる演習における一連の活動を定義し、必要な文書を作成
  していますか？
- 独立した監査、レッドチーム、影響評価その他のフィードバックプロセス
  は、専門知識をもち、アプリケーションコンテキストに精通したAIアク
  ター、あるいは関連の人々を代表する関係者と討議したうえで実施してい
  ますか？

MS-2

AIを用いたシステムをトラストワージネスをもつAIを用いたシステムが備える特性
（3.2.1項）について評価する

MS-2.1
TEVV中で使用する評価データセット・評価指標・ツールの詳細
を文書化する

　自組織のAIを用いたシステムの測定アプローチ、評価データセット、評価
指標、使用するプロセスと資料および関連する詳細を文書化することが、有
効で信頼性の高い測定プロセスを構築するための基盤となります。文書化に
よって再現性と一貫性を実現し、AIにかかわるリスク管理における意思決定

第4章　AIシステムにおけるリスク管理

を強化できます。

■具体的なリスク管理へ向けて

- 業界の既存のベストプラクティスを活用し、自組織のAIを用いたシステムについて測定によって透明性を確保し、文書化していますか？
- 使用する測定アプローチ・評価データセット・評価指標・プロセス・資料を文書化するために用いるツールの有効性を、定期的に評価していますか？
- 自組織のAIを用いたシステムの目的を踏まえ、出力結果が正確でバイアスがなく、説明可能な状態であるかなどを確認するための、適切な測定間隔はどのくらいですか？
- 自組織のAIを用いたシステムの開発・評価方法・評価指標・性能の結果を、どの程度文書化していますか？

MS-2.2	人間を対象とした評価は、被験者の保護を含む適用要件を満たし、および関連する集団を代表する

　AIを用いたシステムの測定と評価には、多くの場合、被験者によるテストや、被験者から取得したデータを使用します。したがって、被験者保護のための標準的な手順として、被験者の福祉と利益の保護、被験者へのリスクを最小限に抑えるための評価方法の設計、法的要件の遵守と必要な訓練が評価者に対して求められます。

　被験者または被験者データを利用するAIを用いたシステムの性能評価では、アプリケーションコンテキストが想定するユーザー分布に相当する人々に対してテストを行う必要があります。アプリケーションコンテキストの分布を代表しないデータに基づいたAIを用いたシステムは、不正確な評価やネガティブで有害な結果につながる可能性があります。しかし、多くの場合、AIを用いたシステムの運用範囲全体を反映したデータ収集や評価の実行は困難であり、時には不可能なこともあります。これらのデータ収集、収集データへのアノテーション付与だけでなく、それらデータの使用にあたっての制限も、この課

題の一因となることがあります。

■ **具体的なリスク管理へ向けて**

- ユーザーまたはデータ収集対象者について、意図するアプリケーションコンテキストでの母集団と実際の母集団の違いを分析していますか？
- 自組織のAIを用いたシステムを使用するアプリケーションコンテキストに関する知識をもつ専門家と緊密に連携して、評価データセットを構築していますか？
- データセットとその使用（データとして収集対象となる被験者を含む）に関連する知的財産権に従い、プライバシーに配慮していますか？
- 自組織の確立した手順は、AIを用いたシステムから生じるバイアスや不公平、その他懸念を軽減するのにどの程度効果的ですか？
- データセットに内在する潜在的なバイアスをどの程度特定し、軽減していますか？
- 人間によるテストを実施するにあたって、収集したデータセットを何に使用するかを説明し、同意を得ましたか？ また、将来的に、あるいは特定の用途で同意を取り消す仕組みを提供していますか？
- 自組織のAIを用いたシステムの開発や評価に被験者の協力を求める場合、安全性やウェルビーイングの確保に努めるためにどのような対策を講じましたか？
- 訓練データに存在するバイアスを特定し、データ可視化などの利用可能なツールを活用して、システム下流での影響を軽減していますか？
- 匿名化や **差分プライバシー**【用語】[33] などの技術を用いて、AIが生成するコンテンツが個人へリンクしてしまうリスクを最小化していますか？
- 外部からの精査が可能となるよう、評価に使用するアルゴリズム・パラメー

差分プライバシー（differential privacy）
ある人のデータを含むデータセットを用いたときの処理結果が、別の人のデータセットに置き換わったときの処理結果と区別できなければ、プライバシーが確保されているとする手法のことです。

277

第4章　AIシステムにおけるリスク管理

タ・方法論などを文書化し、説明責任と公平性の観点から検証できるように
にしていますか？

MS-2.3	AIを用いたシステムの性能や品質保証基準を質的または量的に測定し、運用環境に近い条件で実証する。測定結果を文書化する

　アプリケーションコンテキストをあまり深く理解しないまま、展開前の環境
でAIを用いたシステムのリスクや影響を含む性能を見積もるのは十分ではあ
りません。また、計算することで得られる性能テストと評価の結果に頼る方
法は、用いる評価データセットに依存しており、あくまでも計算結果に過ぎま
せん。すなわち、実際の環境におけるリスクと影響を直接評価するものではな
く、近いであろうと推察するアプリケーションコンテキストに基づいて、何が
影響をもたらす可能性があるかを予測することしかできません。リスクを適切
に管理するには、より直接的な情報が必要です。

■具体的なリスク管理へ向けて

- 影響を受ける可能性のあるコミュニティと、定期的かつ継続的な関与があ
りますか？
- 人口統計学的に多様で学際的、協力的な社内チームを維持していますか？
- ユーザーとのやり取りやユーザーインタフェースやユーザーエクスペリエン
スを担当するAIアクターと協力して、最適ではない条件下でAIを用いた
システムを定期的にテストし、評価していますか？
- 想定するシナリオと同様の条件で、自組織のAIを用いたシステムの測定を
展開前に行っていますか？
- 評価指標を測定する設定と、自組織のAIを用いたシステムの展開先の環
境との差異を文書化していますか？
- AIを用いたシステムの展開後において、目的やアプリケーションコンテキ
ストなどを考慮して採用した性能評価指標をどのように監視しますか？ ま
た、ベースラインとした性能からのシフトやモデルのドリフト（223ページ参

照）はどの程度許容できますか？

- 時間の経過とともに条件が変化しても、用いた訓練データは運用環境におけるデータの代表性をまだ満たしていますか？

- エラーや制限を特定するために、自組織のAIを用いたシステム上でどのようなテスト（敵対的テストやストレステストなど）を行ってきましたか？

- 有害あるいは不快な生成コンテンツの報告率を測定する評価指標を、現場での評価に含めていますか？

- AIを用いたシステムの性能指標を、人種・年齢・性別・民族性・地域などに細分化し、適切な粒度で評価するようにしていますか？

MS-2.4	位置付け（4.3節）で特定したAIを用いたシステムと、そのコンポーネントの機能と動作を、運用中に監視する

　AIを用いたシステムの場合、時間の経過とともに環境は変化しうるために、AIを用いたシステムは稼働中に新しい問題やリスクに遭遇する可能性があります。この影響は**ドリフト**（drift）と呼ばれ、AIを用いたシステムが当初の設計の前提や制限を満たさなくなることを意味します。これを防ぐために、定期的な監視により、AIアクターは、位置付け（4.3節）で特定したAIを用いたシステムとそのコンポーネントの機能と動作を監視し、必要な介入の速度とその有効性を高めるよう努めます。

■具体的なリスク管理へ向けて

- 自組織のAIを用いたシステムの運用環境で監視対象とする評価指標と性能指標が、展開前のテスト中に収集した同一の評価指標とどのように異なるかを観察し、文書化していますか？

- 新しい入力データの分布や、運用環境における出力が、展開前の評価結果と異なる場合、または異常が検出された場合に、警報が出るように設定していますか？

- 予期しないデータの処理や生成された出力の信頼性を追跡するために、人間によるレビューを活用していますか？また、出力が信頼できない可能性がある場合に、ユーザーに警報が出るようにしていますか？
- 自組織のAIを用いたシステムを、組織のポリシー・規制・規律上の要件に従って評価および監視を行うために、運用環境に基づいてユースケースをまとめていますか？
- 各コンポーネントの出力は、アプリケーションコンテキストにおいてどの程度適切ですか？
- AIを用いたシステムを展開した後、出力の精度などの評価指標をどのように監視していますか？
- 時間の経過に伴って条件が変化しても、訓練データは運用環境をまだ代表していますか？

MS-2.5	展開するAIを用いたシステムが、妥当で信頼できること（3.2.1項の（1））を実証する。技術開発時における条件以上に、一般化が可能な限界を文書化する

　妥当で信頼できることを検証していない、または検証に失敗したAIを用いたシステムは、不正確で信頼できず、訓練データの条件を超えるような汎化が不十分であり、AIにかかわるリスクを生じさせ、あるいは増大させ、トラストワージネスをもつAIを用いたシステムが備える特性（3.2.1項）を劣化させる可能性があります。しかし、AIアクターが、システムの限界を探り文書化するためのプロセスを構築しておくことで、AIを用いたシステムの設計の妥当性をあらかじめ明らかにすることができます。このプロセスには、AIを用いたシステムの設計の対象外である目的や用途なども広く検討することが含まれます。

　また、リスクの検証にあたっては、直接観察できない、あるいは測定できない公平性、新しく雇用を得るにあたっての容易さ、誠実さ、罪を犯す傾向などを計測可能とするために、代替となる評価指標を使用することがあります。こ

のとき、代替の評価指標が正しく傾向や概念を測定することに確かにつながっていることを実証する必要があります。

■具体的なリスク管理へ向けて

- AIを用いたシステムが妥当で信頼できることを検証するための運用条件と、社会技術的なアプリケーションコンテキストを定義していますか？
- 自組織のAIを用いたシステムの運用条件と制限を確立するためのプロセスを定義し文書化していますか？
- AIを用いたシステムの妥当性を測定するためのアプローチを確立または特定し、文書化していますか？
  - 構成概念の妥当性（測定対象とする概念を確かに測定していることが実証できること）
  - 内部妥当性（独立変数以外の要因や変数の影響を受けていないこと／交絡がないこと）
  - 外部妥当性（訓練データの条件を超えて一般化可能であること）
  - 利用する実験計画の原則・統計分析・モデリング
- AIを用いたシステムの頑健性や信頼性確保のための対策を確立または特定し、文書化していますか？
- 想定する運用環境とは異なるテストシナリオなどで、AIを用いたシステムの限界を調査するためのTEVVアプローチを特定していますか？
- 警報が出た後の、例えばほかのAIアクターに連絡するなどの対策を定義していますか？
- 明示した有効範囲を超えて自組織のAIを用いたシステムを使用する場合、入力データや関連するシステム構成情報をログへと必ず記録していますか？
- 不公平または差別的な出力結果などの訓練データに由来するバイアスの潜在的な影響をどのように特定し、軽減していますか？
- 自組織の確立した手順は、自組織のAIを用いたシステムで生じるバイアスや不公平、その他懸念を軽減するのにどの程度効果的ですか？

第4章　AIシステムにおけるリスク管理

- 狭い範囲での体系的でない評価、あるいはあまり知られておらず裏付けの乏しい評価で、生成AIを用いたシステムの性能や能力を推定することを避けていますか？
- 生成AIを用いたシステムが妥当で信頼できる最低限の性能基準を満足することを評価するために、評価指標や重要業績評価指標（KPI）を設定していますか？

> **MS-2.6**
>
> AIを用いたシステムが安全であること（3.2.1項の（2））を確認するため、位置付け（4.3節）で特定した安全性にかかわるリスクに対して定期的に評価する。展開するAIを用いたシステムは安全で、残存するネガティブなリスクは許容範囲を超えず、特にその知見の限界を超えて運用した場合には安全に機能を停止できることを実証する。ここで、安全性の指標には、システムの信頼性・頑健性・リアルタイムの監視に加え、故障からの復旧時間を含む

　すでにAIを用いたシステムが輸送・製造からセキュリティにいたるまで数多く導入されていることから、ひとたびそれらに障害が発生するとさまざまな物理的あるいは環境への損害につながるおそれがあります。特に、人命・健康・財産・環境を危険にさらすおそれのあるAIを用いたシステムは、導入前に徹底的に評価し、その後も定期的に評価することで、通常の運用中だけではなく、想定する用途や知見の限界を超える環境においても安全性が保たれます。

　このような安全性に関する測定は通常、過去と同様の失敗の予防、インシデント対応計画の確立とリハーサル、障害を回避するための冗長化、透明で説明責任のあるガバナンスなど、ほかの統治（4.2節）、位置付け（4.3節）、管理（4.5節）とともに実施します。実際、安全性にかかわるインシデントや障害の発生は、組織の変遷や文化に関連することが指摘されています。また独立した第三者による監査は、重要な視点をもたらします。

4.4 測定機能

■具体的なリスク管理へ向けて

- 開発中、あるいは展開後のアプリケーションコンテキスト、およびストレス条件下でのAIを用いたシステムの性能を徹底的に測定していますか？

- AIを用いたシステムの性能をリアルタイムで測定および監視していますか？また、インシデントを検出した場合には、迅速な対応が可能ですか？

- 自組織のAIを用いたシステムに影響を受けるコミュニティとの情報共有のため、あるいは監査担当者の要求に応じて、アプリケーションコンテキスト外での性能・インシデント対応時間・停止時間・負傷者などの関連する安全統計情報を収集していますか？

- AIを用いたシステムについて、継続的改善の目標に合わせて測定を行っていますか？ また、運用環境でのテストや事象に応じて、安全に機能停止できる条件範囲を拡大していますか？

- 安全に関するテストおよび監視で得られる情報を文書化し、組織として確立したリスク許容度と継続的に比較していますか？

- 自組織のAIを用いたシステムの開発、評価方法、評価指標および性能評価の結果を、どの程度文書化していますか？

- 自組織のAIを用いたシステムの監査適合性を促進する仕組みを確立していますか？

- 自組織のAIを用いたシステムは、独立した第三者による監査を受けていますか？

- 生成AIの訓練データに含まれる情報に対し、知的財産権の侵害、プライバシーの侵害、わいせつ、過激、暴力、CBRNE（chemical・biological・radiological・nuclear・explosive／化学・生物・放射性物質・核・爆発物）やその他有害性などのレベルを評価していますか？

- 生成AIを用いたシステムを迅速に制限・一時停止・更新・終了する機能を検証していますか？

第4章　AIシステムにおけるリスク管理

MS-2.7	位置付け（4.3節）が特定したAIを用いたシステムが堅牢で強靭であること（3.2.1項の（3））を評価し、文書化する

　一般的な堅牢性に対する懸念は3.2.2項で説明したように、敵対的な攻撃、データポイズニング、訓練データやその他知的財産の流出などに関連します。不正アクセスや不正使用を防止する保護メカニズムを備え、機密性・完全性・可用性あるいはプライバシーの保全が維持できるAIを用いたシステムは堅牢といえます。

　また、AIを用いたシステムやAIを用いたシステムが導入されるエコシステムが、予期せぬ有害な事象や環境・用途の予期せぬ変化に耐えられる場合、あるいは内外の変化に直面してもその機能や構造を維持し必要に応じて安全かつ円滑に縮小できる場合に、強靭といえます。

■具体的なリスク管理へ向けて

- 自組織のAIを用いたシステムの頑健性評価と評価指標（レッドチームによる演習、異常イベントの頻度と割合、システムの停止時間、インシデント対応時間、AI機能を一時回避するための時間など）を確立し、追跡していますか？

- レッドチームによる演習を活用して、敵対的な、あるいはストレス条件下で自組織のAIを用いたシステムを積極的に評価し、システム応答を測定し、故障モードを評価し、予期しない有害事象の後に通常の機能に戻ることができるかを判断していますか？

- さまざまな対策を講じることによって、自組織のAIを用いたシステムが通常の機能へと復帰できる条件範囲の拡大を図っていますか？

- 他の組織のAIアクターとの情報共有により、共通の攻撃への対策を行っていますか？

- 自組織のAIを用いたシステムにかかわるサードパーティのAIに関するリソース、職員がセキュリティ監査や審査を受けていることなどを確認していますか？　ここで、リスク指標として、堅牢性に関する情報をサードパーティ

が提供しない場合も含めます

- 自組織のAIを用いたシステムに関連するデータのセキュリティとプライバシーへの影響について、どのような評価を実施しましたか？

- 自組織のAIを用いたシステムにかかわるサードパーティがAIモデルを開発している場合、説明可能性や解釈可能性のレベルをどのように確保していますか？

- 自組織のAIを用いたシステムにかかわるデータの出所・アクセス制御・インシデント対応手順に関連する文書の完全性を評価していますか？ 特に、生成AIを用いたシステムが生成するコンテンツの出所に関連する文書は、関連する規制や標準に準拠していることを検証していますか？

- 自組織のAIを用いたシステムが生成したコンテンツに対する満足度・信憑性に関するユーザーの認識を調査していますか？ また、ユーザーからのフィードバックを分析し、コンテンツの出所に関する懸念や、ユーザーのリテラシーレベルを特定していますか？

- ファインチューニングが、安全性や頑健性に関する対策を損なっていないことを確認していますか？

MS-2.8	位置付け（4.3節）が特定した説明責任と透明性があること（3.2.1 項の（4））に関連するリスクを検討し、文書化する

透明性を確保することで、AIを用いたシステムに対するパイプライン・ワークフロー・プロセスあるいは組織全体を可視化するとともに、AI開発者（198 ページ）とオペレータ、その他AIアクターや影響を受けるコミュニティとの間に存在する情報の非対称性を減少させることができます。

透明性はAIにかかわるリスク管理を有効に働かせるための中心的な特性であり、これによってAIを用いたシステムがどのように機能するかを洞察し、リスク発生時に十分な対処が可能になります。ユーザー・個人または影響を受けるコミュニティが、不正確または問題のあるAIを用いたシステムの結果に対し是正要求できるようにすることは、透明性と説明責任を向上させるため

に有効な管理策の1つです。

透明性が欠如すると、トラストワージネスの測定、あるいは、バイアスや設計における盲点の影響の測定が複雑になり、ユーザー・組織・コミュニティからの信頼が低下し、ひいてはAIを用いたシステム全体のトラストワージネス低下につながる可能性があります。

つまり、AIを用いたシステムのリスクを文書化し、説明責任を果たす透明性のある組織を確立することで、システム改善とリスク管理への取り組みが可能となり、ライフサイクルの中でAIアクターがエラーを特定して改善を提案し、AIを用いたシステムの機能と結果をアプリケーションコンテキスト中に位置付け、さらに一般化していく新しい方法を見出すことが可能になります。

■具体的なリスク管理へ向けて

- 自組織のAIを用いたシステムは、測定と追跡が可能ですか？ そのために、履歴、監査ログを保持し、および、AIアクターがエラー、バイアスまたは脆弱性の原因と考えられるその他情報を維持していますか？
- ユーザーとのやり取り、ユーザーインタフェース、ユーザーエクスペリエンス、および、ヒューマンコンピュータインタラクション、人とAIのチーミングについて、専門家と緊密に連携し、ユーザーが制御できる機能を調整していますか？
- 自組織のAIを用いたシステムに対する人間による監督を測定して文書化していますか？ 例えば、出力に関し、特定のAIアクターが提供する監督の程度を文書化する、報告されたエラーや苦情・対応時間・対応の種類に関する統計情報を管理・文書化するなどを行っていますか？
- AIにかかわるリスク管理について、自組織の仕組みが有効であるか、以下を追跡・監督していますか？
  - AIアクター・経営幹部・ユーザー・影響を受けるコミュニティ間の情報の伝達経路
  - AIアクターと経営幹部の役割と責任
  - 自組織の説明責任の担当者（例えば、AIモデルのリスクに関する最高責

任者、AI監視委員会、システムの管理者、AIにかかわる倫理的考慮事項の責任者など）

- AIにかかわるライフサイクルのすべての段階における倫理的考慮事項の責任者は誰ですか？
- AIにかかわるガバナンスのプロセスに関与する各AIアクターの責任を明確に定義していますか？
- 生成AIを用いたシステムから出力される有害な、あるいは誤った結果を不服とする手続きの有効性や利用のしやすさを測定していますか？
- 解釈可能な機械学習技術を活用し、自組織のAIを用いたシステムのプロセスと結果をより透明化し、意思決定の仕組みを理解しやすくなるよう努めていますか？
- 自組織のAIを用いたシステムのユーザーインタフェースにおけるフィードバック機能の適切性を評価していますか？

MS-2.9 AIモデルを説明・検証・文書化し、責任ある使用とガバナンスを満たすよう、位置付け（4.3節）が特定したアプリケーションコンテキストでAIを用いたシステムの出力を解釈する

　説明可能で解釈可能であること（3.2.1項の（5））によって、AIを用いたシステムを運用・監督する人々およびそのユーザーは、システムの出力を含む機能と信頼性に関して深い洞察を得ることができます。

　説明可能で解釈可能なAIを用いたシステムは、エンドユーザーにその目的と潜在的な影響を理解するのに役立つ情報を提供します。また、説明可能性が欠如することによるリスクは、役割・知識・スキルレベルなどの個人差に合わせて、AIを用いたシステムがどのように機能するかをユーザーに説明することで管理できます。さらに、説明可能なシステムであれば、デバッグおよび監督が簡単であり、より徹底した文書化・監査・ガバナンスが可能になります。

　また、解釈可能性に対するリスクは多くの場合、AIを用いたシステムがある特定の予測または推奨を行った理由を説明することで対処できます。

このように、透明性・説明可能性・解釈可能性は、互いに支え合う特性です。簡単にいえば、透明性とは「何が起こったのか」です。説明可能性とはシステム内での決定が「どのように行われたか」です。解釈可能性はシステムによって「なぜ決定されたか」、あるいはその意味やアプリケーションコンテキストをユーザーに回答することです。

■具体的なリスク管理へ向けて

- 自組織のAIを用いたシステムの展開前に、その目的と潜在的な影響の説明の方法や結果の説明をテストし、関連するAIアクターやエンドユーザー、影響を受ける可能性のある個人またはグループから、説明が正確で理解しやすいかに関するフィードバックを得ていますか？
- AIモデルの仕様を文書化していますか？ また、文書化する内容には、AIモデルの種類、利用したデータの特徴、訓練アルゴリズム、提案する用途、決定したしきい値、訓練データセット、評価データセット、倫理にかかわる考慮事項などを含んでいますか？
- アプリケーションコンテキストに関連する人口統計グループやその他のセグメントにわたるAIを用いたシステムの性能とエラーの評価指標を確立し、文書化して報告していますか？
- 視覚化、AIモデルからの抽出、利用する特徴量の重要度など、さまざまな方法によってAIを用いたシステムを説明していますか？ また、説明が複雑なシステムを正確に要約していない可能性を考慮して、忠実度・一貫性・頑健性・解釈可能性などの特性に従ってこの説明を評価していますか？
- 自組織のAIを用いたシステムに対する説明の品質を、エンドユーザーや他のグループで評価していますか？
- 自組織のAIを用いたシステムの目的を考慮するとき、システムがどのように判断したかについてどの程度の説明可能性や解釈可能性が必要か検討していますか？
- データソース・起源・変換・拡張・ラベル・依存関係・制約・メタデータなど、自組織のAIを用いたシステムのデータ来歴をどのように文書化してい

ますか？

- 用いる説明の手法が適切に調整されているか、どの程度頑健であるかを検証し、その前提と限界を文書化していますか？

MS-2.10 位置付け（4.3節）で特定したAIを用いたシステムのプライバシーに関連するリスク（3.2.1項の（6））を調査し、文書化する

　プライバシーとは一般的に、人間の自律性・自己像の同一性と尊厳を保護するための規範と慣行を指します。これらの規範と慣行により、他人に知られたくない個人の秘密にしたい情報、他人の干渉からの各個人の私生活上の自由を守ることができます。

　一般的に、匿名性・機密性・制御性などと表現されるプライバシーの価値は、AIを用いたシステムの設計・開発・展開において考慮する必要があります。プライバシー関連のリスクは、AIを用いたシステムの堅牢性・バイアス・透明性に影響を与え、またほかのトラストワージネスをもつAIを用いたシステムが備える特性（3.2.1項）との間でトレードオフを伴うことがあります。さらに、AIを用いたシステムがもつ特定の技術的特徴によってプライバシーの配慮が促進あるいは低下することがあります。また、個人に関する非公開の情報からAIを用いるシステムによって個人が特定できるようになることで、プライバシーに新たなリスクがもたらされる可能性があります。

　この対策として、AI用のプライバシー強化技術（PET：Privacy Enhanced Technologies）や、特定のモデル出力の匿名化や集計などのデータ最小化手法は有効である一方で、データがまばらな特定条件下では出力精度の低下を招き、特定領域における公平性やその他価値に関する決定に影響が及ぶおそれがあります。

■具体的なリスク管理へ向けて

- エンドユーザーや、影響を受ける可能性のあるグループやコミュニティとの直接的なかかわりを通じ、アプリケーションコンテキストに適用可能なプ

ライバシーに関連するポリシー・フレームワークなどを決定していますか？
- k-匿名性・l-多様性・t-近接性【用語】など、データのプライバシーの配慮のレベルを定量化していますか？
- 一般的なプライバシーへの配慮および自組織のデータのガバナンスポリシーに従って、個人の機密情報を含む訓練または運用時のデータのプロトコル（承認、期間、タイプ）とアクセス制御の方法を確立し、文書化していますか？
- データセットの情報を共有する場合、差分プライバシーなどのプライバシー強化手法を使用していますか？
- データの管理と保護において個人情報保護法やOECDプライバシー原則などの法律やガイドラインに準拠する手順を導入していますか？
- 自組織のAIを用いたシステムに関連するデータのセキュリティとプライバシーへの影響について、どのような評価を実施していますか？
- データセットには、個人を特定可能な情報など、機密または機密と見なされる可能性のある情報が含まれていますか？
- データセットが人間に関係している場合、有害、または法的に課題があるか検証していますか？　そのおそれがある場合、軽減するための措置をとっていますか？
- ヘルスケア・金融・刑事司法などの領域において、他のAIアクター・専門家などと協力し、生成AIを用いたシステムとそのコンテンツの来歴に関連するプライバシーへの影響を評価していますか？
- ユーザーに、ユーザー自身にかかわるデータが自組織の生成AIを用いたシステムでどのように利用されているかを説明していますか？　また、自組織の生成AIを用いたシステムのコンテンツの出所を説明して、ユーザー自

用語

k-匿名性・l-多様性・t-近接性（k-anonymity、l-diversity、t-closeness）
いずれもプライバシーへの配慮の度合いを測る指標です。訓練データから個人IDを削除するだけでは十分でない場合があり、これらの指標で配慮の度合いを測ります。例えばk-匿名性とは「同一の属性をもつ人がデータ中にk人存在する（すなわち、一意に絞ることができない）」状態を指します。その他の指標については文献 [33] を参照してください。

4.4 測定機能

身にかかわるデータが正しく管理されていることを説明し、同意を得ていますか？

MS-2.11	位置付け（4.3節）で特定した「公平性とバイアス」（3.2.1 項の (7)）を評価し、結果を文書化する

　AIを用いたシステムの出力する内容には、有害なバイアスや差別などの平等と公平性にかかわる懸念事項が含まれる可能性があります。一方、公平性の認識は文化によっても異なり、また、アプリケーションによっても変わる可能性があるため、公平性について基準を定めることは困難です。逆に、このような公平性への認識の違いを考慮することで、リスク管理への取り組みが強化されます。

　ただし、有害なバイアスが軽減されているシステムが、必ずしも公平であるとはいえません。例えば、人口統計学的グループ間で精度がある程度バランスがとれているシステムであっても、障がい者やデジタルデバイドは依然としてアクセスしづらい、むしろ既存の格差や制度的なバイアスが悪化している場合があります。バイアスの影響は、人口動態のバランスやデータの代表性よりも広い範囲に及ぶと考えられ、偏見や差別の意図がない場合にも発生しうることに注意が必要です（3.2.1 項の (7)）。

　このようなバイアスはさまざまな形で存在し、私たちの生活に関する意思決定を支援する AI を用いたシステムに根付いてしまうおそれがあります。バイアス自体は必ずしもネガティブな現象ではありませんが、AI を用いたシステムはバイアスが伝達されるスピードと規模を高める傾向があり、個人・グループ・コミュニティ・組織・社会に対するバイアスの影響を永続的とし、増幅させるおそれがあります。

第4章　AIシステムにおけるリスク管理

■具体的なリスク管理へ向けて

- 自組織のAIを用いたシステムが及ぼす危害の種類と、危害を受けるグループ等を特定し、適切な公平性を評価指標として設定して評価・分析することで、計算論的あるいは統計的なバイアスを管理していますか？

- 潜在的に自組織のAIを用いたシステムによって影響を受けるコミュニティと直接的に関与することで、影響を受ける可能性のある個人・グループまたは環境生態系を特定していますか？

- AIを用いたシステムに対するバイアステストにおいて障がい者を考慮しているか、障がい者には使いにくい設計となっていないか、システム展開から生じる可能性のある差別的な選別プロセスの中で障がい者を除外してしまっていないかなどをテストして評価していますか？

- 自組織のアプリケーションコンテキストに固有の公平性にかかわる評価指標を導入し、グループ間・グループ内・交差するグループ間でAIを用いたシステムの性能がどのように異なるかを調査していますか？

- 公平性に関する評価指標を特定のアプリケーションコンテキストに合わせてカスタマイズし、AIを用いたシステムの性能と潜在的なバイアスがそのアプリケーションコンテキスト内でどのように変化するかを調査していますか？

- 自組織のAIを用いたシステムの不均衡のレベルが許容範囲を超えた場合にとるべき措置を定めていますか？

- 特定のアプリケーションコンテキストに知見をもつ専門家により、自組織のAIを用いたシステムのもつバイアスの根本原因を特定していますか？

- 自組織のAIを用いたシステムの出力を監視し、許容範囲を超える結果やバイアスを検出していますか？

- 定期的なAIモデルの更新にあたり、より代表的である訓練・検証・評価データに更新してテストおよび再調整し、バイアスが許容範囲に収まることを確認していますか？

- 人口統計のバランスとデータの代表性に関連する要因に対処するために、前処理で訓練データを適切に変換していますか？

4.4 測定機能

- 公平性をAIモデルの設計と訓練の過程に組み込んだ**インプロセッシング手法**【用語】[35]を適用し、AIモデルの性能とバイアスへの対処のバランスをとっていますか？
- 影響の評価者、社会技術の専門家、および、アプリケーションコンテキストに関する専門知識をもつその他AIアクターと緊密に連携し、AIモデルの結果のバイアスを軽減する後処理である数学的・計算論的手法を適用していますか？
- バイアス管理やその他トラストワージネスをもつAIを用いたシステムが備える特性（3.2.1項）を考慮して、AIモデルを選択していますか？
- 人間中心設計（HCD）の手法を活用し、社会的影響に深く焦点を当ててAIにかかわるライフサイクルにおける人間の認知バイアスに対応していますか？
- ヒューマンファクターの専門家と協力して、エンドユーザー・オペレータ・実務者に出力を提示する際のバイアスを評価していますか？
- 自組織の確立した手順は、AIを用いたシステムから生じるバイアスおよび不公平、その他懸念を軽減するのにどの程度効果的ですか？
- 人間の認知バイアスの潜在的な原因を特定し、暗黙に行われる意思決定をより明確にして調査対象とするために、AIにかかわるライフサイクルに沿って自組織の手順や方法を評価していますか？
- AIモデルが真のデータ分布から逸脱していくモデル崩壊の懸念を軽減するために、訓練データが生成AIの生成したような一様性の高いデータではないことを確認していますか？

用語

インプロセッシング手法（in-processing method）
処理の過程で対策を施す手法のことです。例えば、AIモデルの訓練の際に、公平性をペナルティ項として追加するといった明示的な手法や、データ表現からバイアス成分を除去する暗黙的な手法を指します。

293

第4章　AIシステムにおけるリスク管理

MS-2.12	位置付け（4.3節）で特定したAIモデルの訓練および管理活動に対し、地球環境への影響と持続可能性を評価し、文書化する

　AIモデルの学習や使用に必要な大規模で高性能な計算リソースは、地球環境の負荷が増大する一因になります。例えば直接的なものとして、エネルギーや水の消費・温室効果ガスの排出量の増大に関連しています。OECDはそのような影響について、対象となる分野ごとに指標を設けています[36]。

　また、間接的な地球環境へのネガティブな影響としては、人間の行動・社会経済システムおよびそれらの相互作用の複雑さを反映し、消費と効率の向上が人々の行動変容によって相殺されるという、リバウンド効果が発生するおそれがあります。

　その他の環境への影響としては、原材料の採掘や抽出などを含む計算機器やネットワーク機器の生産、ハードウェアの輸送、電子廃棄物のリサイクルや廃棄などもあります。

■具体的なリスク管理へ向けて

- 自組織のAIを用いたシステムの設計・開発計画に、さまざまなリソースの消費量削減や効率化などの環境影響指標を盛り込んでいますか？
- 自組織のポリシーや規制に対するコンプライアンス・法制度・環境保護と持続可能性の規範に従い、持続可能なAIを用いたシステムを運用するための測定可能な基準を確立していますか？
- 自組織のAIを用いたシステムのリソースの消費量および効率、温室効果ガス排出量の許容レベルを定め、評価指標が許容レベルを超えた場合にとるべき措置を確立していますか？
- 自組織のAIを用いたシステムの上流・下流における、環境への潜在的な影響について評価していますか？
- 自組織のAIを用いたシステムは、大気汚染や水質汚染、有毒物質の流出、火災、爆発などの環境事故を引き起こす可能性がありますか？

294

4.4　測定機能

| **MS-2.13** | 測定で使用するTEVV評価指標とプロセスの有効性を評価し、文書化する |

　評価指標の策定は客観的に行うことができると思われがちですが、これも人間と組織の主導による取り組みですから、暗黙的で制度的なバイアスが入り込んでしまい、対象とする機能とは無関係な要因を含むおそれがあります。例えば、過度な単純化、ごまかし、重要だが微妙な差異の欠如、予期せぬ方法での使用や依存、影響を受けるグループやアプリケーションコンテキストの違いに関する説明が困難などです。

　測定のMS-2.1からMS-2.12で選択した評価指標を、継続的な改善プロセスの中で再検討することは、AIアクターが評価基準の有効性を評価・文書化し、必要な軌道修正を行うのに役立ちます。

■具体的なリスク管理へ向けて

- 自組織のAIを用いたシステムの評価指標と関連するTEVVプロセスを確認し、エラーの特定と除去を含むシステムの改善活動を維持できるか判断していますか？
- 評価指標の有用性を定期的に評価し、過度に複雑な方法をとるかわりに記述的なアプローチの採用も検討していますか？
- 自組織で選択した評価指標が、エンドユーザーや影響を受けるコミュニティに受容されるかを確認していますか？
- 公表している自組織のAIを用いたシステムの目標と目的に対する進捗状況を、どの程度一貫して測定していますか？
- AIモデルが使用している訓練データの品質・正確性・信頼性・代表性の向上のために、どのような是正措置を講じていますか？
- AIモデルの出力は、社会から信頼を得て、公平であるための自組織の価値観や原則とどの程度一致していますか？

第4章　AIシステムにおけるリスク管理

MS-3

特定したAIにかかわるリスクを、長期にわたって追跡する仕組みを整備する

MS-3.1　アプリケーションコンテキストでの意図する性能と実際の性能などの比較に基づいて、AIにかかわるリスクを定期的に特定して追跡するためのアプローチ・人員・文書を整備する。ここで、AIにかかわるリスクには、すでに同定されているもの、予期していなかったもの、新たに生じるものを含む

　自組織のガバナンスのポリシーおよびAIアクターの役割と責任に従い、トラストワージネスをもつAIを用いたシステム（3.2.1項）の実現のために継続的な改善を図る文化を育み、手続きに従ってシステムを監視する必要があります。

　ただし、緊急または複雑なリスクについては、例外的に監視などの内部リスク管理手順を適応させなければならないかもしれません。

　AIを用いたシステムのエラー、インシデントや、ネガティブな影響を調査して対応するAIアクターを支援するために、文書化、リソースの確保、教育は重要です。

■具体的なリスク管理へ向けて

- 自組織のAIを用いたシステムに関するエンドユーザーとコミュニティからのフィードバックを、性能の測定結果と比較していますか？
- 自組織のAIを用いたシステムにかかわる緊急性のあるリスクを特定し、測定するための評価指標の有効性を評価していますか？
- 自組織のAIを用いたシステムにかかわるエラー応答時間を測定し、応答品質を評価・追跡していますか？
- エラーの原因を特定し診断するためのログと説明など、AIを用いたシステムの問題を十分解決するために必要な評価指標や説明、その他システム情報の種類について、ユーザーサポートを役割とするAIアクターからフィー

4.4 測定機能

ドバックを引き出して評価・追跡していますか？

- AIを用いたシステムの出力によって影響を受けるユーザーまたは関係者は、どの程度それを事前にテストしてフィードバックできるようにしていますか？

- エラーを特定するためのログを含め、AIを用いたシステムの性能測定のために、どのような評価指標を策定しましたか？

- 自組織のAIを用いたシステムで選択した評価指標は、どの程度まで正確で有用な尺度になっているか確認していますか？

- 自組織のAIを用いたシステムにかかわるサードパーティのデータや上流のシステムからの入力、またAIを用いたシステムの出力を直接的あるいは間接的に参照する下流のシステムの性能について、既知のユースケースと期待される性能の間で完全性を評価していますか？

MS-3.2	現在利用可能な測定技術ではAIにかかわるリスクの評価が困難な場合や、評価指標がまだ利用できない場合に、リスク追跡アプローチの導入を検討する

位置付け（4.3節）で特定したリスクの中には、現状では対応が困難なものや複雑なものが含まれることがあります。また、ある時点では存在していなくとも、時間の経過とともに顕在化する、あるいは従来からの方法では測定が困難なリスクもあります。このようなリスクの測定方法の検討を含め、リスク追跡の体系的な方法を、定期的な監視および改善プロセスの一部として確立することは重要です。

■具体的なリスク管理へ向けて

- 以下のような、現在のアプローチでは測定できない緊急性の高いリスクを追跡するプロセスを確立していますか？
  - 欠陥のあるAIを用いたシステムの出力に対する救済や賠償などの仕組み

第4章　AIシステムにおけるリスク管理

- バグを見つけた人への報奨金
- 人間中心設計によるアプローチ
- ユーザーと相互作用するユーザーエクスペリエンスの調査
- 影響下にある、あるいは影響を受ける可能性のある個人やコミュニティの参加の仕組み

- 緊急性の高いリスクをリスト化して、それらを追跡するAIアクターを特定していますか？
- リスク管理に必要なリソースの割り当てとそれによる改善状況の評価などで、複雑なリスクや測定が困難なリスクの発生率と重大度のレベルを決定し、文書化していますか？
- 自組織のAIを用いたシステムの出力に対して、最終的な責任者は誰ですか？ その責任者はAIを用いたシステムの意図する用途、評価や運用状況の限界を認識していますか？
- 自組織のAIを用いたシステムの目的を考えると、その精度やバイアス、説明可能性などを、どの程度の期間の間隔で確認するのが適切か評価していますか？
- 自組織のAIを用いたシステムがもはや倫理的な要件を満たしていないと考えられる場合、その懸念を受け入れ、必要に応じて問題を調査して修正する責任者は誰ですか？ その責任者は自組織のAIを用いたシステムの使用を変更、制限、または停止する権限をもちますか？

MS-3.3　エンドユーザーや影響を受けるコミュニティが問題を報告し、AIを用いたシステムの結果へ異議を申し立てるフィードバックプロセスを確立し、評価指標に統合する

　AIを用いたシステムの影響の評価は双方向の作業となります。つまり、出力とその影響は、AIにかかわるライフサイクルの開発・展開の段階ではAIアクターからはみえない、あるいは認識できない場合があります。

　したがって、エンドユーザーや影響を受けるグループの協力を得て、出力に

ついての直接的なフィードバックを取得する必要があります。

このサブカテゴリーの評価指標と分析結果は、管理（4.5節）のMG-4.1・MG-4.2へと送られます。

■具体的なリスク管理へ向けて

- エンドユーザーとオペレータからエラーの報告を受けるプロセスの有効性を測定していますか？
- エンドユーザーへの自組織の対応の種類と割合を分類し、分析していますか？
- エンドユーザーと関係するコミュニティのフィードバックを、各分野の専門家と緊密に連携して分析していますか？
- 自組織のAIを用いたシステムの出力によって影響を受けるユーザーまたは関係者は、どの程度フィードバックできますか？
- エンドユーザー・消費者・規制当局に加え、自組織のAIを用いたシステムの使用によって影響を受ける個人などの外部のステークホルダーは、設計・運用・制限に関する情報にどの程度アクセスできますか？
- AIモデルが生成したコンテンツが、社会的・経済的・文化的に与える影響について、評価を行っていますか？
- エンドユーザーは生成AIを用いたシステムが生成したコンテンツであることをどのように認識し、やり取りしているかを調査していますか？
- 生成したコンテンツの質・潜在的な偏見や関連するネガティブな影響を、独立したAIアクターが評価していますか？

第4章　AIシステムにおけるリスク管理

MS-4

測定の有効性に関するフィードバックを収集し、評価する

MS-4.1

AIにかかわるリスクを特定するための測定方法をアプリケーションコンテキストと関連付け、専門家やその他エンドユーザーとの討議から関連する情報を得る。また、その測定方法を文書化する

　TEVVタスクを実行する際に、アプリケーションコンテキスト中でのリスクと影響の評価が困難な場合があります。一方、多くの場合、エンドユーザーや、AIを用いたシステムの出力およびその後の決定によって影響を受ける可能性のある人々は、そのようなリスクと影響を最もよく理解しています。

　したがって、AIアクターは、統治（4.2節）のGV-5.1・GV-5.2で確立し、位置付け（4.3節）のMP-1.6・MP-5.1・MP-5.2で実施する参加型の関与プロセスを通じて、影響を受ける個人やコミュニティからフィードバックを引き出すことが重要です。

　測定によってAIアクターは、影響を受ける個人やコミュニティからのフィードバックを評価します。このとき、どのようなリスクが存在するかを洞察してよく理解するために、影響評価、ヒューマンファクター、ガバナンス、監視といったタスクを担当するほかのAIアクター、社会技術分野の専門家や研究者と緊密に連携する必要があります。さらに、評価結果を解釈するのに必要な幅広い専門知識を得るために、権利擁護団体や市民社会組織との協力を検討します。

　この種の分析に基づく洞察は、評価指標および関連する一連の活動方針に関するTEVVベースでの決定において重要です。

■具体的なリスク管理へ向けて

- 自組織のAIを用いたシステムに関して、専門家、オペレータ、実務者を含むエンドユーザーからのフィードバックを促進する仕組みがありますか？
- エンドユーザーからのフィードバックに基づいて、選択した評価指標や測定

方法が、組織やアプリケーションコンテキストとどのように相互作用するか
を調査していますか？

- 収集したエンドユーザーからのフィードバックと比較することで、自組織の
  AIを用いたシステムの測定プロセスを分析し文書化していますか？
- エンドユーザーからのフィードバックを引き出す手法の有効性と満足度を
  測定するためのアプローチを特定して実装し、結果を文書化していますか？
- ユーザーから使いやすさについてフィードバックを得て、ユーザーインタ
  フェースが意図する目的を果たしているかを評価していますか？
- 自組織の確立した手順は、AIを用いたシステムから生じるバイアスや不公
  平、その他懸念を軽減するのにどの程度効果的ですか？

MS-4.2	アプリケーションコンテキストとAIライフサイクル全体でのAIを用いたシステムのトラストワージネス（3.2.1項）に関する測定結果をもとに、専門家や関連するAIアクターから情報を入手することで、システムが意図どおりに一貫した動作を行っているかを検証して結果を文書化する

　関連するAIアクターから得たフィードバックを、測定のMS-2.5から
MS-2.11の出力と組み合わせて評価することで、AIを用いたシステムがトラ
ストワージネスをもつAIを用いたシステムが備える特性（3.2.1項）について、
事前に定めた制限内で実行されているかどうかを判断できます。このような
フィードバックは、意図した設定から外れた誤用や再利用の可能性を含む自
組織のAIを用いたシステムの性能に関する追加的な洞察につながります。

　この種の分析に基づく洞察は、評価指標および関連する一連の行動方針に
関するTEVVベースの決定において重要です。

■具体的なリスク管理へ向けて

- 自組織のAIを用いたシステムの出力が有効で信頼性が高く、説明可能で
  解釈可能であると見なされるかなど、自組織のAIを用いたシステムの性能
  に関するエンドユーザーの満足度とトラストワージネスに関するフィード

第4章　AIシステムにおけるリスク管理

バックを評価していますか？

- 自組織のAIを用いたシステムの出力が有効ではないと判断される頻度を測定し、結果を評価して文書化し、洞察の結果を継続的な改善プロセスにフィードバックしていますか？

- 影響評価、ヒューマンファクター、社会技術的タスクについてAIアクターとコミュニケーションをとり、結果の分析と解釈を支援していますか？

- 公表している目標と目的に対する進捗状況を、どの程度一貫して測定していますか？

- AIモデルの出力は、社会からの信頼を得て、公平性を育むための自組織の価値観や原則と、どの程度一致していますか？

- 自組織のAIを用いたシステムの目的に照らし、その出力結果についてどの程度の説明可能性や解釈可能性が必要か検証していますか？

- AIを用いたシステムの出力によって影響を受けるユーザーまたは関係者は、あらかじめ評価し、フィードバックを行うことができますか？

- 自組織のAIを用いたシステムが生成したコンテンツの出所を欺く、あるいは操作することを意図した入力に対する、生成AIを用いたシステムの応答を評価し、潜在的な誤用シナリオと意図しない出力を理解・対処するための敵対的なテストを実施していますか？

- 自組織のAIを用いたシステムが生成した有害あるいは低品質なコンテンツなどについて、ユーザーからのフィードバックを収集するわかりやすい仕組みが整備されていることを確認していますか？

MS-4.3	AIを用いたシステムの影響を受けるコミュニティを含めた関連するAIアクターとの議論に基づいて、測定可能な性能の向上または低下と、アプリケーションコンテキストに関連するリスクやトラストワージネスをもつAIを用いたシステムが備える特性（3.2.1項）についてのフィールドデータを特定し、文書化する

　AIを用いたシステムのライフサイクル全体を通じて実施するTEVV活動は、トラストワージネスをもつAIを用いたシステムが備える特性（3.2.1項）

の基準となる定量的指標を提供します。測定の MS-2.5 から MS-2.11 および MS-4.1、MS-4.2 の結果と組み合わせることで、TEVV 活動を担当する AI アクターは包括的にシステムの性能を維持できます。

　これらの測定は、影響を受ける可能性のあるコミュニティの参加や、ステークホルダーからの情報で強化できます。これらにより、AI アクターはシステムの構成要素と動作条件を調整して適応させ、システムの性能の改善を図ることができます。

■具体的なリスク管理へ向けて

- トラストワージネスをもつ AI を用いたシステムが備える特性の基準となる、定量的な評価指標を策定していますか？
- 定性的アプローチを利用し、影響評価・人的要因・社会技術に関する AI アクターと緊密に連携することで、定量的な基準の測定を強化・補完していますか？
- 感度分析【用語】[37] に関する決定を文書化し、自組織の AI を用いたシステムの性能および特定されたリスクに対し、予想される影響を記録していますか？
- 人口統計学的あるいは社会経済的なカテゴリーなど、規制に抵触する可能性があるセンシティブな変数を、AI モデルの学習において、どのように取捨選択していますか？
- 攻撃者が自組織の AI を用いたシステムを混乱させようとする、あるいは運用環境の変化によって正確性と精度が劣化した場合に、説明責任のある AI アクターはどのように対処しますか？

感度分析（sensitivity analysis）
説明変数の変化が出力にどのような影響を及ぼすかを、定量的に算出する手法のことです。

4.5 管理機能

　統治（4.2節）で定義したように、管理を定期的に実施し、位置付け（4.3節）、測定（4.4節）したリスクに対してリソースを割り当てます。ここで、リスクの対処には、AIを用いたシステムのインシデントや事象に対処してシステムを回復させるとともに、それらの情報を伝達する計画も含みます。

　統治で確立し、位置付けで収集した専門家の意見や、アプリケーションコンテキストにおいて関連するAIアクターから収集したフィードバックは、システムの故障やネガティブな影響が発生する可能性を低減させます。同様に、統治で確立して位置付けや測定で行った文書化は、AIにかかわるリスク管理の取り組みを強化し透明性と説明責任を向上させます。さらに、継続的に改善するための仕組みとともに、新たに生じるリスクを評価するプロセスを適切に実施することも大切です。

　この管理機能を実行することにより、リスクの優先順位付けと定期的な監視・改善の計画が整備されます。なお、手法やアプリケーションコンテキスト、リスクあるいは関連するAIアクターからの要求や期待は時とともに変化します。したがって、すでに展開済みのAIを用いたシステムに対しても管理を継続して適用することが重要です。

　管理機能には、4つのカテゴリーと13のサブカテゴリーがあります。**表4.4**に管理の4つのカテゴリーを示します。以下では、それぞれのサブカテゴリーを順に示すとともに、具体的なリスク管理への行動へ向けてのヒントを詳しく説明します。

表4.4　リスク管理における管理機能の4つのカテゴリー

カテゴリー	説明
MG-1	位置付け（4.3節）と測定（4.4節）機能の評価、およびその他分析結果に基づいてAIにかかわるリスクを優先順位付けし、対処して管理する
MG-2	AIを用いたシステムの便益を最大化し、ネガティブな影響を最小化する戦略を計画し、準備し、実施し、文書化し、また関連するAIアクターからの情報を取り入れる
MG-3	サードパーティのAIにかかわるリスクと便益を管理する
MG-4	対応と回復を含むリスクへの対処、および特定し測定したAIにかかわるリスクについての相互の情報交換の計画を文書化し、定期的に監視する

MG-1

位置付け（4.3節）と測定（4.4節）機能の評価、およびその他分析結果に基づいてAIにかかわるリスクを優先順位付けし、対処して管理する

MG-1.1　AIを用いたシステムが、意図する目的と定めた目標を達成していることを確認し、さらに開発や展開を進めるかを判断する

　AIを用いたシステムは、必ずしも適切なソリューションであるとは限りません。AIを用いたシステムのネガティブなリスクと便益を秩序立てて比較検討し、どのようなタスクや問題に対してであれば、適切なソリューションであるかの判断を下すことが重要です。

■具体的なリスク管理へ向けて

- 自組織のAIを用いたシステムのリスクを検討する際に、位置付け（4.3節）や測定（4.4節）におけるTEVVの結果を活用していますか？
- トラストワージネスをもつAIを用いたシステムが備える特性トラストワージネスをもつAIを用いたシステムが備える特性（3.2.1項)、ネガティブなリスクと便益とのトレードオフに関連する自組織のAIを用いたシステムの性能を、ライフサイクルを通して定期的に評価し、文書化していますか？

- 自組織のAIを用いたシステムの技術仕様と要件は、目標と目的とどのように整合していますか？
- 自組織のAIを用いたシステムの評価目標は、倫理上およびコンプライアンス上の考慮事項を含む目標・目的・制約とどの程度一致していますか？

MG-1.2 文書化したAIにかかわるリスクへの対処を、影響の大きさと発生する可能性、利用可能なリソースや方法に基づいて優先付けする

リスクとは、事象発生の可能性と、事象がもたらす結果の規模や程度の組み合わせである複合的な指標です。AIを用いたシステムはポジティブ、ネガティブあるいはその両方の結果を同時に出力することがあり、便益を得る機会とともにリスクをもたらします。

また、組織の**リスク許容度**は、既存の業界慣行、組織の価値観、法的または規制上の要件などによって決まります。一般に、リスク管理に費やせるリソースは限られていることから、通常、リスク許容度に基づいてリソースを割り当てます。より深刻と判断するリスクには、より多くの注意を払って監視するとともに、リソースを多く割り当てます。

■具体的なリスク管理へ向けて

- リスク許容度が低いAIシステムのリスクを監視するために、より多くの注意を払い、リスク軽減および管理にリソースを割り当てていますか？
- 自組織のAIを用いたシステムのリスク許容度とリソースの割り当て方法を文書化していますか？
- AIを用いたシステムのリスク許容度を定期的に確認し、監視や評価に基づく情報に従って必要に応じて再調整していますか？
- AIを用いたシステムに関連するデータのセキュリティとプライバシーへの影響について、どのような評価を実施しましたか？

4.5 管理機能

MG-1.3	位置付け（4.3節）が特定した優先順位が高いAIにかかわるリスクへの対処を策定して計画し、文書化する。ここで、リスク対処の選択肢には、軽減・移転・回避・受容などがある

　リスク許容度に基づいて特定した優先順位が高いリスクに対処して文書化するためには、統治（4.2節）のGV-1、位置付け（4.3節）のMP-5、および測定（4.4節）のMS-2の結果を使用します。このとき、組織、領域、分野ごとに確立したリスク基準・許容範囲およびその対応に関する既存の規制とガイドラインを参照します。そのほか、市場で受容されているリスク管理の手法や、情報共有と開示の慣行などに基づいてリスク対応計画を策定します。

■具体的なリスク管理へ向けて

- トラストワージネスをもつAIを用いたシステムが備える特性（3.2.1項）に関連するリスクへの対処手順を文書化していますか？
- 身体への安全性・法的責任・法規制の遵守などに加え、個人・グループ・社会などのネガティブな影響を受ける相手によって、リスクに優先順位を付けていますか？
- リスク対応計画と必要なリソース、組織化したチームを特定していますか？
- リスク管理とシステム関連の文書を、直接関係するAIアクターのほかにも、適切なAIアクターがアクセスできるように保管していますか？
- 自組織のAIを用いたシステムが関連する法律・規制・基準・ガイダンスに準拠することを定期的に確認し、システムを見直していますか？
- 自組織のAIを用いたシステムのかかわる法律や規制などを、どの程度調査し、文書化していますか？
- リスクの緩和あるいは移転を行った後の残存するリスクを文書化していますか？

307

第4章　AIシステムにおけるリスク管理

MG-1.4	AIを用いたシステムの出力を下流で取得するAIアクターやエンドユーザーに対するネガティブな残存リスク（すべての未軽減リスクの合計）を文書化する

　位置付け（4.3節）と管理のMG-1.3・MG-2.1で文書化したリスクの一部は、受容するか移転するかを選択できます。これらは**残存リスク**と呼ばれ、システム調達や運用などにかかわる下流のAIアクターに影響を与える可能性があります。

　したがって、残存するリスクを、透明性をもって監視・管理することで、費用便益分析やAIを用いたシステムの潜在的な価値とネガティブな影響の比較検討が可能になります。

■**具体的なリスク管理へ向けて**

- 受容・移転した、または最小限に軽減した残存リスクをリスク対応計画内で文書化していますか？
- 自組織のAIを用いたシステムの下流のAIアクターに、残存リスクを開示するための手順を確立していますか？
- 自組織のAIを用いたシステムの保守、再検証、監視、更新の責任者は誰ですか？
- 外部の関係者が、自組織のAIを用いたシステムの最新の情報に簡単にアクセスできますか？

MG-2

AIを用いたシステムの便益を最大化し、ネガティブな影響を最小化する戦略を計画し、準備し、実施し、文書化し、また関連するAIアクターからの情報を取り入れる

4.5　管理機能

MG-2.1	実現可能でAIを使用しない代替システム、アプローチ、方法も含め、潜在的な影響の規模や発生可能性を低減するために、AIにかかわるリスクを管理するために必要なリソースを考慮する

　組織としてリスク軽減を図るには、代替システム・アプローチ・方法をも含めて、トラストワージネスをもつAIを用いたシステムが備える特性（3.2.1項）と、組織の原則や社会的価値との関連との間で発生しうるトレードオフをバランスさせる場合があります。これには、十分なリソースを割り当てて学際的なチームや独立した専門家、あるいは関連する個人またはコミュニティにも参加を求めて議論します。

■具体的なリスク管理へ向けて

- 確立したリスク許容度に従い、リスク管理の手順や方法を計画し組織に実装していますか？
- リスク管理チームが、次のような対策を実行するためのリソースを確保していますか？
  - 非自動または半自動のAI機能を置き換える代替システム、アプローチ、方法を検討するためのプロセスを確立する
  - 自組織のAIを用いたシステムの透明性を評価する仕組みを強化する
  - 自組織のAIを用いたシステムの限界を調査する
  - 既知の故障モードを回避するために、過去の失敗事例におけるネガティブな影響または結果を特定し、評価してまとめる
- 次のような基準で、リスクを管理するためのリソースの配分方法を特定していますか？
  - リスクの大きさ
  - 不確実性の高さ、またはリスク管理の難しさ
- 継続的な監視とフィードバックのための計画を準備し、文書化していますか？
- ユーザーやその他のステークホルダーの関与は、リスク管理プロセスにど

309

のように組み込まれていますか？

MG-2.2	展開したAIを用いたシステムの価値を維持するための仕組みを整備して適用する

　AIを用いたシステムの性能とトラストワージネスをもつAIを用いたシステムが備える特性（3.2.1項）は、展開して運用を開始した後に、時間の経過とともに変化していく可能性があります。一般に**ドリフト**と呼ばれるこの現象はAIを用いたシステムの価値を低下させ、ネガティブな影響が発生するおそれを高めます。したがって、AIを用いたシステムの性能とトラストワージネスは定期的に監視する必要があります。このような定期的な監視のプロセスと仕組みによって、AIを用いたシステムの機能や挙動、また特定のアプリケーションコンテキストにおける価値観と規範との整合性や影響に対処します。例えば、安全のために自律走行車の高速走行を制限する、あるいは健全な成長を損なわないために未成年者を違法コンテンツから保護するなどです。

　定期的な監視活動により、組織は緊急性の高いリスクを体系的かつ積極的に特定し、確立したプロトコルと評価指標に従って対処できるようになります。また、リスクの対処方法には回避・受容・軽減・移転等があり、それぞれに計画とリソースが必要です。トラストワージネスをもつAIを用いたシステムが備える特性、アプリケーションコンテキスト、実社会への影響を考慮して、リスク管理のプロトコルを確立することが望まれます。

■具体的なリスク管理へ向けて

- 次のようなトラストワージネスをもつAIを用いたシステムが備える特性（3.2.1項）を考慮したリスク管理を確立していますか？
  - システムの構成要素をつなぐ箇所のセキュリティ対策（堅牢なAIモデル、差分プライバシー、認証、スロットリンクと呼ばれるシステム過負荷を避ける制御など）の実施
  - 特定のアプリケーションコンテキストにおいて、AIを用いたシステムの

出力を拡張あるいは制限

- AIにかかわるライフサイクル全体の継続的な改善とTEVV活動のために、アプリケーションコンテキストに関連する専門知識の活用
- 人間とAIによるチームを構成し、AIを用いたシステムの状態の定期的な追跡
- 自組織のAIを用いたシステムの限界を調査し、あるいは過去の設計や展開の失敗を回避するための仕組みづくり

- リスクを移転するにあたり、保険証券や契約書、および監査要件を確認していますか？
- リスク許容度の決定、および、リスク受容の手順を文書化していますか？
- 自組織のAIを用いたシステムの出力によって影響を受けるユーザーまたは関係者は、どの程度システムを評価し、フィードバックすることができますか？
- 自組織のAIを用いたシステムは、人々に危害やネガティブな影響を与えるおそれがありますか？ また、危害やネガティブな影響を与えるおそれがある場合、軽減または減少させるために何を行いますか？
- 攻撃者が自組織のAIを用いたシステムを混乱させようとするとき、あるいは無関係な運用やビジネス環境上の変化によりシステムの正確性や精度が劣化したとき、説明責任があるAIアクターはどのように対処しますか？
- 生成AIを用いたシステムのデータや生成するコンテンツに典型的なバイアスがないかを評価していますか？
- 有害な内容・偏ったコンテンツ・誤った出力などを適切にフィルタリングしていますか？

MG-2.3 これまでに知られていないリスクを特定したとき、対処し回復するためにあらかじめ確立した手順に従う

　AIを用いたシステムは、他のシステムと同様に機能しない、あるいは障害が起きる、予期しない異常な動作を示すことなどがあります。また、攻撃や

第4章　AIシステムにおけるリスク管理

インシデント、その他誤用や乱用の対象となる可能性もあります。しかし、これらの要因は必ずしも事前にわかっているわけではありません。

したがって、これまでに特定されていないリスクを認識し、対処し、軽減し、管理するための対処手順をあらかじめ確立しておき、文書化して情報交換し、維持することが重要です。

■具体的なリスク管理へ向けて

- 自組織のAIを用いたシステムの性能、トラストワージネスをもつAIを用いたシステムが備える特性（3.2.1項）、アプリケーションコンテキスト上の規範や価値観との整合性を継続的に監視するために、プロトコル・リソース・評価指標を整備していますか？
- インシデント、および、ネガティブな影響や結果に対する対処や対応計画を確立し、定期的に見直していますか？
- ネガティブな影響に関するフィードバックを収集するための手順を確立し、維持していますか？
- 展開後のAIを用いたシステムの保守・再検証・監視・更新の責任者は誰ですか？
- さまざまなAIに対するガバナンスプロセスに関与するAIアクターの責任（AIを用いたシステムの廃止を含む）を明確に定義していますか？
- データの生成・取得や収集・取り込み・データのステージングやストレージ・変換・セキュリティ・メンテナンス・配布にはそれぞれどのようなプロセスがありますか？
- AIを用いたシステムの展開後、出力の精度など性能の適切さを評価する評価指標をどのように監視しますか？
- インシデントへの対処、あるいはシステム復旧における変更の記録の手続きを確立し維持していますか？

312

4.5 管理機能

MG-2.4	AIを用いたシステムの意図する使用において期待される性能や結果と異なっているAIを用いたシステムを破棄し、切り離し、または無効化するための仕組みを整備・適用し、責任者を割り当てて理解する

　「意図する使用で期待される性能」を発揮しない AI を用いたシステムが、常にリスクやネガティブな影響をもたらすわけではありません。しかし、ネガティブな影響が発生したときに、AI モデルや AI を用いたシステムの構成要素、あるいは AI を用いたシステム全体の破棄・切り離し・無効化が必要となることがあります。例えば、次のようなケースです。

- システムが寿命に達する
- 検出または特定したリスクのレベルが、許容範囲のしきい値を超える
- 適切なリスク軽減のための対策が、組織が実行できる範囲を超える
- 実行可能なリスク軽減の対策が、規制・法律や規範・基準を満たさない
- 緊急性の高いリスクを継続的な監視中に検出し、実行可能な軽減策を特定またはタイムリーに実装することができない

　これらのケースで AI を用いたシステムを一時的または恒久的に、かつ安全に破棄・切り離し・無効化するには、システム運用の中断と下流でのネガティブな影響を最小限に抑える標準的な手順が必要です。この標準的な手順には、確立したガバナンスポリシー（統治（4.2節）の GV-1.7）、法的要件やビジネス要件・規範、アプリケーションコンテキストにおける標準などに沿って開発した冗長システムまたはバックアップシステムを含めることができます。また、一時的あるいは恒久的な破棄・切り離し・無効化措置による上流・下流への影響を予測し、緊急時にとるべき選択肢を提供するリスク管理および変更管理の手順をあらかじめ用意しておくことが望まれます。

313

第4章　AIシステムにおけるリスク管理

■具体的なリスク管理へ向けて

- 自組織のAIを用いたシステムを停止させないための冗長システムやバックアップシステムを含む、緊急時にAIを用いたシステムの一部をバイパスする確立した手順がありますか？ また、定期的にその手順を確認していますか？

- バイパスまたは無効化を実行する基準となるインシデントに対するしきい値を特定し、定期的に見直していますか？

- 変更管理プロセスを適用し、AIを用いたシステムまたはその構成要素の一部をバイパスまたは無効化する場合に、システムの上流や下流で起こりうる事象を理解していますか？

- バイパスまた無効化にいたった内部的な根本原因を分析し、プロセスを見直していますか？

- トラストワージネスをもつAIを用いたシステムが備える特性（3.2.1項）を考慮し、更新したシステムの構成要素を再展開する基準を確立していますか？

- エラーや制限を特定するために、自組織のAIを用いたシステムに対してどのようなテスト（例えば、敵対的テストやストレステスト）を行いましたか？

- 自組織のAIを用いたシステムが不要になった場合の廃止手順をどの程度確立していますか？

- AIを用いたシステムの拡大・継続・廃止を判断するために、どのように評価や査定を行いますか？

- AIを用いたシステムの停止基準・停止条件に該当するインシデントが発生したときに、リスク管理の責任者へ伝える手順を確立し、維持していますか？

4.5　管理機能

MG-3

自組織のAIを用いたシステムにかかわるサードパーティのAIにかかわるリスクと便益を管理する

MG-3.1　自組織のAIを用いたシステムにかかわるサードパーティのリソースからAIにかかわるリスクおよび便益を定期的に監視し、リスク管理策を適用して文書化する

　AIを用いたシステムは、サードパーティのデータ、ソフトウェア、ハードウェアなど、外部リソースや関連プロセスに依存することがあります。サードパーティから、AIを用いたシステムの設計・開発・展開・利用のためのツールやソフトウェア・専門知識などの構成要素やサービスの提供を受けることで、効率性と拡張性が向上するからです。しかし一方で、複雑性や不透明性が高まり、リスクを高める可能性もあります。したがって、採用するサードパーティの技術・人員・リソースの文書化は、リスク管理に役立ちます。このとき物理的な安全性・法的責任・規制の遵守、個人・グループ・社会へのネガティブな影響を含むリスクに、何よりもまず焦点を当てることを推奨します。

■具体的なリスク管理へ向けて

- サードパーティのAIを用いたシステムに、自組織が定めるリスク許容度を適用していますか？
- サードパーティのAI技術・人員・その他のリソースに、自組織のリスク管理計画と手順や方法を適用し、文書化していますか？
- 独自のアルゴリズムを公開することなく、サードパーティのAIを用いたシステムのテスト・評価・妥当性確認・検証を行うプロセスを確立し、透明性を確保していますか？
- サードパーティのシステムまたは構成要素を有益に活用するとともに、一貫性のないリリーススケジュール、不十分な文書化、不完全な変更管理（例えば、前方・後方互換性の欠如）などのリスクにかかわる指標を特定するプロ

315

第4章　AIシステムにおけるリスク管理

セスを確立していますか？

- ミッションクリティカルなサードパーティのAIを用いたシステムに関するネガティブな影響に対処するための、緊急時の対応計画を検証していますか？

- サードパーティのAIを用いたシステムについて、トラストワージネスをもつAIを用いたシステムが備える特性（3.2.1項）に関連する潜在的でネガティブな影響とリスクを監視していますか？

- サードパーティからデータセットを取得するとき、そのデータセットの使用によるリスクを評価し、管理していますか？

- 生成AIに特有のサプライチェーンにかかわるリスクを監査していますか？

- 自組織が定めるリスク許容度を超えるリスクレベルにあるサードパーティのAIを用いたシステムを廃止していますか？

MG-3.2　AIを用いたシステムの開発に使用する事前学習モデルを、定期的な監視および保守の一環として監視する

　AIを用いたシステムの開発における一般的なアプローチには、事前学習モデルを、別の学習データを用いて特定のタスクやドメインに特化させるファインチューニングがあります。事前学習モデルは通常、非常に大規模なデータセットと計算リソースを使用して、さまざまな分類タスクや予測タスクを実行できるよう学習されています。

　一方、事前学習モデルを使用すると、ネガティブな結果や影響を予測することが困難となる場合があります。さらに文書や透明性ツールが欠如していると、事前学習モデルの理解が進まず導入がより困難となるため、ネガティブな結果や影響の根本原因が分析しづらくなります。

■具体的なリスク管理へ向けて

- リスクの追跡のために、使用中のAIを用いたシステムにおける事前学習モデルを特定していますか？

- 事前学習モデルの性能とトラストワージネスを、サードパーティに対するリスクの追跡の一環として、独立かつ継続的に監視するプロセスを確立していますか？
- 情報源とデータの起源・変換・拡張・ラベリング・依存関係・制約・付与されたメタデータなど、自組織のAIを用いたシステムが用いているデータの出所を文書化していますか？
- 事前学習モデルのファインチューニングの方法を文書化していますか？ ファインチューニングしたAIモデルと比較したうえで事前学習モデルのネガティブな結果や影響を検出して修正するために、使用した事前学習モデルにアクセスできるようにしていますか？

MG-4

対応と回復を含むリスク対処、および特定し測定したAIにかかわるリスクについての相互の情報交換の計画を文書化し、定期的に監視する

MG-4.1

展開後のAIを用いたシステムの監視計画を実施する。これには、ユーザーや他の関連するAIアクターからの情報・不服申し立て・無効化・廃止措置・インシデント対応・復旧・変更管理などを収集し、評価する仕組みを含む

AIを用いたシステムの性能と信頼性は、さまざまな要因によって変化する可能性があります。したがって、自組織のAIを用いたシステムが、性能の低下、敵対的攻撃、予期せぬ異常な動作やヒヤリハットなどのインシデントが発生していないかを定期的に監視します。すなわち、AIを用いたシステムの展開前後の性能に関する外部からのフィードバックを取り入れることで、組織はポジティブあるいはネガティブな影響を認識し、リスクと損害に対処する時間を短縮します。

第4章　AIシステムにおけるリスク管理

■具体的なリスク管理へ向けて

- トラストワージネスをもつAIを用いたシステムが備える特性（3.2.1項）に関連するリスクとポジティブおよびネガティブな影響について、自組織のAIを用いたシステムの性能を監視する手順を確立し、維持していますか？

- 自組織のAIを用いたシステムのトラストワージネスを、展開後のアプリケーションコンテキストと同様の条件で、展開前に評価していますか？

- 所定の頻度でのレッドチームによる演習を実施し、システムの監視が有効であるか評価していますか？

- データの削除や修正の要求などに対応した履歴の追跡手順を確立していますか？

- 関連するAIアクターや社内外のステークホルダーとの間で定期的な情報交換を行い、フィードバックを受け取る仕組みを確立し、自組織のAIを用いたシステムの性能・信頼性・影響に関する情報を収集していますか？

- 自組織のAIを用いたシステムのエラー・ヒヤリハット・敵対的攻撃パターンなどに関する情報を、インシデントに関する情報としてまとめていますか？　さらに同様のシステムをもつほかの組織・システムユーザー・関係者と共有していますか？

- 確立したリスク許容度を超える場合、自組織のAIを用いたシステムを切り離し、あるいは廃止していますか？

- ユーザーが問題や懸念、予期しない出力を報告できるように、ユーザーにとって使いやすい連絡手段を用意していますか？

MG-4.2	継続的改善のために測定可能な活動を、AIを用いたシステムの更新プロセスに組み込む。このプロセスには、関連するAIアクターを含む、広い関係者との定期的な交流を含める

　定期的に監視を行うことで、AIを用いたシステムの更新時に規制や法令、組織および状況に応じた価値観や規範に従ってその性能および機能を強化できます。また、さまざまな要因、例えば根本的な原因、システムの劣化、ドリ

フトの検知、ヒヤリハット、障害分析、インシデントへの対応だけでなく、文書化も容易になります。

　特に、ライフサイクル全体にかかわるAIアクターには、AIを用いたシステムの性能や制限、影響に関する外部からのフィードバックを収集して取り入れ、継続的に改善する多くの機会があります。しかし、改善とは、必ずしもパイプラインやシステムプロセスのパターン化ではありません。精度やその他の品質性能以上の評価指標の改善を行おうとする場合には、ビジネスまたは組織の手順・業務を根本的に改善する必要があるかもしれません。

■具体的なリスク管理へ向けて

- トラストワージネスをもつAIを用いたシステムが備える特性（3.2.1項）を、継続的な改善に使用する手順、方法や評価指標に反映していますか？
- トラストワージネスをもつAIを用いたシステムが備える特性・ネガティブなリスクおよびポジティブな便益の間のトレードオフに関連して、自組織の意思決定の根拠を文書化していますか？
- ユーザーやその他のステークホルダーの関与を、AIモデルの開発プロセスと展開後の定期的な性能確認にどのように組み込んでいますか？
- 自組織のAIを用いたシステムの出力によって影響を受けるユーザーまたは関係者は、どの程度それを評価し、フィードバックできますか？
- 法規制における最低限の要件を含め、自組織のAIを用いたシステムが規制に適合していることを調査し、文書化していますか？
- 自組織のAIを用いたシステムにアジャイル開発手法を採用し、反復開発を繰り返すことで改善を図っていますか？
- 自組織のAIを用いたシステムの不適切または有害なコンテンツ生成に対処するためのインシデント対応計画を策定し、それに従っていますか？

MG-4.3	インシデントやエラーを、影響を受けるコミュニティを含む関連のAIアクターに伝達する。また、インシデントやエラーの追跡・対処・復旧に関するプロセスを遵守し、文書化する

第4章　AIシステムにおけるリスク管理

　自組織のAIを用いたシステムの特定したエラーについて、定期的に文書化することで、AIにかかわる次のようなリスク管理活動を強化することができます。

- エラーの特定方法
- エラーに関連するインシデント
- エラーの修正内容
- 影響を受けるすべてのステークホルダーとユーザーへの修正の配布方法

■具体的なリスク管理へ向けて

- エラー、インシデント、ネガティブな影響といった情報を、関連するステークホルダー、オペレータ、ユーザー、および影響を受ける当事者と定期的に共有するための手順を確立していますか？
- 報告済みのエラー、ヒヤリハット、インシデント、ネガティブな影響を収めたデータベース（報告日、報告数、影響と重大度の評価、対処を含む）を保持していますか？
- 自組織のAIを用いたシステムの変更、および、その理由に加え、変更をどのように行い、評価し、展開したかの詳細を記録したデータベースを保持していますか？
- 外部のステークホルダー（エンドユーザー、消費者、規制当局、AIを用いたシステムの使用によって影響を受ける個人を含む）は、自組織のAIを用いたシステムの設計・運用・制限にかかわる、どのような種類の情報にアクセスできますか？
- 自組織のAIを用いたシステムのインシデントに対する事後評価を行い、インシデント対応および復旧プロセスが遵守されていること、効果的であることを検証していますか？

これからのリスク管理とガバナンス

　ここまで量子コンピュータとAIのそれぞれにかかわるリスク管理について説明しました。これらはともに、新しく強力な技術の出現がもたらしたリスクであり、従来のリスク管理が対象とする、損害の大きさおよび損害発生の可能性が十分に推測できるリスクとは明らかに異なります。そのため、対応するには、まず組織が従来のリスク管理からアップデートする必要があります。具体的には、プロジェクトマネージャと経営者がそれぞれの役割を踏まえ、組織としての新たなポリシーを定めて、量子コンピュータとAIがもたらす不確かなリスクに対して組織的に対処を行っていくことが必要です。

新たな技術に対するリスク管理と組織としての対応

　あらゆる組織には適切にリスクを管理し、損害を軽減・移転・回避・受容していくことが求められます。このために、リスク管理では、リスクがもたらす損害の大きさと、そのリスクが発生する可能性や頻度をもとにして各リスクに優先順位を付け、対処のためのリソースを適切に割り当てて対処していきます。しかし、リスクがもたらす損害の大きさと発生する可能性を推し量ることができない場合、この手続きでは対処できません。

　量子コンピュータがもたらす暗号の解読リスクやAIがもたらす多様なリスクの2つは種類がまったく異なっており、組織の対処方法も変わってきます。しかし、マクロな視点に立つと共通点があるともいえます。それは、両者はともに新しく現れようとしている、あるいは現れた後も急速な発展を続けている技術が起点であるがために、それらのリスクがもたらす損害の大きさが不明瞭であって、しかも損害が発生する可能性を推し量ることが難しいということです。

　今後、ある程度以上の規模をもつ量子ゲート型の量子コンピュータが出現することで、従来の公開鍵暗号方式が危殆化すること自体は明白でしょう。しかし公開鍵暗号方式は、守るべきデータを保護する手段でしかありません。

システム全体としての損害の大きさは、個々のサブシステムでどのようなデータを守るために、どのような形で、公開鍵暗号方式を実装しているかを明らかにしない限り見積もることができません。また、公開鍵暗号方式は、現代のシステムでは利用が当然である技術の1つであって、非常に幅広く用いられていることもあり、対策技術であるPQCへの入れ替えがどの程度容易かも不明確です。さらに、公開鍵暗号方式で使用する暗号鍵を実用時間で求めて無効にする量子コンピュータがいつ出現するのか、そして、攻撃者がそのような量子コンピュータを入手できるようになる時期がいつなのかもわかっていません。

このような量子コンピュータにかかわるリスクを管理していくためには、個々のシステムやサブシステムを対象として、損害の程度を明らかにする**クリプトインベントリ**、損害を局在化・最小化するための**クリプトアジリティ**をまず行うのがよいことは明確です。

一方、量子ゲート型量子コンピュータの実現に向けては、いまだ難易度が高い状況が続いており、実現時期を推し量ることは依然として困難です。しかし、それでも世界各国はその開発へ向けて積極的な投資を継続していることを鑑みると、それほど遠くない未来に公開鍵暗号方式を危殆化させる量子ゲート型量子コンピュータが実現すると、多くの人が考える状況にあるととらえるのが合理的です。また、技術開発が着実に進捗していることを示す発表や論文が継続的に出されていることも確かであり、実現可能性は徐々に高まっていると推定できます。実際にアメリカ政府は、2035年までに可能な限りリスクを軽減することを目標に、暗号システムをPQCへと移行することを表明しています[1]。また、この移行に間に合わせるため、NISTは、PQCに関する技術標準を2024年に公表しました[2]。同時にNSAも、PQCへの移行へ向けた準備を進めています[3]。

しかし、クリプトインベントリやクリプトアジリティの実施は、対象となるシステムの開発に必要な費用を高めるため、組織のプロジェクトマネージャとしてはこれらの実施にためらいもあるでしょう。アメリカ政府などの動きを踏まえると、近づきつつあるリスクの顕在化から目を逸らすことは困難です。

これからのリスク管理とガバナンス

　組織は通常、複数のプロジェクトを抱えています。また、動いているプロジェクトが1つであっても、複数のコンポーネントから構成されることがあるでしょう。したがって、例えば試しにあるプロジェクトやコンポーネントを選択してクリプトインベントリやクリプトアジリティを実施しておき、全体としての費用負担を低く抑えながら、量子コンピュータが引き起こす損害の大きさを低減しつつPQCによる対策に必要な期間・費用に対する知識や経験を蓄積するアプローチをとるとよいでしょう。また、公開鍵暗号方式を危殆化させる量子ゲート型量子コンピュータの開発状況調査については組織共通の活動とし、情報源は、信頼性の高い日本政府やCRYPTREC[4]、あるいはアメリカ政府、NISTやNSAなどに限定することで、間接費用の発生を最小限にできるでしょう[1]。

　このように組織としての判断に基づいたポリシーをしっかりと定めることで、プロジェクトマネージャは自身のプロジェクトに対し、自信をもってしっかりとリスク管理できるようになります。また、プロジェクトマネージャはしっかりと経営者に状況を伝え、経営者は適切に理解・判断し、他のプロジェクトマネージャも含めて伝え、指示していく必要があります。

　ここで国際標準であるISO/IEC 38500:2015より、ITシステムにおける経営者とプロジェクトマネージャとの関係を図に示します。同図の下部はプロジェクトを管理するマネージャ（プロジェクトマネージャ）の活動を示しています。プロジェクトマネージャは、例えば、情報セキュリティについての管理システムを規定するISO/IEC 27000シリーズなどに基づいて管理を行うでしょう。このような管理システム標準に従ったプロセスを組織内に実装し、さらに第三者である認証機関から認証を受けることで、外部から一定の信頼を獲得しよ

【1】　ほかに、同業を含む他組織等の状況をみながらぎりぎりまで検討を遅らせるといった判断もありえます。逆に、顧客へのアピールになると先駆けて対処するという判断もあるでしょう。
　　　一方、量子ゲート型量子コンピュータを開発する組織は、当然ですが、できる限り外部にその開発状況を漏らさずに開発を進めます。したがって政府等が予想する時期よりも早期に、量子ゲート型量子コンピュータが突然実用化され、同時に公開鍵暗号方式が危殆化する可能性もゼロではありません。組織としてどのような方針を採用するかは、まさに経営の判断となります。

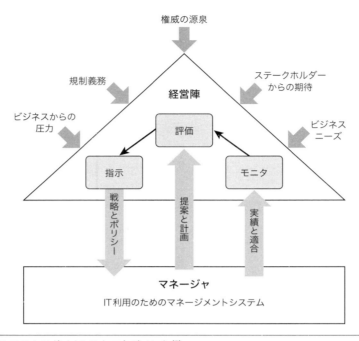

図 ITシステムのガバナンスとマネジメント[7]

Information technology – Governance of IT for the organization, International Organization for Standards (ISO) (2015). ISO/IEC 38500:2015の図1をもとに作成[4]

うとします[2]。組織は、このような管理システムの下で、量子コンピュータやAIに対する管理策や具体的なプロセスを、本書の第2章および第4章で説明した内容を参考にして取り入れていくことができます。

それには、適切なスキルをもつプロジェクトマネージャを配置する必要があります。例えば、PMBOK[5]が示すプロジェクト管理スキルの保持を認定する

【2】 AIに関するマネジメントシステムの国際標準であるISO/IEC 42001:2023が開発されています。本書執筆時点である2024年12月、国内ではこの標準に基づく第三者認証の実現可能性調査が始まっています。一方で海外では、第三者認証の組織がすでに出てきつつあります。

【3】 なお、取締役にはその裁量が広く認められる、いわゆる経営判断の原則が認められています。これが、結果論での義務違反に問われることを恐れ、委縮した経営とならないための歯止めとなっています。

国際的な資格、PMP[6]資格の保有者をプロジェクトに配置することで、外部からの信頼を得やすくなるでしょう。PMBOK第7版では、12のプロジェクト管理原則・8つのパフォーマンスを掲げており、原則の1つにリスクへの対応を挙げています。これらも本書の、第2章および第4章で説明した内容を参考にして、具体的な対処を講じていくことができるでしょう。

　図の上部は経営陣を示しています。例えば、株式会社では取締役を含む役員は、会社法[8]第329条に基づき株式総会の決議により選任され、同第330条のとおり、株式会社からの委任を受けます。委任を受けた取締役は、同第348条1項に基づいて株式会社の業務を執行し、同第349条に基づき会社を代表します。また同第355条により、法令および定款ならびに株主総会の決議を遵守し、株式会社のために忠実に職務を行わねばなりません（**忠実義務**）。取締役は会社から民法[9]第643条における委任契約が締結されており、同第644条に基づき受任者である取締役は、善良な管理者の注意をもって委任事務を処理する義務を負います（**善管注意義務**）【3】。

　経営陣はこのような義務の下、外部の状況を考慮するとともに、プロジェクトマネージャから提案や計画を受けて判断し、リスク管理の戦略と方針を指示します。特に、量子ゲート型量子コンピュータやAIに固有のリスクは、組織にとり大きな影響を及ぼしますから、経営陣はこのような、新たに現れつつあるリスクを管理するために、一般的な善管注意義務ではない、それぞれに固有のリスクに基づいた判断を行うよう迫られます。ここで経営陣は、本書の第2章と第4章で説明した内容を参考にしながら、プロジェクトマネージャだけでは不可能あるいは十分な対処ができかねる事項について考慮し、対処していくことが求められるでしょう。これはまさにガバナンスといえるものです。したがって、プロジェクトマネージャは現場で対処すべきリスク管理だけでなく、リスク管理に関して組織として行うべき適切な判断や行動について、より具体的な事実や洞察に基づいて経営者に提案を行っていくことが重要です。

【4】　ISO/IEC 38500:2015は2024年に、ISO/IEC 38500:2024へと改定されました。この改定にあたり、引用元である図は別のものに差し替えられています。

第4章で説明したAIシステムに関するリスク管理をおさらいしましょう。AIを用いるシステムにおけるリスク管理では、一般的な技術と異なり社会とのかかわりが重要となります。そのため

① ユーザーや社会全体を含んだ多くのステークホルダーとかかわり合いながら、AIを用いたシステムのリスクを予測・特定・管理できるような組織体制の構築
② 組織の原則・ポリシー・戦略的優先事項に沿ってAIを用いたシステムのリスク管理機能を構造化して組織に実装
③ 組織内でのリスク管理にかかわる文化の育成と、リスク管理を実施する個人に対して組織的な業務に必要な技能の獲得を取得する支援

などが不可欠です。したがって、まず、経営者がかかわらないと適切なリスク管理が困難です。

　AIにおいても量子コンピュータと同じように、プロジェクトマネージャと経営者がともに、新しく現れてくるリスクに対して柔軟かつ適切に管理を行えるよう、リスク管理を変革していく必要があります。このような変革は、今後も多様で革新的な技術が生み出され、システムへと活用されていく中で、ますます重要となっていくでしょう。

私たちの世界におけるリスク管理

　ここまで、本書では組織におけるリスク管理について述べてきました。最後に、私たちの世界全体におけるリスク管理に関して、回答が難しい問いを1つ投げかけさせていただき、本書を終わりたいと思います。

　オープンソースは、今日のソフトウェア開発に欠かせないものとして地位が確立しています。例えばPQCは文献［10］で、大規模言語モデル（LLM）を含む多様なAIモデルは文献［11］で、公開されています。このような誰でも活用できるオープンソースが、多くのエンジニアによって共同で分散開発されることには、機能追加やセキュリティにかかわるバグの修正がすばやく行われ、

科学的な再現可能性が検証されるなどの多くのメリットがあり、私たちは確かにその恩恵を享受しています。

　しかし、誰にでも活用できるということは、犯罪者であっても活用できるということです。犯罪者がPQCを入手すれば、捜査当局に解読できない情報を犯罪者どうしで交換することができます。また、公開されているLLMを事前学習モデルとして利用し、犯罪のタスクをこなすAIモデルとしてファインチューニングするかもしれません。さらに、CBRNEに関する情報を学習させて、テロ行為を助長するかもしれません。

　重要なPQCやAI技術の多くは、個々の組織内でクローズドに開発が進められています。一方で、オープンソースによる開発も進んでおり、技術情報の管理は難しいと思われます。今後開発されていく技術についても、このようなオープンソースの形態を採用するのがよいのでしょうか、それともクローズドでの開発にすべきなのでしょうか。私たちは、どのように考えていくべきでしょうか。

参考文献

本書の構成と内容

［1］ Risk Management Framework for Information Systems and Organizations, NIST Special Publication 800-37 Revision 2, National Institute of Standards and Technology, 2018. https://nvlpubs.nist.gov/nistpubs/SpecialPublications/NIST.SP.800-37r2.pdf

［2］ Artificial Intelligence Risk Management Framework (AI RMF 1.0), NIST AI 100-1, National Institute of Standards and Technology, 2023. https://nvlpubs.nist.gov/nistpubs/ai/NIST.AI.100-1.pdf

［3］ NIST AI RMF Playbook, National Institute of Standards and Technology, 2024. https://www.nist.gov/itl/ai-risk-management-framework/nist-ai-rmf-playbook

［4］ Artificial Intelligence Risk Management Framework: Generative Artificial Intelligence Profile, NIST AI 600-1, Initial Public Draft, National Institute of Standards and Technology, 2024. https://airc.nist.gov/docs/NIST.AI.600-1.GenAI-Profile.ipd.pdf

第1章

［1］ Rescorla, E.: The Transport Layer Security (TLS) Protocol Version 1.3, Request for Comments: 8446, IETF, 2018.

［2］ Guidelines for the Issuance and Management of Extended Validation Certificates, Version 1.8.0, The CA/Browser Forum, 2022.

［3］ 宇根正志, 菅和聖：機械学習のセキュリティと公平性, 人工知能, Vol. 38, No. 2, 人工知能学会, pp. 221-228, 2023.

［4］ Eykholt, K. et al.: Robust Physical-World Attacks on Deep Learning Visual Classification, 2018 IEEE/CVF Conference on Computer Vision and Pattern Recognition, pp. 1625-1634, 2018.

［5］ Carlini, N. et al.: The Secret Sharer: Evaluating and Testing Unintended Memorization in Neural Networks, The 28th USENIX Security Symposium, pp. 267-284, 2019.

［6］ 機械学習品質マネジメントガイドライン 第4版, Rev. 4.2.0.0113, 国立研究開発法人産業技術総合研究所, 2024.

［7］ Risk Management Framework for Information Systems and Organizations, NIST Special Publication 800-37 Revision 2, National Institute of Standards and Technology, 2018.

［8］ Guide for Conducting Risk Assessments, NIST Special Publication 800-30 Revision 1, National Institute of Standards and Technology, 2012.

［9］　伊藤忠彦ほか：量子コンピュータによる脅威を見据えた暗号の移行対応，金融研究所ディスカッションペーパー，No. 2019-J-15，日本銀行金融研究所，2019.

第 2 章

［1］　竹内繁樹：量子コンピュータ　超並列計算のからくり，ブルーバックス，B-1469，講談社，2005.

［2］　吉澤明：光の量子コンピュータ，インターナショナル新書，集英社，2019.

［3］　武田俊太郎：量子コンピュータが本当にわかる！第一線開発者がやさしく明かすしくみと可能性，技術評論社，2020.

［4］　伊豆哲也ほか：アニーリング計算による素因数分解について（その 2），2020 年暗号と情報セキュリティシンポジウム論文集，4B2-1，電子情報通信学会，2020.

［5］　高木剛：暗号と量子コンピュータ　耐量子計算機暗号入門，オーム社，2019.

［6］　清藤武暢，四方順司：量子コンピュータが共通鍵暗号の安全性に与える影響，金融研究，第 38 巻，第 1 号，日本銀行金融研究所，pp. 45-72，2019.

［7］　Mosca, M. and Piani, M.: Quantum Threat Timeline Report 2024, Global Risk Institute, 2024.

［8］　Castellanos, S.: Google Aims for Commercial-Grade Quantum Computer by 2029 Tech Giant Is One of Many Companies Racing to Build a Business around the Nascent Technology, 2021. https://www.wsj.com/articles/google-aims-for-commercial-grade-quantum-computer-by-2029-11621359156

［9］　Quantum Computing Risks to the Financial Services Industry, Accredited Standards Committee X9, Inc., 2022.

［10］　宇根正志：量子コンピュータが暗号に及ぼす影響にどう対処するか：海外における取組み，金融研究所ディスカッションペーパー，No. 2023-J-13，日本銀行金融研究所，2023.

［11］　Migration to Post-Quantum Cryptography Quantum Readiness: Cryptographic Discovery, NIST Special Publication 1800-38B, preliminary draft, National Institute of Standards and Technology, 2023.

［12］　Module-Lattice-Based Key-Encapsulation Mechanism Standard, Federal Information Processing Standard 203, National Institute of Standards and Technology, 2024.

［13］　Module-Lattice-Based Digital Signature Standard, Federal Information Processing Standard 204, National Institute of Standards and Technology, 2024.

［14］　Stateless Hash-Based Digital Signature Standard, Federal Information Processing Standard 205, National Institute of Standards and Technology, 2024.

［15］　Migration to Post-Quantum Cryptography Quantum Readiness: Testing Draft Standards, NIST Special Publication 1800-38C, preliminary draft, National Institute of Standards and Technology, 2023.

[16] ANSSI Views on the Post-Quantum Cryptography Transition, Agence Nationale de la Sécurité des Systèmes d'Information, 2022.

[17] Prepare for the Threat of Quantum Computers, Netherlands National Communications Security Agency, General Intelligence and Security Service, 2021.

[18] Migration to Post Quantum Cryptography, Recommendations for Action by the BSI, Bundesamt für Sicherheit in der Informationstechnik, 2021.

[19] Beullens, W.: Breaking Rainbow Takes a Weekend on a Laptop, Cryptology ePrint Archive Paper, 2022/214, IACR, 2022.

[20] Alagic, G. et al.: Status Report on the Third Round of the NIST Post-Quantum Cryptography Standardization Process, NIST IR 8413-upd1, National Institute of Standards and Technology, 2022.

[21] Castryck, W. and Decru, T.: An Efficient Key Recovery Attack on SIDH, Cryptology ePrint Archive Paper, 2022/975, IACR, 2022.

[22] Moody, D.: NIST PQC: Looking into the Future, The Fourth PQC Standardization Conference, National Institute of Standards and Technology, 2022.

[23] Infrastructure Inventory Technical Paper, FS-ISAC, 2023.

[24] CRYPTREC暗号技術ガイドライン（耐量子計算機暗号）, CRYPTREC GL-2004-2022, CRYPTREC暗号技術調査ワーキンググループ（耐量子計算機暗号）, 2023.

[25] CRYPTREC耐量子計算機暗号の研究動向調査報告書, CRYPTREC TR2001-2022, CRYPTREC暗号技術調査ワーキンググループ（耐量子計算機暗号）, 2023.

[26] Moody, D.: Are We There Yet? An Update on the NIST PQC Standardization Project, The Fifth PQC Standardization Conference, National Institute of Standards and Technology, 2024.

[27] Preparing for Quantum-Safe Cryptography, An NCSC Whitepaper about Mitigating the Threat to Cryptography from Development in Quantum Computing, National Cyber Security Centre, 2020.

[28] Next Steps in Preparing for Post-Quantum Cryptography, National Cyber Security Centre, 2023.

[29] Planning for Post-Quantum Cryptography, Australian Signal Directorate, 2023.

[30] The PQC Migration Handbook, Guidelines for Migrating to Post-Quantum Cryptography, Nederlandse Organisatie voor Toegepast-Natuurwetenschappelijk Onderzoek, 2023.

[31] Addressing the Quantum Computing Threat to Cryptography, ITSE.00.017, Communications Security Establishment, 2020.

[32] Preparing Your Organization for the Quantum Threat to Cryptography, ITSAP.00.017, Communications Security Establishment, 2021.

[33] Cryptographic Mechanisms: Recommendations and Key Lengths, BSI TR-02102-1, Bundesamt für Sicherheit in der Informationstechnik, 2024.

［34］ ANSSI Views on the Post-Quantum Cryptography Transition (2023 follow up), Agence Nationale de la Sécurité des Systèmes d'Information, 2023.

［35］ Commission Recommendation (EU) 2024/1101 of 11 April 2024 on a Coordinated Implementation Roadmap for the Transition to Post-Quantum Cryptography, Official Journal of the European Union, European Commission, 2024.

［36］ Preparing for a Post-Quantum World by Managing Cryptographic Risk, FS-ISAC, 2023.

［37］ Risk Model Technical Paper, FS-ISAC, 2023.

［38］ Current State (Crypto Agility) Technical Paper, FS-ISAC, 2023.

［39］ Future State Technical Paper, FS-ISAC, 2023.

［40］ Mosca, M. and Mulholland, J.: A Methodology for Quantum Risk Assessment, Global Risk Institute, 2017.

第3章

［1］ Artificial Intelligence Risk Management Framework (AI RMF 1.0), National Institute of Standards and Technology, 2023. https://nvlpubs.nist.gov/nistpubs/ai/NIST.AI.100-1.pdf

［2］ ディープラーニング全般について代表的な解説書を以下に示しますが、そのほかにも多数の書籍が出版されています。
岡野原大輔：ディープラーニングを支える技術「正解」を導くメカニズム [技術基礎], 技術評論社, 2022.
岡野原大輔：ディープラーニングを支える技術 <2> ニューラルネットワーク最大の謎, 技術評論社, 2022.

［3］ Wang, M. et al.: Deep face recognition; a survey, 2020. https://arxiv.org/abs/1804.06655

［4］ Keras 3 API documentation / Keras applications. https://keras.io/api/applications/

［5］ Zeiler, M. D. et al.: Visualizing and Understanding Convolutional Networks, 2013. https://arxiv.org/abs/1311.2901

［6］ Zhao, W. et al.: A Survey of Large Language Models, 2023. https://arxiv.org/abs/2303.18223

［7］ Zhang, C. et al.: Text-to-image Diffusion Models in Generative AI: A Survey, 2023. https://arxiv.org/abs/2303.07909

［8］ Nichol, A. et al.: GLIDE: Towards Photorealistic Image Generation and Editing with Text-Guided Diffusion Models, 2022. https://arxiv.org/abs/2112.10741

［9］ Mohammed, A.: GitHub Copilot AI Is Generating And Giving Out Functional API Keys, Fossbytes, 2021. https://fossbytes.com/github-copilot-generating-functional-api-keys/

[10] Toulas, B.: GitHub Copilot update stops AI model from revealing secrets, Bleeping Computer, 2023. https://www.bleepingcomputer.com/news/security/github-copilot-update-stops-ai-model-from-revealing-secrets/

[11] `Deepfake' of ashen-faced Zelenskyy ceding to Russia airs on Ukrainian news station, National Post, 2022. https://nationalpost.com/news/deepfake-footage-purports-to-show-ukrainian-president-capitulating-2

[12] 品質管理システム―基本及び用語, JISQ 9000:2015, 日本規格協会, 2015.

[13] Angwin, J. et al.: Machine Bias, ProPublica, 2016. https://www.propublica.org/article/machine-bias-risk-assessments-in-criminal-sentencing

[14] Wisconsin vs. Loomis: Court Affirms the Use of COMPAS in Sentencing, equivalent, 2017. https://www.equivant.com/wisconsin-vs-loomis-court-affirms-the-use-of-compas-in-sentencing/

[15] Gursoy, F. et al.: Equal Confusion Fairness: Measuring Group-Based Disparities in Automated Decision Systems, IEEE International Conference on Data Mining Workshops, 2022. https://ieeexplore.ieee.org/document/10029385

[16] Buyl, M. et al.: Inherent Limitations of AI Fairness, Communications of the ACM, 2024. https://cacm.acm.org/research/inherent-limitations-of-ai-fairness/

[17] Angwin, J. et al.: The Tiger Mom Tax: Asians Are Nearly Twice as Likely to Get a higher Price from Princeton Review, ProPublica, 2015. https://www.propublica.org/article/asians-nearly-twice-as-likely-to-get-higher-price-from-princeton-review

[18] Lovelace, A.: Analytical engine, 1843, Museum of Imaginary Musical Instruments. http://imaginaryinstruments.org/lovelace-analytical-engine/

[19] Ethics guidelines for trustworthy AI, High-Level Expert Group on Artificial Intelligence, European Commission, 2019. https://digital-strategy.ec.europa.eu/en/library/ethics-guidelines-trustworthy-ai

[20] Guterres, A: Secretary-General's Statement at the UK AI Safety Summit, United Nations, 2023. https://www.un.org/sg/en/content/sg/statement/2023-11-02/secretary-generals-statement-the-uk-ai-safety-summit

[21] Catalogue of Tools & metrics for Trustworthy AI, Organisation for Economic Co-operation and Development. https://oecd.ai/en/catalogue/metrics

[22] 品質管理システム―基本及び用語, JISQ 9000:2015, 日本規格協会.

[23] Trustworthiness – Vocabulary, ISO/IEC TS 5723:2022, International Organization for Standardization, 2022.

[24] 情報技術 – 人工知能 – 人工知能の概念及び用語, JIS X 22989:2023, 日本規格協会, 2023.

[25] Software and systems engineering – Software testing – Part 11: Guidelines on the testing of AI-based systems, ISO/IEC TR 29119-11:2020, International Organization for Standardization, 2020.

［26］ Phillips, P. J. et al.: Four Principles of Explainable Artificial Intelligence, NISTIR 8312, National Institute of Standards and Technology, 2021. https://nvlpubs.nist.gov/nistpubs/ir/2021/NIST.IR.8312.pdf

［27］ Broniatowski, D. A.: Psychological Foundations of Explainability and Interpretability in Artificial Intelligence, NISTIR 8367, National Institute of Standards and Technology, 2021. https://nvlpubs.nist.gov/nistpubs/ir/2021/NIST.IR.8367.pdf

［28］ Suica に関するデータの社外への提供についての有識者会議：Suica に関するデータの社外への提供について 中間とりまとめ, JR東日本, 2014. https://www.jreast.co.jp/chukantorimatome/20140320.pdf

［29］ Suica に関するデータの社外への提供についての有識者会議：Suica に関するデータの社外への提供について とりまとめ, JR東日本, 2015. https://www.jreast.co.jp/information/aas/20151126_torimatome.pdf

［30］ Suica データの活用について, JR東日本. https://www.jreast.co.jp/suica/corporate/suicadata/index.html

［31］ Information technology – Artificial intelligence – Overview of ethical and societal concerns, ISO/IEC TR 24368:2022, International Organization for Standardization, 2022.

［32］ Schwartz, R. et al.: Towards a Standard for Identifying and Managing Bias in Artificial Intelligence, Special Publication 1270, National Institute of Standards and Technology, 2022. https://nvlpubs.nist.gov/nistpubs/SpecialPublications/NIST.SP.1270.pdf

［33］ Vassilev, A. et al.: Adversarial Machine Learning – A Taxonomy and Terminology of Attacks and Mitigations, NIST AI-2e2023, National Institute of Standards and Technology, 2024. https://nvlpubs.nist.gov/nistpubs/ai/NIST.AI.100-2e2023.pdf

［34］ CVE-2022-29216 Detail, National Vulnerability Database, National Institute of Standards and Technology, 2022. https://nvd.nist.gov/vuln/detail/CVE-2022-29216

［35］ Greshake, K. et al.: Not what you've signed up for: Compromising Real-World LLM-Integrated Applications with Indirect Prompt Injection, 2023. https://arxiv.org/abs/2302.12173

［36］ European Parliament resolution of 16 February 2017 with recommendations to the Commission on Civil Law Rules on Robotics, European Parliament, 2017. https://www.europarl.europa.eu/doceo/document/TA-8-2017-0051_EN.html

［37］ Artificial intelligence: Commission outlines a European approach to boost investment and set ethical guidelines, European Commission, 2018. https://ec.europa.eu/commission/presscorner/detail/en/IP_18_3362

［38］ Ethics guidelines for trustworthy AI, European Commission, 2019. https://digital-strategy.ec.europa.eu/en/library/ethics-guidelines-trustworthy-ai

［39］ Shaping Europe's digital future, European Commission, 2020. https://digital-strategy.ec.europa.eu/en

［40］ White paper on artificial intelligence: a European approach to excellence and trust, European Commission, 2020. https://commission.europa.eu/publications/white-paper-artificial-intelligence-european-approach-excellence-and-trust_en

［41］ Assessment List for Trustworthy Artificial Intelligence (ALTAI) for self-assessment, European Commission, 2020. https://digital-strategy.ec.europa.eu/en/library/assessment-list-trustworthy-artificial-intelligence-altai-self-assessment

［42］ European data strategy, European Commission, 2020. https://commission.europa.eu/strategy-and-policy/priorities-2019-2024/europe-fit-digital-age/european-data-strategy_en

［43］ Framework of ethical aspects of artificial intelligence, robotics and related technologies, European Parliament, 2020. https://www.europarl.europa.eu/doceo/document/TA-9-2020-0275_EN.html

［44］ Civil liability for artificial intelligence, European Parliament, 2020. https://www.europarl.europa.eu/doceo/document/TA-9-2020-0276_EN.html

［45］ European Data Governance Act, European Commission. https://digital-strategy.ec.europa.eu/en/policies/data-governance-act

［46］ Data Act, European Commission. https://digital-strategy.ec.europa.eu/en/policies/data-act

［47］ Commission establishes AI Office to strengthen EU leadership in safe and trustworthy Artificial Intelligence, European Commission, 2024. https://ec.europa.eu/commission/presscorner/api/files/document/print/en/ip_24_2982/IP_24_2982_EN.pdf

［48］ The Act Text, European Union, 2024. https://artificialintelligenceact.eu/the-act/

［49］ Over a hundred companies sign EU AI Pact pledges to drive trustworthy and safe AI development, European Commission, 2024. https://digital-strategy.ec.europa.eu/en/news/over-hundred-companies-sign-eu-ai-pact-pledges-drive-trustworthy-and-safe-ai-development

［50］ General-Purpose AI Code of Practice, European Commission. https://digital-strategy.ec.europa.eu/en/policies/ai-code-practice

［51］ New Product Liability Directive in a Europe Fit for the Digital Age, European Parliament, 2024. https://www.europarl.europa.eu/legislative-train/theme-a-europe-fit-for-the-digital-age/file-new-product-liability-directive

［52］ Coordinated Plan on Artificial Intelligence, European Commission. https://digital-strategy.ec.europa.eu/en/policies/plan-ai

［53］ New legislative framework, European Commission. https://single-market-economy.ec.europa.eu/single-market/goods/new-legislative-framework_en

［54］ Harmonised Standards, European Commission. https://single-market-economy.
ec.europa.eu/single-market/european-standards/harmonised-standards_en

［55］ EU AI Act Compliance Checker, the Future of Life Institute. https://artificialintel
ligenceact.eu/assessment/eu-ai-act-compliance-checker/

［56］ Preparing for the Future of Artificial Intelligence, Office of Science and Technol-
ogy Policy, the White House, 2016. https://obamawhitehouse.archives.gov/
blog/2016/05/03/preparing-future-artificial-intelligence

［57］ Preparing for the Future of Artificial Intelligence, National Science and Tech-
nology Council, 2016. https://obamawhitehouse.archives.gov/sites/default/files/
whitehouse_files/microsites/ostp/NSTC/preparing_for_the_future_of_ai.pdf

［58］ The National Artificial Intelligence Research and Development Strategic Plan,
National Science and Technology Council, 2016. https://www.nitrd.gov/PUBS/
national_ai_rd_strategic_plan.pdf

［59］ Artificial Intelligence Automation, and the Economy, Executive Office of the
President, 2016. https://obamawhitehouse.archives.gov/blog/2016/12/20/artificial-
intelligence-automation-and-economy

［60］ Summary of the 2018 White House Summit on Artificial Intelligence for American
Industry, Office of Science and Technology Policy, the White House, 2018. https://
trumpwhitehouse.archives.gov/wp-content/uploads/2018/05/Summary-Report-of-
White-House-AI-Summit.pdf

［61］ Maintaining American Leadership in Artificial Intelligence, Executive Order
13859, 2019. https://www.federalregister.gov/documents/2019/02/14/2019-02544/
maintaining-american-leadership-in-artificial-intelligence

［62］ The National Artificial Intelligence Research and Development Strategic Plan: 2019
Update, National Science and Technology Council, 2019. https://www.nitrd.gov/
pubs/National-AI-RD-Strategy-2019.pdf

［63］ U.S. Leadership in AI: A Plan for Federal Engagement in Developing Technical
Standards and Related Tools, National Institute of Standards and Technology,
2019. https://www.nist.gov/system/files/documents/2019/08/10/ai_standards_
fedengagement_plan_9aug2019.pdf

［64］ Executive Order on Advancing Racial Equity and Support for Underserved Com-
munities Through the Federal Government, the White House, 2021. https://www.
whitehouse.gov/briefing-room/presidential-actions/2021/01/20/executive-order-
advancing-racial-equity-and-support-for-underserved-communities-through-the-
federal-government/

［65］ Blueprint for an AI Bill of Rights, Office of Science and Technology Policy, the
White House, 2023. https://www.whitehouse.gov/ostp/ai-bill-of-rights/

[66] Executive Order on Further Advancing Racial Equity and Support for Underserved Communities Through the Federal Government, the White House, 2023. https://www.whitehouse.gov/briefing-room/presidential-actions/2023/02/16/executive-order-on-further-advancing-racial-equity-and-support-for-underserved-communities-through-the-federal-government/

[67] Trustworthy & Responsible AI Resource Center, National Institute of Standards and Technology. https://airc.nist.gov/Home

[68] National Artificial Intelligence Research and Development Strategic Plan 2023 Update, Networking and Information Technology Research and Development, 2023. https://www.nitrd.gov/national-artificial-intelligence-research-and-development-strategic-plan-2023-update/

[69] FACT SHEET: Biden-Harris Administration Secures Voluntary Commitments from Leading Artificial Intelligence Companies to Manage the Risks Posed by AI, the White House, 2023. https://www.whitehouse.gov/briefing-room/statements-releases/2023/07/21/fact-sheet-biden-harris-administration-secures-voluntary-commitments-from-leading-artificial-intelligence-companies-to-manage-the-risks-posed-by-ai/

[70] Executive Order on the Safe, Secure, and Trustworthy Development and Use of Artificial Intelligence, the White House, 2023. https://www.whitehouse.gov/briefing-room/presidential-actions/2023/10/30/executive-order-on-the-safe-secure-and-trustworthy-development-and-use-of-artificial-intelligence/

[71] NIST Seeks Collaborators for Consortium Supporting Artificial Intelligence Safety, NIST, 2023. https://www.nist.gov/news-events/news/2023/11/nist-seeks-collaborators-consortium-supporting-artificial-intelligence

[72] Booth, H. et al: Secure Software Development Practices for Generative AI and Dual-Use Foundation Models: An SSDF Community Profile, NIST SP 800-218A, National Institute of Standards and Technology, 2024. https://nvlpubs.nist.gov/nistpubs/SpecialPublications/NIST.SP.800-218A.pdf

[73] A Plan for Global Engagement on AI Standards, NIST AI 100-5, National Institute of Standards and Technology, 2024. https://nvlpubs.nist.gov/nistpubs/ai/NIST.AI.100-5.pdf

[74] AI RMF Generative AI Profile, NIST AI 600-1, National Institute of Standards and Technology, 2024. https://nvlpubs.nist.gov/nistpubs/ai/NIST.AI.600-1.pdf

[75] Risk Management Profile for Artificial Intelligence and Human Rights, U.S. Department of State, 2024. https://www.state.gov/risk-management-profile-for-ai-and-human-rights/

［76］ Reducing Risks Posed by Synthetic Content, An Overview of Technical Approaches to Digital Content Transparency, NIST AI 100-4, National Institute of Standards and Technology, 2024. https://nvlpubs.nist.gov/nistpubs/ai/NIST.AI.100-4.pdf

［77］ U.S. AI Safety Institute Establishes New U.S. Government Taskforce to Collaborate on Research and Testing of AI Models to Manage National Security Capabilities & Risks, AI Safety Institute, 2024. https://www.nist.gov/news-events/news/2024/11/us-ai-safety-institute-establishes-new-us-government-taskforce-collaborate

［78］ Executive order on safe, secure, and trustworthy artificial intelligence, National Institute of Standards and Technology. https://www.nist.gov/artificial-intelligence/executive-order-safe-secure-and-trustworthy-artificial-intelligence

［79］ 人工知能技術戦略会議, 内閣府. https://www8.cao.go.jp/cstp/tyousakai/jinkochino/index.html

［80］ 人工知能技術戦略, 人工知能技術戦略会議, 2017. https://www.ai-japan.go.jp/menu/learn/ai-strategy-1/index.html

［81］ AIネットワーク社会推進会議 報告書2017の公表, AIネットワーク社会推進会議, 2017. https://www.soumu.go.jp/menu_news/s-news/01iicp01_02000067.html

［82］ 統合イノベーション戦略推進会議, 内閣府. https://www8.cao.go.jp/cstp/tougosenryaku/kaigi.html

［83］ 人間中心のAI社会原則, 統合イノベーション戦略推進会議, 2019. https://www8.cao.go.jp/cstp/aigensoku.pdf?1717265240485

［84］ AI戦略2019, 統合イノベーション戦略推進会議, 2019. https://www8.cao.go.jp/cstp/ai/aistratagy2019.pdf

［85］ AI利活用ガイドライン ～AI利活用のためのプラクティカルリファレンス～, AIネットワーク社会推進会議, 2019. https://www.soumu.go.jp/main_content/000809595.pdf

［86］ 機械学習品質マネジメントガイドラインを公開, 国立研究開発法人産業技術総合研究所, 2020. https://www.aist.go.jp/aist_j/press_release/pr2020/pr20200630_2/pr20200630_2.html

［87］ 我が国のAIガバナンスの在り方 ver. 1.0, AI社会実装アーキテクチャー検討会, 2021. https://www.meti.go.jp/shingikai/mono_info_service/ai_shakai_jisso/pdf/20210709_2.pdf

［88］ AI戦略2021（本文）, 統合イノベーション戦略推進会議, 2021. https://www8.cao.go.jp/cstp/ai/aistrategy2021_honbun.pdf

［89］ AI戦略2021（別紙）, 統合イノベーション戦略推進会議, 2021. https://www8.cao.go.jp/cstp/ai/aistrategy2021_bessi.pdf

［90］ AI戦略2021（概要）, 内閣府 科学技術・イノベーション推進事務局, 2021. https://www8.cao.go.jp/cstp/ai/aistrategy2021_gaiyo.pdf

［91］ 機械学習品質マネジメントガイドライン 第2版, 国立研究開発法人産業技術総合研究所, 2021. https://www.digiarc.aist.go.jp/publication/aiqm/guideline-rev2.html

[92] 我が国のAIガバナンスの在り方 ver. 1.1, AI社会実装アーキテクチャー検討会, 2021. https://www.meti.go.jp/shingikai/mono_info_service/ai_shakai_jisso/pdf/20210709_1.pdf

[93] AI原則実践のためのガバナンス・ガイドライン ver. 1.0, AI原則の実践の在り方に関する検討会, 2021. https://www.meti.go.jp/shingikai/mono_info_service/ai_shakai_jisso/2021070902_report.html

[94] AI原則実践のためのガバナンス・ガイドライン ver. 1.1, AI原則の実践の在り方に関する検討会, 2022. https://www.meti.go.jp/shingikai/mono_info_service/ai_shakai_jisso/pdf/20220128_1.pdf

[95] AI戦略2022, 統合イノベーション戦略推進会議, 2022. https://www8.cao.go.jp/cstp/ai/aistrategy2022_honbun.pdf

[96] 機械学習品質マネジメントガイドライン 第3版, 国立研究開発法人産業技術総合研究所, 2022. https://www.digiarc.aist.go.jp/publication/aiqm/guideline-rev3.html

[97] 第二回AI戦略会議, 内閣府, 2023. https://www8.cao.go.jp/cstp/ai/ai_senryaku/2kai/2kai.html

[98] 広島AIプロセスに関するG7首脳声明（仮訳）, 2023. https://www.soumu.go.jp/hiroshimaaiprocess/pdf/document01.pdf

[99] 広島AIプロセスG7デジタル・技術閣僚声明（仮訳）, 2023. https://www.soumu.go.jp/hiroshimaaiprocess/pdf/document02.pdf

[100] 機械学習品質マネジメントガイドライン 第4版, 国立研究開発法人産業技術総合研究所, 2023. https://www.digiarc.aist.go.jp/publication/aiqm/guideline-rev4.html

[101] G7首脳声明（仮訳）, 2023. https://www.soumu.go.jp/hiroshimaaiprocess/pdf/document06.pdf

[102] 全てのAI関係者向けの広島プロセス国際指針（仮訳）, 2023. https://www.soumu.go.jp/hiroshimaaiprocess/pdf/document03.pdf

[103] 高度なAIシステムを開発する組織向けの広島プロセス国際指針（仮訳）, 2023. https://www.soumu.go.jp/hiroshimaaiprocess/pdf/document04.pdf

[104] 高度なAIシステムを開発する組織向けの広島プロセス国際行動規範（仮訳）, 2023. https://www.soumu.go.jp/hiroshimaaiprocess/pdf/document05.pdf

[105] プレス発表 AIセーフティ・インスティテュートを設立, 独立行政法人情報処理推進機構, 2024. https://www.ipa.go.jp/pressrelease/2023/press20240214.html

[106] 「AI事業者ガイドライン（第1.0版）」を取りまとめました, 経済産業省・総務省, 2024. https://www.meti.go.jp/press/2024/04/20240419004/20240419004.html

[107] AI戦略会議 第9回, 2024. https://www8.cao.go.jp/cstp/ai/ai_senryaku/9kai/9kai.html

[108] 米国NIST AIリスクマネジメントフレームワーク（RMF）の日本語翻訳版, AIセーフティ・インスティテュート, 2024. https://aisi.go.jp/effort/effort_information/240704/

[109] AIセーフティに関する評価観点ガイドの公開, AIセーフティ・インスティテュート, 2024. https://aisi.go.jp/effort/effort_information/240918_2

[110] AIセーフティに関するレッドチーミング手法ガイドの公開, AIセーフティ・インスティテュート, 2024. https://aisi.go.jp/effort/effort_information/240925/

[111] AIホワイトペーパー 〜AI新時代における日本の国家戦略〜, 自由民主党 デジタル社会推進本部 AIの進化と実装に関するプロジェクトチーム, 2023. https://www.taira-m.jp/2023/03/ai-ai.html

[112] AIホワイトペーパー 2024 ステージⅡにおける新戦略 ―世界一AIフレンドリーな国へ―, 自由民主党 デジタル社会推進本部 AIの進化と実装に関するプロジェクトチーム 2024. https://www.taira-m.jp/2024/04/aiai.html

[113] AIの安全性確保と活用促進に向け緊急提言, 自由民主党 デジタル社会推進本部, 2023. https://www.jimin.jp/news/policy/207268.html

[114] デジタル・ニッポン 2024 〜新たな価値を創造するデータ戦略への視座〜, 自由民主党 政務調査会 デジタル社会推進本部, 2024. https://www.taira-m.jp/2024/05/post-364.html

[115] Forty-two countries adopt new OECD Principles on Artificial Intelligence, Organisation for Economic Co-operation and Development, 2019. https://www.oecd.org/science/forty-two-countries-adopt-new-oecd-principles-on-artificial-intelligence.htm

[116] OECD AI Principles overview, Organisation for Economic Co-operation and Development, 2024. https://oecd.ai/en/ai-principles

[117] National AI policies & strategies, OECD Policy Observatory, Organisation for Economic Co-operation and Development. https://oecd.ai/en/dashboards/overview

[118] The state of implementation of the OECD AI principles four years on, OECD Artificial Intelligence Papers, No.3, Organisation for Economic Co-operation and Development, 2023. https://www.oecd.org/publications/the-state-of-implementation-of-the-oecd-ai-principles-four-years-on-835641c9-en.htm

[119] Statute of the Council of Europe, European Treaty Series – No. 1, Council of Europe, 1949. https://rm.coe.int/1680306052

[120] Possible elements of a legal framework on artificial intelligence, based on the Council of Europe's standards on human rights, democracy and the rule of law, Ad Hoc Committee on Artificial Intelligence, Council of Europe, 2021. https://rm.coe.int/cahai-2021-09rev-elements/1680a6d90d

[121] 1st Plenary Meeting – List of Decisions, Committee of Artificial Intelligence, Counsil of Europe, 2022. https://rm.coe.int/cai-2022-06-rev-list-of-decisions/1680a6d912

[122] 132nd Session of the committee of Ministers, Committee of Ministers, Counsil of Europe, 2022. https://search.coe.int/cm/Pages/result_details.aspx?ObjectID=0900001680a68fab

［123］ 1438th meeting of Ministers' Deputies, Ministers' Deputies, Counsil of Europe, 2022. https://search.coe.int/cm/Pages/result_details.aspx?ObjectID=0900001680a700c4

［124］ Revised Zero Draft [Framework] Convention on Artificial Intelligence, Human Rights, Democracy and the Rule of Law, Committee on Artificial Intelligence, Council of Europe, 2023. https://rm.coe.int/cai-2023-01-revised-zero-draft-framework-convention-public/1680aa193f

［125］ Draft Framework Convention on Artificial Intelligence, Human Rights, Democracy and the Rule of Law, CAI, Counsil of Europe, 2023. https://rm.coe.int/cai-2023-28-draft-framework-convention/1680ade043

［126］ Artificial intelligence (AI) act: Council gives final green light to the first worldwide rules on AI, Council of Europe, 2024. https://www.consilium.europa.eu/en/press/press-releases/2024/05/21/artificial-intelligence-ai-act-council-gives-final-green-light-to-the-first-worldwide-rules-on-ai/pdf/

［127］ Council of Europe opens first ever global treaty on AI for signature, Council of Europe, 2024. https://www.coe.int/en/web/portal/-/council-of-europe-opens-first-ever-global-treaty-on-ai-for-signature?p_l_back_url=%2Fen%2Fweb%2Fportal%2F newsroom%3FThemes%3D264825040

［128］ HUDERIA: New tool to assess the impact of AI systems on human rights, Council of Europe, 2024. https://www.coe.int/en/web/portal/-/huderia-new-tool-to-assess-the-impact-of-ai-systems-on-human-rights?p_l_back_url=%2Fen%2Fweb%2Fporta l%2Fnewsroom%3FThemes%3D264825040

［129］ Secretary-General's Advisory Body Members -Artificial Intelligence, Secretary-General, United Nations, 2023. https://www.un.org/sg/en/content/sg/personnel-appointments/2023-10-26/secretary-generals-advisory-body-members-artificial-intelligence

［130］ At UK's AI Summit, Guterres says risks outweigh rewards without global oversight, UN News, United Nations, 2023. https://news.un.org/en/story/2023/11/1143147

［131］ General Assembly Adopts Landmark Resolution on Steering Artificial Intelligence towards Global Good, Faster Realization of Sustainable Development, United Nations, 2024. https://press.un.org/en/2024/ga12588.doc.htm

［132］ Global Digital Compact, Office of the Secretary-General's Envoy on Technology, United Nations. https://www.un.org/techenvoy/global-digital-compact

［133］ Summit of the Future – Multilateral Solutions for a Better Tomorrow, United Nations, https://www.un.org/en/summit-of-the-future

［134］ Press Release | UN and OECD announce next steps in collaboration on Artificial Intelligence, Office of the Secretary-General's Envoy on Technology, United Nations, 2024. https://www.un.org/techenvoy/content/press-release-un-and-oecd-announce-next-steps-collaboration-artificial-intelligence

〔135〕 ISO/IEC JTC 1/SC 42 Artificial intelligence, ISO/IEC JTC 1/SC 42. https://www.iso.org/committee/6794475.html

〔136〕 CEN/CENELEC JTC 21 Artificial Intelligence, CEN/CENELEC JTC 21. https://www.cencenelec.eu/areas-of-work/cen-cenelec-topics/artificial-intelligence/

〔137〕 Crosswalk AI RMF (1.0) and ISO/IEC FDIS 23894 Information technology – Artificial intelligence – Guidance on risk management, National Institute of Standards and Technology, 2023. https://www.nist.gov/system/files/documents/2023/01/26/crosswalk_AI_RMF_1_0_ISO_IEC_23894.pdf

第4章

〔1〕 Artificial Intelligence Risk Management Framework (AI RMF 1.0), National Institute of Standards and Technology, 2023. https://nvlpubs.nist.gov/nistpubs/ai/NIST.AI.100-1.pdf

〔2〕 NIST AI RMF Playbook, National Institute of Standards and Technology, 2024. https://www.nist.gov/itl/ai-risk-management-framework/nist-ai-rmf-playbook

〔3〕 AI Risk Management Framework: Generative AI Profile, NIST AI 600-1, National Institute of Standards and Technology, 2024. https://airc.nist.gov/docs/NIST.AI.600-1.GenAI-Profile.ipd.pdf

〔4〕 Framework for Improving Critical Infrastructure Cybersecurity, ver.1.1, CSWP 6, National Institute of Standards and Technology, 2018. https://www.nist.gov/cyberframework/framework

〔5〕 NIST Privacy Framework: A Tool for Improving Privacy through Enterprise Risk Management, ver.1.0, CSWP 10, National Institute of Standards and Technology, 2020. https://www.nist.gov/privacy-framework/privacy-framework

〔6〕 The NIST Cybersecurity Framework (CSF) 2.0, ver.2.0, CSWP 29, National Institute of Standards and Technology, 2024. https://www.nist.gov/cyberframework

〔7〕 NIST Privacy Framework -New Project, National Institute of Standards and Technology. https://www.nist.gov/privacy-framework/new-projects

〔8〕 NIST AI Public Working Groups, National Institute of Standards and Technology. https://airc.nist.gov/generative_ai_wg

〔9〕 Secure Software Development Framework (SSDF) Version 1.1: Recommendations for Mitigating the Risk of Software Vulnerabilities, NIST Special Publication 800-218, National Institute of Standards and Technology, 2022. https://csrc.nist.gov/pubs/sp/800/218/final

〔10〕 Booth, H. et al: Secure Software Development Practices for Generative AI and Dual-Use Foundation Models: An SSDF Community Profile, NIST SP 800-218A, National Institute of Standards and Technology, 2024. https://nvlpubs.nist.gov/nistpubs/SpecialPublications/NIST.SP.800-218A.pdf

［11］ Reducing Risks Posed by Synthetic Content An Overview of Technical Approaches to Digital Content Transparency, NIST AI 100-4, National Institute of Standards and Technology, 2024. https://nvlpubs.nist.gov/nistpubs/ai/NIST.AI.100-4.pdf

［12］ A Plan for Global Engagement on AI Standards, NIST AI 100-5, National Institute of Standards and Technology, 2024. https://nvlpubs.nist.gov/nistpubs/ai/NIST.AI.100-5.pdf

［13］ Executive Order on the Safe, Secure, and Trustworthy Development and Use of Artificial Intelligence, the White House, 2023. https://www.whitehouse.gov/briefing-room/presidential-actions/2023/10/30/executive-order-on-the-safe-secure-and-trustworthy-development-and-use-of-artificial-intelligence/

［14］ 米国NIST AIリスクマネジメントフレームワーク（RMF）の日本語翻訳版, AIセーフティ・インスティチュート, 2024. https://aisi.go.jp/effort/effort_information/240704/

［15］ Haoyang, L: Essays in Risk Management and Financial Econometrics, Open Access Publication from the University of California, Berkeley, 2017. https://escholarship.org/uc/item/77r9f9z6

［16］ Shumailov, I. et al.: The Curse of Recursion: Training on Generated Data Makes Models Forget, 2024. https://arxiv.org/abs/2305.17493

［17］ Kleinberg, J. et al.: Algorithmic monoculture and social welfare, Proceedings of the National Academy of Sciences of the United States of America, Vol. 118, No. 22, 2021. https://www.pnas.org/doi/10.1073/pnas.2018340118

［18］ 松井：集団思考(groupthink)とは何か　複合集団における集団思考の可能性, 日本原子力学会誌, Vol. 62, No. 5, pp. 26-30, 2020, https://www.jstage.jst.go.jp/article/jaesjb/62/5/62_272/_pdf/

［19］ Vats, V. et al.: A Survey on Human-AI Teaming with Large Pre-Trained Models, https://arxiv.org/abs/2403.04931

［20］ 辻田：3つのディフェンスライン, PwC Japan. https://www.pwc.com/jp/ja/knowledge/column/viewpoint/grc-column001.html

［21］ Hobbs, B.: How financial services boards provide effective challenge, Ernst & Young, 2022. https://www.ey.com/en_us/financial-services/the-importance-of-effective-challenge-by-financial-services-boards

［22］ Daniels, T.: Effective Challenge: Necessary Evil or Valuable Opportunity, Darling Consulting Group, 2023. https://www.darlingconsulting.com/dcg-bank-and-credit-union-insights/effective-challenge-necessary-evil-or-valuable-opportunity-5

［23］ Huffman, B.: 意思決定の質を高める「悪魔の代弁者」とは?, Forbes Japan, 2023. http://forbesjapan.com/articles/detail/66399

［24］ インパクトアセスメントとは何か, 国際影響評価学会（環境アセスメント学会 浦郷訳）. https://www.jsia.net/6_assessment/fastips/01_What%20is%20ImpactAssessment_150407_Japanese.pdf

原文は https://www.iaia.org/uploads/pdf/What_is_IA_web.pdf

[25] RAI Institute: Artificial Intelligence Impact Assessment (AIIA), https://oecd.ai/en/catalogue/tools/rai-institute-artificial-intelligence-impact-assessment-aiia

[26] Welcome to the AI Incident Database. https://incidentdatabase.ai/

[27] AI Litigation Database. George Washington University. https://blogs.gwu.edu/law-eti/ai-litigation-database/

[28] OECD Incident Monitor, Organisation for Economic Co-operation and Development. https://oecd.ai/en/incidents-methodology

[29] AIAAIC, AI, Algorithmic, and Automation Incidents and Controversies. https://www.aiaaic.org/

[30] CVE, MITRE Corporation. https://cve.mitre.org/

[31] Sloane, M. et al.: Participation is not a Design Fix for Machine Learning, 2020. https://arxiv.org/abs/2007.02423

[32] Alon-Barkat, S. et al.: Human-AI Interactions in Public Sector Decision-Making: "Automation Bias" and "Selective Adherence" to Algorithmic Advice, 2022. https://arxiv.org/abs/2103.02381

[33] Baraheem, S. et al.: A Survey on Differential Privacy with Machine Learning and Future Outlook, 2022. https://arxiv.org/abs/2211.10708

[34] 中川：プライバシー保護入門, 勁草書房, 2016.

[35] Wang, M. et al.: Modeling Techniques for Machine Learning Fairness: A Survey, 2022. https://arxiv.org/abs/2111.03015

[36] Measuring the environmental impacts of artificial intelligence compute and applications: The AI footprint, OECD Digital Economy Papers, No. 341, Organisation for Economic Co-operation and Development, 2022. https://www.oecd-ilibrary.org/science-and-technology/measuring-the-environmental-impacts-of-artificial-intelligence-compute-and-applications_7babf571-en

[37] Razavi, S. et al.: The Future of Sensitivity Analysis: An essential discipline for systems modeling and policy support, Environmental Modelling and Software, Vol. 137, 2021. https://www.sciencedirect.com/science/article/pii/S1364815220310112

これからのリスク管理とガバナンス

[1] National Security Memorandum on Promoting United States Leadership in Quantum Computing While Mitigating Risks to Vulnerable Cryptographic Systems, the White House, 2022. https://www.whitehouse.gov/briefing-room/statements-releases/2022/05/04/national-security-memorandum-on-promoting-united-states-leadership-in-quantum-computing-while-mitigating-risks-to-vulnerable-cryptographic-systems/

［2］　Announcing Approval of Three Federal Information Processing Standards (FIPS) for Post-Quantum Cryptography, National Institute of Standards and Technology, 2024. https://csrc.nist.gov/news/2024/postquantum-cryptography-fips-approved

［3］　Announcing the Commercial National Security Algorithm Suite 2.0, National Security Agency, 2022. https://media.defense.gov/2022/Sep/07/2003071834/-1/-1/0/CSA_CNSA_2.0_ALGORITHMS_.PDF

［4］　CRYPTREC, Cryptography Research and Evaluation Committees. https://www.cryptrec.go.jp/index.html

［5］　PMI Books, Project Management Institute. https://www.pmi.org/pmbok-guide-standards/purchase

［6］　PMI Certification Handbook, Project Management Institute, 2022. https://www.pmi.org/-/media/pmi/documents/public/pdf/certifications/project-management-professional-handbook.pdf

［7］　Information technology – Governance of IT for the organization, International Organization for Standards, 2015. ISO/IEC 38500:2015.

［8］　会社法（平成十七年法律第八十六号）. https://elaws.e-gov.go.jp/document?lawid=417AC0000000086

［9］　民法（明治二十九年法律第八十九号）. https://elaws.e-gov.go.jp/document?lawid=129AC0000000089

［10］　Open Quantum Safe, Post-Quantum Cryptography Alliance, Linux Foundation. https://github.com/open-quantum-safe

［11］　Hugging Face. https://huggingface.co/

索　引

❖ あ

悪魔の代弁者	234
アプリケーションコンテキスト	216
アルゴリズムに起因するモノカルチャー	
	222
暗号モジュール適合性プログラム	105
安全性	164
安定性のリスク	11

❖ い

位置付け機能	243
インシデント	7
インプロセッシング手法	293
インベントリ	225

❖ え

影　響	44
〜の発生可能性	97
影響評価	235
エネルギーレイテンシー攻撃	173, 180
エンティティ	21

❖ お

オリジネータープロファイル	151

❖ か

解釈可能性	167, 168
回避攻撃	175
カオステスト	272
鍵カプセル化方式	101
頑健性	164
監　督	262
感度分析	303
管理機能	304

❖ き

脅　威	40
〜の発生源	40, 78
脅威シナリオ	40
脅威の事象	40, 78
〜の特定	78
強靭性	165
業務責任者	25

❖ く

クリプトアジリティ	322
クリプトインベントリ	88, 322

❖ け

計算論的・統計的バイアス	170
継続的な監視	224
検　証	153, 154
検証計画	76
堅牢性	165, 172

❖ こ

公開鍵	67
公開鍵暗号方式	3
効果的な課題	233
公平性	170
〜のリスク	14
効率化	51
コンテキスト	216

❖ さ

最高情報責任者	25
サイドチャネル攻撃	123
サイバーセキュリティ対策のさらなる強化に向けた提言	112

345

サービス妨害攻撃	180
サービスレベルアグリーメント	241
差分プライバシー	277
参加洗浄	238
サンクコスト効果	227
残存リスク	308

❖ し

システムオーナー	26
システム管理者	25
システムセキュリティ管理者	26
事前共有鍵	110
自動化バイアス	261
社会技術	229
集団思考	227
上級情報セキュリティ責任者	25
ショートカット学習	236
新技術	
〜が脅威となる場合	49
〜が脆弱性となる場合	49, 50
信頼性	163

❖ す

スケーリング則	147

❖ せ

脆弱性	42
精度	164
制度的バイアス	171
正のリスク	2
セキュリティ	22
〜のリスク	12
セキュリティアジリティ	36, 56
セキュリティバイデザイン	36
セッション鍵	5
説明可能性	167
説明可能性・透明性のリスク	14
説明責任がある	166
ゼロトラスト	54

善管注意義務	325
選択的な遵守	261

❖ そ

創発的能力	147
測定機能	269
組織の長	25

❖ た

対策検証者	25, 76
耐量子計算機暗号	100
多機能化	51
ターゲッテッドポイズニング攻撃	175
多重防御	53
妥当性確認	154, 163

❖ ち

忠実義務	325

❖ て

定性インタビュー	251
敵対的機械学習	172
デシリアライズ脆弱性	178
データ再構築攻撃	175
データ抽出	179
データ抽出攻撃	175
データプライバシー攻撃	175
データポイズニング攻撃	173
電子署名	8
電子政府推奨暗号リスト	70

❖ と

統治機能	217
透明性	166, 167
トラストワージネス	138, 159
トラストワージネスをもつ AI を用いたシステム	
	160, 161
ドリフト	223, 279, 310

346

❖ に

認可権限者 25
人間中心設計 257, 293
人間の認知バイアス 170

❖ は

バイアス 170
バックドアポイズニング攻撃 175
ハードウェアセキュリティモジュール ... 82
ハーベスト攻撃 92
ハルシネーション 151

❖ ひ

否認防止 111
秘密鍵 67

❖ ふ

プライバシー 168, 289
　　〜のリスク 15
プライバシー影響評価 15
プライバシー強化技術 289
振る舞い検知 53
プロパティ推論攻撃 175
プロンプトとコンテキストの盗用 179

❖ ほ

ポイズニング攻撃 178
ホワイトリスト方式 54

❖ め

メッセージ認証子 5
メンバーシップ推論攻撃 175

❖ も

モデル抽出攻撃 176
モデルのドリフト 223
モデルプライバシー攻撃 175
モデルポイズニング攻撃 173, 175
モデル崩壊 222

❖ り

リスク 16, 21, 38, 58, 97, 306
　　安定性の〜 11
　　公平性の〜 14
　　残存〜 308
　　正の〜 2
　　説明可能性・透明性の〜 14
　　プライバシーの〜 15
リスクアセスメント実施ガイド 37
リスク管理者 25
リスク管理戦略 27, 38
リスク許容度 249, 306
リスクスコア 221
リスク対策 18
リスクベースアプローチ 35, 37
リスク要素 40
量子アニーリング型 66
量子重ね合わせ 63
量子ゲート型 65
量子コンピュータ 2
量子超越性 3
量子ビット 63
量子もつれ 63

❖ れ

レッドチーム 233

❖ わ

ワンタイム署名 115

❖ A

AIアクター 152
AI開発者 198
AI事業者ガイドライン 196
AI提供者 198
AIについてのOECD原則 200
AI法 185, 186, 187
AI利用者 199
ASC X9 131

❖ C

CIA	13, 22
CMVP	105
CRQC	69
CRYPTREC	70, 125

❖ D

DH	4
DV証明書	9

❖ E

ECDH	4
ECDSA	67
EV証明書	9

❖ F

FIPS	20
FS-ISAC	127
FTQC	69

❖ G

Guide for Conducting Risk Assessments	37
GV (govern) ➡ 統治機能	
GV-1	218
GV-2	227
GV-3	230
GV-4	233
GV-5	237
GV-6	240

❖ K

k-匿名性	290

❖ L

l-多様性	290
Log4j	6

❖ M

MG (manage) ➡ 管理機能	
MG-1	305
MG-2	308
MG-3	315
MG-4	317
MP (map) ➡ 位置付け機能	
MP-1	244
MP-2	252
MP-3	257
MP-4	264
MP-5	266
MS (measure) ➡ 測定機能	
MS-1	270
MS-2	275
MS-3	296
MS-4	300

❖ N

NISQ	69
NISTサイバーセキュリティフレームワーク	212
NIST標準PQCアルゴリズム	101
NISTプライバシーフレームワーク	212
NISTリスク管理フレームワーク	20, 35, 212

❖ O

OV証明書	9

❖ P

PQC	100

❖ Q

Quantum Risk Assessment	130

❖ R

RSA暗号	67

❖ S

SP 20
SQLインジェクション 179

❖ T

t-近接性 290

TEVV 153
TLS 4

❖ 数字

3つの防衛ライン 233

〈著者略歴〉

坂本　静生（さかもと　しずお）
日本電気株式会社 パブリックビジネスユニット
主席サイエンティスト（DID・AI）
1989年日本電気株式会社入社。画像処理・画像計測・画像認識・パターン認識から機械学習全般、情報セキュリティ技術の研究、および、プライバシーにかかわる法制度を含む社会受容性の研究、ならびに事業化活動に従事。
ISO/IEC JTC 1/SC 37（生体認証）委員長、同SC 42（人工知能）/WG 5およびJWG5主査。
2014年度 画像電子学会誌 優秀論文賞受賞、2017年度 工業標準化表彰（経済産業大臣表彰）など。
工学博士（早稲田大学）。

宇根　正志（うね　まさし）
日本銀行 金融研究所 参事役
1994年日本銀行入行。金融分野に関連がある情報セキュリティ技術の調査・研究、ITシステムの管理・開発・運営の業務に従事。
コンピュータセキュリティシンポジウム2023優秀論文賞受賞。
情報処理学会コンピュータセキュリティ研究会登録会員、人工知能学会安全性とセキュリティ研究会運営委員、博士（工学）（横浜国立大学）。

- 本書の内容に関する質問は、オーム社ホームページの「サポート」から、「お問合せ」の「書籍に関するお問合せ」をご参照いただくか、または書状にてオーム社編集局宛にお願いします。お受けできる質問は本書で紹介した内容に限らせていただきます。なお、電話での質問にはお答えできませんので、あらかじめご了承ください。
- 万一、落丁・乱丁の場合は、送料当社負担でお取替えいたします。当社販売課宛にお送りください。
- 本書の一部の複写複製を希望される場合は、本書扉裏を参照してください。
[JCOPY]＜出版者著作権管理機構 委託出版物＞

AI・量子コンピュータにかかわるリスク管理
－セキュリティからガバナンスへ－

2025年2月5日　第1版第1刷発行

著　　者　坂本静生・宇根正志
発行者　　村上和夫
発行所　　株式会社 オーム社
　　　　　郵便番号　101-8460
　　　　　東京都千代田区神田錦町3-1
　　　　　電話　03（3233）0641（代表）
　　　　　URL　https://www.ohmsha.co.jp/

© 坂本静生・宇根正志 2025

組版 風工舎　印刷 中央印刷　製本 協栄製本
ISBN978-4-274-23309-8　Printed in Japan

本書の感想募集　https://www.ohmsha.co.jp/kansou/
本書をお読みになった感想を上記サイトまでお寄せください。
お寄せいただいた方には、抽選でプレゼントを差し上げます。